THE ART OF INSIGHT
IN SCIENCE AND ENGINEERING:
MASTERING COMPLEXITY

直觉的力量
科学与工程问题中的简化艺术

[美]桑乔伊·马哈詹（Sanjoy Mahajan） 著

潘子欣 徐建军 译

上海科学技术出版社
SHANGHAI SCIENTIFIC & TECHNICAL PUBLISHERS

图书在版编目（ＣＩＰ）数据

直觉的力量：科学与工程问题中的简化艺术 ／（美）桑乔伊·马哈詹（Sanjoy Mahajan）著；潘子欣，徐建军译. -- 上海：上海科学技术出版社，2024.5
书名原文：The Art of Insight in Science and Engineering:Mastering Complexity
ISBN 978-7-5478-6506-4

Ⅰ．①直… Ⅱ．①桑… ②潘… ③徐… Ⅲ．①理论物理学—研究 Ⅳ．①041

中国国家版本馆CIP数据核字（2024）第026289号

Original title：The Art of Insight in Science and Engineering by Sanjoy Mahajan
© 2014 Sanjoy Mahajan
Published by The MIT Press
Translation copyright © 2024 by Shanghai Scientific & Technical Publishers

上海市版权局著作权合同登记号　图字：09-2015-696号

直觉的力量：
科学与工程问题中的简化艺术
［美］桑乔伊·马哈詹（Sanjoy Mahajan）　著
潘子欣　徐建军　译

上海世纪出版（集团）有限公司
上 海 科 学 技 术 出 版 社　出版、发行
（上海市闵行区号景路 159 弄 A 座 9F-10F）
邮政编码 201101　www.sstp.cn
常熟高专印刷有限公司印刷
开本 787×1092　1/16　印张 27
字数 390 千字
2024 年 5 月第 1 版　2024 年 5 月第 1 次印刷
ISBN 978-7-5478-6506-4/N·270
定价：98.00 元

献给

曾经给我指引方向的老师们

彼得·戈德赖希(Peter Goldreich)
卡弗·米德(Carver Mead)
斯特尔.菲尼(Sterl Phinney)

以及我的学生,其中一位曾说过:

我以前是一个好奇的人,但那是一种无知的好奇,现在则是无所畏惧的好奇。我感觉我已经准备好了去攻克我将面临的任何问题,至少大致上能有一种感觉,为什么事情是这样发生的。

常用单位

单位名称	符号
安	A
电子伏	eV
分贝	dB
分钟	min
伏	V
赫兹	Hz
弧度	rad
加仑	gal
焦	J
卡	cal
开	K
库	C
米	m
秒	s
摩尔	mol
年	a
牛	N
帕	Pa

单位名称	符号
千克	kg
升	L
天	d
瓦	W
小时	h
英尺	ft
英寸	in
英里	mile
月	m

有用的量

■
·
■
▨

物理量	符号	数值[①]	单位
圆周率	π	3	
引力常量	G	7×10^{-11}	$kg^{-1} \cdot m^3 \cdot s^{-2}$
光速	c	3×10^8	$m \cdot s^{-1}$
普朗克常量与光速乘积	$\hbar c$	200	$eV \cdot nm$
电子静能	$m_e c^2$	0.5	MeV
玻尔兹曼常量	k_B	10^{-4}	$eV \cdot K^{-1}$
阿伏伽德罗常量	N_A	6×10^{23}	mol^{-1}
普适气体常量 $k_B N_A$	R	8	$J \cdot mol^{-1} \cdot K^{-1}$
电子电荷	e	1.6×10^{-19}	C
静电常量	$e^2/4\pi\varepsilon_0$	2.3×10^{-28}	$kg \cdot m^3 \cdot s^{-2}$
精细结构常数 α	$(e^2/4\pi\varepsilon_0)/\hbar c$	0.7×10^{-2}	
斯特藩-玻尔兹曼常量	σ	6×10^{-8}	$W \cdot m^{-2} \cdot K^{-4}$
太阳质量	$M_{太阳}$	2×10^{30}	kg
地球质量	$M_{地球}$	6×10^{24}	kg
地球半径	$R_{地球}$	6×10^6	m
天文单位,即日地平均距离 AU		1.5×10^{11}	m

---

① 数值多为近似值或表示量级。

物理量	符号	数值	单位
太阳（月球）角直径	$\theta_{太阳}(\theta_{月球})$	10^{-2}	rad
一日长度	dy	10^5	s
一年长度	a	$\pi \times 10^7$	s
宇宙年龄	t_0	1.4×10^{10}	a
太阳常量	F	1.3	$kW \cdot m^{-2}$
海平面大气压	p_0	10^5	Pa
空气密度	$\rho_{空气}$	1	$kg \cdot m^{-3}$
岩石密度	$\rho_{岩石}$	2.5	$g \cdot cm^{-3}$
水汽化热	$L_{汽化}^{水}$	2	$MJ \cdot kg^{-1}$
水表面张力	$\gamma_{水}$	7×10^{-2}	$N \cdot m^{-1}$
人体基础代谢率	$p_{基础代谢}$	100	W
玻尔半径	a_0	0.5	Å
典型原子间距	a	3	Å
典型键能	$E_{键}$	4	eV
燃烧能密度	$\varepsilon_{脂肪}$	9	$kcal \cdot g^{-1}$
空气的运动黏度	$\nu_{空气}$	1.5×10^{-5}	$m^2 \cdot s^{-1}$
水的运动黏度	$\nu_{水}$	10^{-6}	$m^2 \cdot s^{-1}$
空气热导率	$K_{空气}$	2×10^{-2}	$W \cdot m^{-1} \cdot K^{-1}$
非金属固体/液体热导率	K	2	$W \cdot m^{-1} \cdot K^{-1}$
金属热导率	$K_{金属}$	2×10^2	$W \cdot m^{-1} \cdot K^{-1}$
空气比热	$c_p^{空气}$	1	$J \cdot g^{-1} \cdot K^{-1}$
固体/液体比热	c_p	25	$J \cdot mol^{-1} \cdot K^{-1}$

前 言

科学与工程,我们赖以认识世界和改变世界的现代方式,被奉为关乎准确性及精确性的学问。然而,我们日积月累培养出的直觉比精确性更能驾驭世界的复杂性。

我们需要直觉是因为我们的大脑不过是这个世界的一小部分。直觉会将知识的碎片整合成适合大脑的一个简单图像。但是精确性会使大脑存储区发生溢出,冲刷掉直觉那简单直接的理解。本书将告诉你如何构建直觉的洞察和理解,从而避免被复杂性淹没。

因此,本书采用的方法不是严格的。严格(rigor)很容易变成僵化(rigor mortis),分析(analysis)则变成失能(paralysis)。我们放弃严格性来研究自然世界和人造世界,即科学和技术的世界。因此,对于物理概念,诸如力、功率、能量、电荷和场,你只需要有一些(而非很多)了解。书中尽可能少用数学知识,其中的数学分析大多需要代数和几何,有一些三角函数,很少涉及微积分,因此数学工具将会提高而不是阻碍我们的洞察和理解,并使问题的解决变得更为容易。其目的是帮助你驾驭复杂性,这样就不会被任何问题吓倒。

我进入这个领域在很大程度上不是事先计划好的,正如我们生活中所有的重大事件,无论是婚姻还是职业一样。作为一名神经科学的研究生,我人生中的第一个科研报告是给同学们介绍视杆细胞中的化学反应。我只能通过近似来理解化学混沌的意义。同年，我办公室里的同事卡洛斯·布罗迪（Carlos Brody）对孪生素数的分布感到好奇。所谓孪生素数，指相差为2的两个素数，如3和5，11和13等。没有人确切知道孪生素数的分布。作为一个懒惰的物理学家，我用素数的概率模型近似回答了卡洛斯的问题[1]。这让我又一次看到，近似促进了对问题的理解。

很快我就意识到我的毕生事业不是神经科学，而是物理学和物理教学。成为一名物理学研究生以后，我需要准备博士资格考试。与此同时，我也在担任"数量级物理学"（Order of Magnitude Physics）这门课程的助教。通过准备资格考试和备课，我在三个月的时间内掌握的物理知识比我在整个大学本科阶段里学到的都要多。物理的教学和学习方法尚有很大的改进空间——而近似和洞察可以弥补这些不足。

感谢我的老师们，我将本书献给卡弗·米德（Carver Mead），他给我的指导是不可替代的；献给彼得·戈德赖希（Peter Goldreich）和斯特尔·菲尼（Sterl Phinney），他们在加州理工学院开设了"数量级物理学"这门课程。从他们身上我学会了简化和洞察的勇气——这是一种我期望能传播给你的勇气。

我曾经持续多年在剑桥大学和麻省理工学院开设"近似的艺术"（Art of Approximation）这门课程，这是一门由物理学和工程中的一些课题所构成的课程。课程的内容限制了材料的一般性：除非你成为广义相对论的专家，否则一般不会再去研究引力理论。然而，通过估算星光在引力影响下的偏折程度（5.3.1节），你学会了分析的工具，其应用范围远比这一案例更为广大。工具比课题本身更一般、更有用。

因此，我围绕分析工具重新设计了"近似的艺术"这门课程。我在麻省理工学院和欧林工程学院采用过的这种方式已经反映在本书中——通过每章教你一种工具的方式来帮助你构建直觉和驾驭复杂性。

驾驭复杂性的方式有两大类：组织复杂性（第一篇）和忽略复杂性（第二篇和第三篇）。你将利用两种工具来学会组织复杂性，即第一篇的主题：分而治之法（第1章）和抽象（第2章）。

忽略复杂性(第二篇和第三篇)体现了"聪明的艺术就是知道什么是可以被忽略的艺术"[2]这一理念。第二篇中,在不丢失信息的情况下,复杂性将被忽略。这一部分包含三种工具:对称性与守恒(第3章)、正比分析(第4章)和量纲(第5章)。第三篇中,对于复杂性的忽略伴随着信息的丢失。这一部分包含最后四种工具:团块化(第6章)、概率分析(第7章)、简单案例(第8章)和弹簧模型(第9章)。

利用这些工具,我们可以探索自然世界和人造世界。我们将估算鸟和飞机的飞行距离、化学键的强度以及星光在太阳影响下发生偏折的角度;理解钢琴、木琴和话筒的物理原理;解释为什么天空是蓝的而夕阳是红的。我们的工具将这许许多多的例子编成了一幅涵盖了科学和工程之意义的织锦[3]。

最好的教师应该是一个技艺精湛的导师[4]。一个好的导师很少下结论,而是问你问题,因为质疑、探究和讨论会促进持久性的学习。为了帮助你掌握工具,两种类型的问题会在书中出现。

1. 用▶标记的问题。对于这类问题,教师可以在教学过程中提问,要求你在讨论中将其发展到下一步。这些问题会在接下来的叙述中得到解答,这时你可以检验你的想法。

2. 用阴影背景标记的带有编号的问题。教师会将这些问题作为家庭作业,让你来练习使用工具、推广示例、综合使用多种工具,甚至让你解决一个特殊的悖论。只观看制成的健身视频几乎不能达到健身效果。所以,多多尝试这两种类型的问题。

经过努力,复杂性就能被驾驭,并且会起到更为广泛的作用。正如物理学家埃德温·杰恩斯(Edwin Jaynes)*关于教学所说的一段话[5]:

> 教学的目的不是把教师现在知道的每一个事实都灌输到学生的大脑中去,而是把思考的方式教给学生,使学生得以在将来用一年的时间就学会教师用两年时间才学会的东西。只有这样,我们才能继

---

* 美国物理学家,对热力学、统计物理以及概率论有重要贡献。——译者注

续实现长江后浪推前浪，一代更比一代强。

希望本书介绍的工具能帮助你向前推动这个世界，让它超越我们这一代人留给你的世界。

致 谢

除了前面已经提到的,我还要感谢下列人士和机构对我的热情帮助。

感谢我的家人——Juliet Jacobsen、Else Mahajan、Sabine Mahajan——的鼓励、宽容和给予我的动力。

感谢 Tadashi Tokieda 对手稿的全面审读和对每一页的改进。(任何遗留的错误都是我之后加上的。)

感谢 Larry Cohen、Hillary Rettig、Mary Carroll、Moore、Kenneth Atchity [《作家的时间》(*A Writer's Time*)[6]的作者]在写作过程中的建议。

感谢 Robert Prior 很多年来在编辑方面对我的指导。

感谢 Dap Hartmann、Shehu Abdussalam、Matthew Rush、Jason Manuel、Robin Oswald、David Hogg、John Hopfield、Elisabeth Moyer、R. David Middlebrook、Dennis Freeman、Michael Gottlieb、Edwin Taylor、Mark Warner 以及这些年来的众多学生给予我的宝贵建议和讨论。

感谢 Hans Hagen、Taco Hoekwater 及 ConTEXt 用户社区(ConTEXt 和 LuaTEX); Donald Knuth (TEX); Taco Hoekwater 和 John Hobby (MetaPost); John Bowman、Andy Hammerlindl 及 Tom Prince (Asymptote); Matt Mackall (Mercurial); Richard Stallman(Emacs);以及 Debian GNU/

Linux 项目提供的用于文稿排版的免费软件。

感谢 Sacha Zyto 和 David Karger 提供的协同文档注释系统。

感谢加州理工学院，这是一个让研究生思考、探索、学习的美好地方。

感谢惠特克生物医学工程基金会，赫兹基金会，盖茨比慈善基金会，剑桥大学圣体学院的院长和院士们。还感谢欧林工程学院及其 Intellectual Vitality 项目，以及麻省理工学院数字化学习办公室和电子工程与计算机科学系对我的科学和数学教育工作的支持。

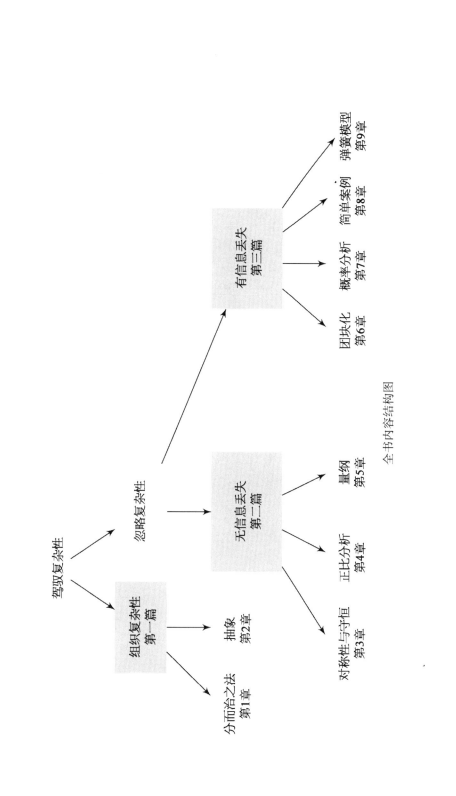

全书内容结构图

驾驭复杂性

组织复杂性
第一篇

忽略复杂性

分而治之法
第1章

抽象
第2章

无信息丢失
第二篇

对称性与守恒
第3章

正比分析
第4章

量纲
第5章

有信息丢失
第三篇

团块化
第6章

概率分析
第7章

简单案例
第8章

弹簧模型
第9章

目 录

■
■
■
■

第一篇　组织复杂性

第二篇 忽略复杂性且无信息丢失

第三篇　忽略复杂性时有信息丢失

第一篇

组织复杂性

在面对一团乱麻时,你不可能发现很多线索。你需要将其重新组织。举一个常见的例子来说,面对你的书桌,或者是晚宴后的厨房,你可能从一个角落开始清理,然后移到下一个区域。你所应用的正是分而治之法(第1章)。

进而在你书桌的每一个区域,你很可能并不是将所有的文件材料随意地放在一个文件夹中,你会按照不同的主题将它们归档。在你的厨房,你会将银器和瓷器分开摆放。在银器类中,你又会将叉和勺分开。在进行这些精细分类时,你应用的正是抽象化的分析工具(第2章)。

利用这两种工具,我们就能组织并驾驭复杂性。

第1章

分而治之法

正如帝国的统治者们所深谙的道理：不必一下子征服所有的敌人，而是应该逐一征服他们；你也可以将一个难题分解为一些小的、可以处理的问题。这个过程说清了我们的第一个分析工具：分而治之法！

1.1 热 身

我们将通过一系列复杂程度逐渐增加的问题来说明如何使用这个工具。从日常生活中的估算开始吧。

▶ **一元纸币的体积大约是多少?**

体积是难以估算的，但是，我们仍然应该做一快速的估算。即使是一次不太精确的估算，也将帮助我们建立实践的勇气。而且，比较我们的估算与更精确的估算将帮助我们校准我们内部的测量基准。为了逼迫自己，我常常想象有一个抢劫犯拿着一把刀顶着我的肋部，要求道，"快给出你的估算，不然要你的命!"于是我就判断一元纸币的体积很可能在 0.1 和 10 厘米^3 之间。

这个估算范围有点宽，最大、最小估值相差达到 100 倍。作为对比，一元纸币的宽度大概在 10 到 20 厘米之间——这只有 2 倍的差别! 体积的估算范围要大于宽度的估算范围，因为我们并没有一把类似的可以直接量体积的"尺"，所以相对长度而言，我们对体积的估算较为陌生。幸运的是，纸币的体积是三个长度的乘积：

$$体积＝长度 \times 宽度 \times 厚度. \tag{1.1}$$

难以估算的体积变成了相对容易的对三个长度的估算——这就是分而治之法的好处。

前两个长度的估算不难。长度看上去在 6 英寸（in）或 15 厘米（cm）左右，宽度看上去大概 2 到 3 英寸，或大概 6 厘米。在继续对第三个尺度进行估算之前，我们先来讨论单位的问题。

> ▶ **用英制好还是用公制好？**

在估算的时候使用对你来说更为直观的单位，你的估算结果将更为准确。由于从小在美国长大，我判断长度时更常用英寸、英尺（ft）、英里（mile）而不是厘米、米（m）、千米（km）。但对于需要乘除法的计算——大多数计算会用到乘除法——我会将英制转换为公制（最后常常会再转换到英制）。但你可能有幸只需用公制来思考，因而可以只在一种单位制中进行估计和计算。

分而治之法的第三个量——厚度，是难以判断的。一张纸币是很薄的，只有一张纸那么薄。

> ▶ **但是"一张纸的厚度"究竟是多少呢？**

这个厚度太小了，很难有直观的把握，不容易判断。但是一叠几百张纸币的厚度就容易把握了。手头没有那么多纸币，我就用纸代替。一包纸，有 500 张，大约有 5 厘米厚。于是，一张纸的厚度大概是 0.01 厘米。有了对厚度的估算，纸币的体积近似为 1 厘米^3：

$$体积 \approx \underbrace{15\ cm}_{长度} \times \underbrace{6\ cm}_{宽度} \times \underbrace{0.01\ cm}_{厚度} \approx 1\ cm^3. \tag{1.2}$$

尽管更加细致的计算甚至可以考虑纸币和普通纸张的纸质不同，也可以考虑纸张的平整度等,但这些细节反而会使主要结果变得模糊:一元纸币其实就是将 1 厘米^3 的东西砸平后的样子。

为了验证刚才的估算,我竭尽手指的力气将一元纸币折叠成大约 1 厘米见方的立方体,因此得到其体积近似为 1 厘米^3。分而治之法得到的结果是相当精确的。

在前面的分析中,你可能注意到了符号"＝"和"≈",以及这两个符号在使用上的细微差异。本书从头至尾关注的是直觉,而不是精确度。为此目的,我们将使用好几个等价符号,来描述某种等价关系的精确度和被忽略的部分。下面按照描述完整性的递减(通常也是适用性的递增)的顺序给出这些符号。

≡	按定义恒等	读作"定义为"
＝	相等	读作"等于"
≈	约等,只相差一个数量级为 1 的因子	读作"约等于"
～	近似,只相差一个无量纲因子	读作"近似于"或"相当于"
∝	正比,相差一个可能有量纲的因子	读作"正比于"

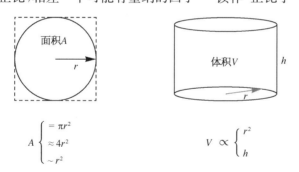

作为这些符号的例子,对于圆,有 $A = \pi r^2$ 和 $A \approx 4r^2$(面积近似为外切正方形的面积)以及 $A \sim r^2$。对圆柱体,有 $V \sim hr^2$ —— 这隐含了 $V \propto h$ 和 $V \propto r^2$。在 $V \propto h$ 的形式中,隐藏在符号 ∝ 中的因子具有长度平方的量纲。

题 1.1　一箱书的重量

一个可移动的小箱子装满书后有多重?

题1.2　卧室里的空气质量

估算你卧室里的空气质量。

题1.3　钱箱

在电影或现实生活中，可卡因和选票常常用一箱子100元钞票来购买。估算这样一箱钱有多少。

题1.4　金条还是纸币？

如果你是一个大盗，正在银行地下金库准备逃跑，你是将你的箱子装满金条还是装满100元的纸币？假定你能携带的最大重量是固定的。接着再假定你能携带的最大体积是固定的，重做以上分析。

1.2　铁路与公路

我们现在已经热身完毕并准备好用分而治之法去进行更多估算。我们的下一个估算是关于交通的。每当我开车行驶在去往纽约肯尼迪国际机场的拥挤道路上时，就会产生这个想法。这条高速公路是罗伯特·摩西（Robert Moses）* 规划的。正如其传记作者罗伯特·卡罗**（Robert Caro）所描述的[7]，摩西当年负责范威克高速公路的建设，一些年轻的规划师建议铺设一条铁路线到新机场（即现在的纽约肯尼迪国际机场）以应对将来的大流量交通。但如果认为铁路线造价太高的话，鉴于土地价格仍然便宜，他们建议市政府在征地建设公路时，将其多拓宽50英尺，以备将来建设铁路线之用。摩西否决了这个省钱的方案。果不其然，仅仅在开通后的几个星期，二战后不久，这条没有铁路的新高速公路就达到了容量峰值。

---

* 美国城市规划师，20世纪纽约城市建设的主要参与者，被称为"大纽约的缔造者"。——译者注

** 美国记者、传记作家，著有罗伯特·摩西的传记《权力的掮客》（*The Power Broker*）。——译者注

让我们利用分而治之法来比较高峰时段铁路和公路的运输能力。运输能力指运输乘客的效率(单位时间可输送的乘客)。首先我们来估算高速公路上一条车道的运输能力。我们可以使用许多驾驶课程上所教的并在驾照考试中被验证的规则：2 秒(s)跟随规则。这个规则推荐我们每辆车和前车之间留 2 秒的行驶时间。如果驾驶员都遵守这个规则,那么高速公路的每条车道上每 2 秒通过一辆车。至少在美国,每辆车大约输送 1 名乘客,因此运输能力是每 2 秒输送 1 人。按小时算运输能力为每小时(h)1 800 人：

$$\frac{1 \text{人}}{2 \text{\cancel{s}}} \times \frac{3\,600 \text{\cancel{s}}}{1 \text{ h}} = \frac{1\,800 \text{ 人}}{\text{h}}. \tag{1.3}$$

斜线使我们看清单位的相消并可验证最后出现的是我们所需要的单位(这里是人/小时)。

这里,1 800 人/小时的运输能力是近似值,因为 2 秒跟随规则并不是法定规则。晚上的平均间隔可能是 4 秒,白天可能是 1 秒,并且可能每天都有变化,每条高速公路都会有所不同。但是 2 秒间隔是一个合理的折中估算。将复杂的、随时间变化的分布用一段时间来代替是团块化的应用——这个工具将由第 6 章讨论。整理复杂性的过程中总是要舍弃一些细节。如果我们将高速公路在任意时间的所有数据都拿来研究的话,就会淹没所有的洞察,幸亏我们拿不到这些数据。

▶ **一条车道的公路运输能力与一条铁路的运输能力相比如何?**

现在我们来估算一下现代化铁路系统比如法国或德国的铁路系统中一条铁路线的运输能力。我们还是将估算过程分解为一些可以处理的部分：铁路线上列车开行密度,一列火车有几节车厢,每节车厢能容纳多少乘客。下面是我坐在椅子上给出的估算,为了避免过高估算运输能力而有所保守。一节车厢大约能容纳 150 名乘客,而一列火车可以有 20 节车厢。在一条比较繁忙的铁路线上,每 10 分钟(min)可开行一列火车,即每小时开行 6 趟列车。因此,一条铁路线的运输能力是每小时 18 000 人：

$$\frac{150 \,\text{人}}{\text{车厢}} \times \frac{20 \,\text{车厢}}{\text{火车}} \times \frac{6 \,\text{火车}}{1 \,\text{h}} = \frac{18\,000 \,\text{人}}{\text{h}}. \tag{1.4}$$

这个运输能力是繁忙高速公路上一条车道运输能力的 10 倍。而这很可能是低估了——罗伯特·卡罗给出的估算是每小时 40 000～50 000 人。按照我们给出的下限，即使一条高速公路每个方向都有 5 条车道，一条铁路线就可以代替两条高速公路。年轻的交通规划师是对的。利用分而治之法来分析，不必等到不可避免的拥堵出现，我们就可以看到这一点了。

1.3 树 图

我们对纸币体积的估算(1.1 节)和对铁路与高速公路运输能力的分析(1.2 节)用的是同一种方法：将一个难题分解为几个小问题。但是，整个分析的结构被淹没在字里行间。按部就班的叙述隐藏了结构。因为结构是有层次的——大问题分解或肢解为一些小问题——最紧凑的表示就是树图表示。树图可以让整个分析一目了然。

以下是铁路运输能力的树图。与生物的树不同，我们的树是倒立的。树根，即目标，位于树的最顶端；树叶，即分解得到的小问题，位于树的底部。这样的取向与我们将问题分而治之的过程相符。

在第一幅图中，我们没有估计各个量的数值，而只是确认了有哪些相关量。这提示我们下一步该怎么办，即在图上标出三个树叶的估算值。这些估算值为每车厢 150 人，每一列火车 20 个车厢，每小时开行 6 列火车。

然后将这些树叶的值相乘，结果就由树叶向上传递到树根。结果为 18 000 人/小时。完整的树图让我们一眼就看清了整个分析。

这个关于列车运输能力的树图具有最简单的结构,只有两层(即树根层和包含三片树叶的第二层)。进一步的复杂程度就需要三层的树图了,如对纸币体积的估算。先从下面具有三片树叶的两层树图出发。

然后,由于如下原因,树图开始继续生长。

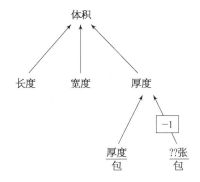

不像宽度和长度,只看一眼纸币很难给出对厚度的估算。因此,我们将这个树叶进一步分解为两个树叶。由"?? 张/包"指向"厚度"的有向线段所带有的那个标有"−1"的方框是一个新符号。这个符号在我们自下而上计算时表示相应树叶值的幂次。

这里给出为什么将"−1"写成一个数而不是上标的原因。在大多数估算的情形中需要将一些因子相乘。对每个因子而言,唯一的问题是:在计算时这些因子的幂次是多少。"−1"这个数直接回答了关于幂次的疑问(为了避免把树图弄得过于凌乱,我们不标注最常见的幂次 1)。

这个新的子树图表示下列计算一张纸厚度的方程:

$$\text{厚度} = \frac{\text{厚度}}{\text{包}} \times \left(\frac{?? \ \text{张}}{\text{包}} \right)^{-1}. \tag{1.5}$$

−1 次幂的引入,虽然使树图变得有点复杂,但使得树叶可以表示"每包的纸张数"，而不是"每张纸的包数"这样不够直观的数。

现在代入对树叶的估算值。长度为 15 厘米，宽度为 6 厘米。一包纸的厚度为 5 厘米，一包有 500 张纸。结果给出下面的树图。

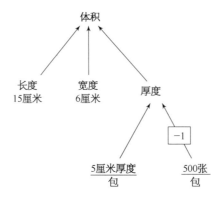

最后，我们将树叶的值传递到树根。第三层的两个树叶给出一张纸的厚度为 10^{-2} 厘米。这个值填补了之前厚度的空缺。第二层的三个节点则告诉我们纸币的体积——树根的节点——为 1 厘米^3。

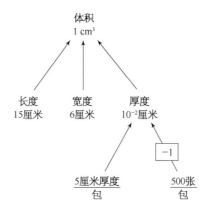

通过练习，你可以从最后的树图看出分析的所有步骤。例如，第二层的三个节点表示将对体积的估算分解为对三个较容易的量的估算。长度和宽度保留为树叶意味着对这两个量的估算已经足够精确。相反，从厚度节点处分叉的两个分支意味着厚度难以估算，因此将其分解为两个更熟悉的量来进行估算。

树图可以将许多分析文字压缩成紧凑的形式——某种使我们一眼就

能看清整个思路的形式。整理复杂性的过程可以帮助我们构建直觉。

题 1.5 一箱钱的树图

画出你对题 1.3 估算的树图。分三步来做:(1)画出没有树叶值的树图;(2)估算树叶值;(3)自下而上将树叶值传递到树根。

1.4 需 求 估 算

我们对高速公路和铁路运输能力的分析(1.2 节)是估算在现实社会中的一种常见的应用——估算市场的规模。公路-铁路的对比是这一例子的延续。在其他问题上,一个更实用的分析方法则建立在需求估算的概念基础之上。

▶ **美国进口的石油是多少(按每年桶数计算)?**

这个体量相当巨大,因此难以刻画。而分而治之法将弱化复杂性。只要将难题不断分解,问题总能分解到不再复杂的地步。

现在,我们来分解需求——消耗量。我们在太多的方面需要消耗石油;估算每一种消耗石油的途径不仅要花很长的时间,而且也不会得到太多的洞见。反之,我们来估算一下最大的消耗——很可能就是汽车的;然后再评估其他用途的消耗,以及总的消耗量与进口量之比。

$$进口石油量 = 汽车消耗石油量 \times \frac{石油总消耗量}{汽车消耗石油量} \times \frac{进口石油量}{石油总消耗量}.$$

$$(1.6)$$

以下为相应的树图。第一个因子是三个因子中最难估算的量,需要长出分支得到子树图。第二个和第三个因子不需要进一步分解就可给出估算结果。下面我们来看看怎么做。

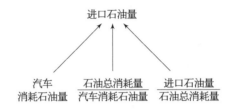

> ▶ 我们是应该将整个树图都构建完毕后再来估算每个树叶的值呢，还是应该先来估算一个树叶的值，若无法估算再将其进一步分解？

这取决于每个人的思维习惯。在进行新的估算时如果看到的都是未知量，我会感到忧虑。而在估算一个树叶之前就长出新的分支会加重我的忧虑。这样似乎树图会永无止境不停地分叉下去，因而永远无法给出估算结果。因此，我更喜欢在生长出新的分支之前给出那些树叶的估算值，以及时得到每一步的结果。你应该通过实践来了解自己的习惯。你自己就是你用来解决问题的最好的工具，熟悉你的工具是很有帮助的。

由于我的习惯，我会首先估算下面这个树叶的值：

$$\frac{\text{石油总消耗量}}{\text{汽车消耗石油量}}. \tag{1.7}$$

但不是直接来估算这个值。从直觉上来说，更容易、更直观的做法是首先估算汽车消耗石油量和其他消耗量的比。对一些互不相交的集合进行比较的能力已经固化在我们大脑中了，至少对实物来说是这样，这与计数的能力无关。尤其是这种能力不仅限于人类。卡伦·麦库姆（Karen McComb）和她的同事所研究的母狮们在外来狮群入侵它们的领地时，会判断自身数量和入侵狮群的多寡[8]。只有当它们在数量上大大超过入侵者时，它们才会去攻击入侵者，这个比例大约是2。

石油的其他消耗主要是非汽车运输（如卡车、火车和飞机），取暖和制冷，以及汽油产品如化肥、塑料和农药等。在判断汽车的消耗与其他消耗的相对比重时，有两种互相对立的说法：（1）其他消耗比汽车消耗要多得多和重要得多,因此其他消耗量要大大超过汽车的消耗量;(2) 汽车已经无处不在,汽车的运输效率又是如此低下,因此汽车的消耗量要大大超过其他消耗量。按照我的直觉,这两种说法都过于极端,有失偏颇。我的直觉告诉我,这两类消耗量是差不多的:

$$\frac{其他消耗量}{汽车消耗石油量} \approx 1. \tag{1.8}$$

基于这个估算,石油总消耗量(汽车和其他消耗之和)差不多是汽车消耗量的 2 倍:

$$\frac{石油总消耗量}{汽车消耗石油量} \approx 2. \tag{1.9}$$

这个估算是第一个树叶。这里隐含了一个假定,即一桶原油中汽油的含量足够高以用于汽车消耗。幸好,如果这个假定是错的,我们会得到警告。如果汽油含量太低的话,我们就会去建设其他基础运输体系——如电力火车,其中电力可以通过燃烧原油中非汽油部分来产生。这很可能是污染较少的方式,据此我们就可以来估算火车会消耗多少原油。

回到我们的现实世界,先来估算第二个树叶的值:

$$\frac{进口石油量}{石油总消耗量}. \tag{1.10}$$

这一项是考虑到这样的事实:在所有消耗的石油中只有一部分是进口的。

▶ **你的直觉告诉你,这个比例是多少?**

与之前一样,不要直接估算这个比例,而是对彼此没有重叠的集合进行比较,首先比较进口量和国内产量。在估算这个比例时,两种理由也是对立的。一方面,美国的媒体广泛报道了其他国家的石油生产,这说明石油进口量是巨大的。另一方面,关于美国自产石油的报道也是铺天盖地并且常常被拿来和日本这样几乎自己不产油的国家相比较。我的直觉是这两大类基本上旗鼓相当,因此进口量大约是总消耗量的一半:

$$\frac{\text{进口石油量}}{\text{国内石油产量}} \approx 1, \quad \text{因此} \frac{\text{进口石油量}}{\text{石油总消耗量}} \approx \frac{1}{2}. \quad (1.11)$$

这个树叶以及前一个因子都是无量纲数。这类数（第5章的主要内容）具有特殊价值。我们的感觉系统擅长估算无量纲比值。因此，如果一个树叶节点是一个无量纲比值的话，那很可能不需要进一步往下分解了。

树图现在有三个树叶。对其中两个树叶的成功估算应该能给我们一些勇气去分解剩下的树叶，即汽车的石油总消耗量。这个树叶将会生长出自己的枝叶而变成中间节点。

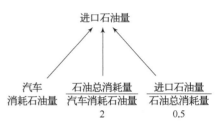

▶ 我们应该如何分解汽车的石油消耗量？

一个合理的分解是将其分解为汽车的数量 $N_{汽车}$ 和单车消耗量。这两个量都更容易估算。汽车数量和美国的人口相关——如果你生活在美国，那么对这个数字是熟悉的。每车消耗的石油量比美国所有汽车的消耗总量要容易估算。我们的直觉会更准确地判断那些和人本身尺度相关的量，比如每车的消耗量，而不是数字巨大的那些量，比如总消耗量。

出于同样的理由，我们不是直接估算汽车的总数，而是将这个树叶再分解为两个树叶：

1. 人口数；

2. 每人拥有的汽车数。

第一个树叶是熟悉的，至少对美国人是这样：$N_{人口} \approx 3 \times 10^8$。第二个树叶，每个人拥有的汽车数，是一个和"人本身尺度"相关的量。在美国，汽车是很普遍的，一个夸张的说法是甚至连婴儿都拥有汽车，

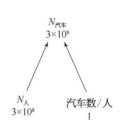

许多成年人拥有不止一辆车。一个粗略、简单的估算可以是每人一辆车。因此 $N_{汽车} \approx 3 \times 10^8$。

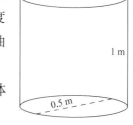

每车消耗可以进一步分解为三个更容易估计的因子(树叶)。下面是我对这些因子的估算。

1. 每辆车的年里程数。对于旧车来说,没有特殊情况的话每年(a,拉丁文 annus 的缩写)10 000 英里*的里程是相当少的。因此,稍微多一点,比如 20 000 英里/年或 30 000 千米/年,这是一个相当合理的估算。

2. 每加仑(gal)**可行驶里程。一辆典型的汽车燃油效率是 30 英里/加仑。

3. 每桶加仑数。你可能已经在修建高速公路时见过那些沥青桶。根据我们过去将一张纸的厚度等同于纸币的厚度的自由联想传统,或许一桶石油也和一桶沥青类似。

桶的体积可以利用分而治之法来计算。将圆柱体近似地取成长方体,估算三个维度的大小,然后相乘:

$$\text{体积} \sim \underset{\text{高度}}{1\,\text{m}} \times \underset{\text{宽度}}{0.5\,\text{m}} \times \underset{\text{深度}}{0.5\,\text{m}} \approx 0.25\,\text{m}^3. \tag{1.12}$$

1 米³ 等于 1 000 升(L),或者按每加仑等于 4 升来算,大约 250 加仑。因此,0.25 米³ 大约是 60 加仑(官方数据每桶原油是 42 加仑,因此我们的估算是合理的)。

把这些估值相乘,别忘了两个"−1"的幂次,我们得到每车每年大约消耗 10 桶:

$$\frac{2 \times 10^4\ \cancel{\text{mile}}}{\text{车} \cdot \text{a}} \times \frac{1\ \cancel{\text{gal}}}{30\ \cancel{\text{mile}}} \times \frac{1\ \text{桶}}{60\ \cancel{\text{gal}}} \approx \frac{10\ \text{桶}}{\text{车} \cdot \text{a}}. \tag{1.13}$$

在计算的时候,首先考虑单位。加仑和英里消去,然后计算数值。分母中的 30×60 大约为 2 000。分子的 2×10⁴ 除以 2 000 就得到结果 10。

---

* 1 英里≈1.61 千米。——译者注

** 1 加仑≈3.79 升。——译者注

这个估算是汽车总石油消耗树图的一个子图。于是汽车消耗石油量就是每年 30 亿桶：

$$3 \times 10^8 \, \text{车} \times \frac{10 \, \text{桶}}{\text{车} \cdot \text{a}} = \frac{3 \times 10^9 \, \text{桶}}{\text{a}}. \tag{1.14}$$

这个估算本身又是进口石油量树图的一个子图。因为另两个因子贡献值为 2×0.5，正好是 1，所以每年进口石油量也是 30 亿桶。

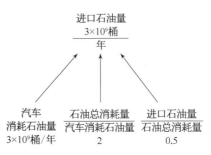

这里给出完整的树图，包括了各个子图：

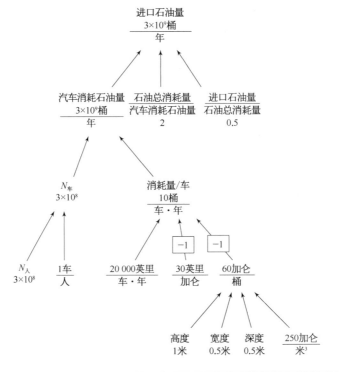

题 1.6　使用公制

　　为了练习使用公制（如果你是在非公制国家长大的）或更加熟悉结果（如果你是在公制国家长大的），对桶的体积、一年行驶距离以及一辆典型汽车的燃油效率使用公制单位重新进行估算。

▶ **每年 30 亿桶的估算结果有多精确?**

对于美国的石油进口,美国能源部的报告是每天(d)916.3 万桶(2010 年数据)。我第一次看到这个数据的时候,心沉了两次。第一次是看到"9"位于百万位上。我误以为是在 10 亿位上,还奇怪为什么 30 亿桶的估算结果会小了 3 倍。第二次是"百万"——估算的结果怎么可能大了 100 倍以上呢? 然后"每天"一词又重新让我找回自信。按年来算,每天 916.3 万桶就是每年 33.4 亿桶——仅仅比我们的估算高了 10%。分而治之法再次取得胜利!

题 1.7　一架波音 747 的燃油效率

　　根据长途机票的价格,估算以下的量:(a)波音 747 的燃油效率;(b)油箱体积。和波音 747 的技术参数对比来验证你的估算结果。

1.5　对同一个量用多种方法进行估算

完成一个估算之后,我们自然想要知道估算的可靠性。或许我们犯了一个令人汗颜的大错。想知道估算是否正确的最好方式是用不同的方法对同一个量再估算一次。一个日常经验的例子可以说明这个原则,来看看我们是如何对一组数字做加法的。

$$
\begin{array}{r}
12 \\
15 \\
+\ 18
\end{array}
\tag{1.15}
$$

我们通常是从上往下加。对于 12+15+18,我们这样计算,"12 加 15 等于 27;27 加 18 等于 45。"为了验证这个结果,我们可以颠倒顺序,从下往上来加:"18 加 15 等于 33;33 加 12 等于 45。"两个结果完全一致,所以很可能是正确的:多次计算不太可能出现数字完全相同的错误。这种重复捕获了错误。

然而，盲目的重复几乎没有作用。如果我们通过从上到下再加一遍的方式来检验计算结果，我们常常会重复所有的错误。类似，重读一遍写好的文稿常常会忽略同样的拼写、语法或逻辑错误。反之，把文稿塞抽屉放一个星期，然后再看；或者请同事或朋友帮忙——这两种情况，用的都是全新的眼睛。简言之，可靠性来自聪明的重复。

这个原则能帮助你做可靠的估算。首先，用几个不同的方法估算同一个量。其次，使用彼此差异尽可能大的方法——例如，利用背景知识没有关联的方法。这一达到可靠性的方法是分而治之法的另一个例子：进行可靠的估算这一难题变成了几个简单的子问题，而每种估算方法就是一个子问题。

你已经在 1.1 节看到了一个例子，即估算纸币的体积。所使用的第一个方法是基于纸币的长度、宽度和厚度的分而治之法。检验的方法是和一张折叠的纸币进行比较。两种方法得到一致的结果，即纸币体积大约为 1 厘米^3——这给了我们进行估算的自信。

使用多种方法的另一个例子就是对油桶体积的估算（1.4 节）。我们用路边的沥青桶来代替原油桶，然后估算了沥青桶的体积。60 加仑的结果似乎还不错，但可能原油桶的大小是完全不同的。改进这类错误的一个方式是用不同的方法来估算体积。例如，我们可以从一桶原油的价格出发：2013 年约 100 美元，而一加仑汽油的价格税前约 2.5 美元，即一桶原油价格的 1/40。如果认为汽油的利润是不重要的，则一桶原油差不多40 加仑。即使考虑到利润，我们仍然可以说，一桶原油至少是 40 加仑。由于这两种估算——60 加仑和 40 加仑以上——基本一致，我们对这两种方法的自信也就增加了。如果两种结果互相矛盾，那么要么其中一种方法是错的，要么两种方法都是错的，我们需要找出错误的假设和错误的计算，或者需要去寻找第三种方法。

1.6　与直觉对话

正如你在前面的例子中所看到的，分而治之法需要合理地估算树叶的值。为了确定什么是合理的,你就需要与你的直觉对话——这是你在这一节中将要学到的。一开始和直觉对话会让你觉得奇怪,尤其是因为科学与工程被奉为理性的学科。

让我们来讨论如何进行这样的对话。以根据面积和人口密度来估算美国的人口为例。分而治之法的树图有两个树叶。(在 6.3.1 节,你会看到一个性质不同的方法,其中两个树叶是美国的州数和典型州的人口。)

面积是宽度乘高度,所以面积这个树叶又分裂成两个树叶。估算宽度和高度只需要和你的直觉简短对话即可,至少对生活在美国的人来说是这样。宽度为时速 500 英里的飞机飞行 6 小时的航程大约有 3 000 英里;如果粗略地估算,高度为宽度的三分之二,即 2 000 英里。因此,面积约为 600 万英里^2:

$$3\,000 \text{ mile} \times 2\,000 \text{ mile} = 6 \times 10^6 \text{ mile}^2. \qquad (1.16)$$

用公制的话,这大约是 1 600 万千米^2。

估算人口密度需要与你的直觉对话。如果你和我一样,那你对人口密度几乎没有感觉。你的直觉可能知道,但你不能直接问你的直觉。直觉与右脑相关联,不过右脑不管语言。尽管右脑对这个世界知道得很多,但无法用数值来回答,只能用感觉来表示。想要从右脑的知识库里得到什么,只能间接地问。取一个特别的人口密度——比如说,100 人/英里^2;然后询问直觉对此的观点:"哦,我那直觉敏锐的、洞察一切的、不爱说话的右脑,你如何看待 100 人/英里^2 的人口密度?"直觉将会给你一个回应。继续减少可能值直到直觉告诉你:"不对,这个值感觉太低了。"

下面是我的左脑(LB)和右脑(RB)之间的对话。

LB:你如何看待 100 人/英里^2 的人口密度?

RB:感觉差不多(基于我在美国长大的经验)。

LB:好事。现在我将我的估算值降低到原来的 1/3 或 1/10,直到你强烈抗议它太低了。(因子 3 差不多是因子 10 的一半,因为 $3 \times 3 \approx 10$。

当因子 10 的跳跃过大时，因子 3 是次小的因子。）按照这个说法，10 人/英里^2 的人口密度会如何？

RB：我感觉很不对。这个估算太低了。

LB：我理解你是怎么来的。那个值对乡村的人口密度是有点估算过高，但对于城市人口密度就大大低估了。因为你感觉不对了，我们就变动得慢一点，直到你强烈反对。那么 3 人/英里^2 怎么样？

RB：我感觉非常不对。如果真实数据低于这个值，我会相当惊讶。

LB：谢谢。对于下限，我停留在 3 人/英里^2。现在我往上限走。你说 100 人/英里^2 是很可能的。那么 300 人/英里^2 怎么样？

RB：我感觉非常不对。这个估算似乎太高了。

LB：我知道你的意思了。你的回应提醒了我，新泽西和荷兰的人口密度都达到了非常密集的 1 000 人/英里^2，尽管我无法保证这个值是对的。我无法想象整个美国的人口密度都达到新泽西那样的程度。因此，我将停留在这个值。我的上限是 300 人/英里^2。

▶ 你如何在上下限的基础上得到最佳猜测？

一个貌似合理的猜测是采用算术平均值，大约是 150 人/英里^2。但是，最好的方法是取几何平均：

$$最佳猜测 = \sqrt{下限值 \times 上限值}. \tag{1.17}$$

几何平均是下限和上限之间的中点——但这是按比例尺度或对数尺度来说的，这是我们意识中固有的尺度。（想了解更多，见参考文献 [9]。）当我们整合一些由固有意识产生的数量时，几何方式是一种正确的方式。

这样，几何平均是 30 人/英里^2：与上下限都相差 10 倍。用这个人口密度计算，美国人口大约是 2 亿人：

$$6 \times 10^6 \, \text{mile}^2 \times \frac{30}{\text{mile}^2} \approx 2 \times 10^8. \tag{1.18}$$

实际人口大约是 3×10^8。几乎完全根据直觉的估算结果与实际人口值只相差 1.5 倍。考虑到我们在面积和人口密度估算上的不确定性,这样的精度是相当令人惊奇的。

题 1.8 更多基于直觉的估算

利用你的直觉给出上限和下限,从而估算:(a) 你所能看到的附近一棵很高的树的高度;(b) 汽车的重量;(c) 浴缸里的水共有多少滴。可能的话,将你的估算结果与实际结果或更精确的结果相比较。

1.7 物 理 估 算

你的直觉不仅能理解人文社会,也能理解物理世界。如果你相信直觉,你就能够发掘这个巨大的知识宝库。作为练习,我们来估算海水的含盐量(1.7.1 节)、人力输出功率(1.7.2 节)以及水的汽化热(1.7.3 节)。

1.7.1 海水的含盐量

为了估算海水的含盐量,以后有助于估算海水的导电率(题 8.10),不要直接问你的直觉:"你觉得,比如说 200 毫摩尔/升(mmol/L)怎么样?"尽管这种问法在估算人口密度时很有效(1.6 节),但在这儿,除非你是个化学家,不然你得到的回答将是:"我没有任何头绪。究竟什么是 1 毫摩尔/升? 对这个单位我没有任何经验。"反之,给你的直觉一些具体数据——比如,做个家庭实验,往一杯水中加盐,直到盐水混合物尝起来和海水一样咸。

这个实验可以是思想实验或实际的实验——这是使用多种方法的另一个例子(1.5 节)。作为思想实验,我来问我的直觉有关往一杯水中加不同量盐的情况。当我加了两勺盐后,直觉的反应是,"咸得令人厌恶!"考虑下限,当我加 0.5 勺盐时,直觉的反应是,"不是很咸。"我就用 0.5 和 2 勺作为下限和上限。其中间值,即从思想实验得到的估算是每杯水加 1 勺盐。

我在厨房检验了这个预测。加入 1 勺盐,即 5 毫升(mL)的话,这杯水的确具有刺激的海水味道,这与我在海里被大浪打到后吞下的海水味道一样。一杯水大约是 1/4 升或 250 厘米^3。按质量算,含盐量的计算结果就是下列量的乘积:

$$\frac{1\ \text{勺盐}}{1\ \text{杯水}} \times \frac{1\ \text{杯水}}{250\ \text{g 水}} \times \frac{5\ \text{cm}^3\ \text{盐}}{1\ \text{勺盐}} \times \underbrace{\frac{2\ \text{g 盐}}{1\text{cm}^3\ \text{盐}}}_{\rho_{\text{盐}}}. \tag{1.19}$$

2 克/厘米^3(g/cm^3)的密度来自我的直觉,因为盐是一种轻岩石,应该比水的密度,即 1 克/厘米^3 稍大,但也不会大太多。(另一种方法更为精确也复杂得多,尝试题 1.10。)完成算术运算给出的结果是大约盐-水质量比是 1:25(4%)。

地球上的海洋实际含盐量大约是 3.5%——非常接近估算值。尽管用了大量的假设和近似,但估算结果是合理的——误差大都互相抵消了。这个合理性应该会鼓励你去做一些家庭实验来获得用分而治之法进行估算时所需要的数据。

题 1.9　水的密度

通过你的直觉估算一杯水(通常 1/4 升)的质量,来估算水的密度。

题 1.10　盐的密度

利用你在杂货店能找到的盐罐的体积和质量估算盐的密度。这个值应该比我在 1.7.1 节用直觉估算的值更精确(在那里得到的是 2 克/厘米^3)。

1.7.2　人力功率

我们第二个与直觉对话的例子是人力功率的估算——这是在很多估算中都有用的功率(如题 1.17)。能量和功率是进行分而治之法估算的很好的对象,因为这两个量可以通过下面的方程联系起来并用相应的树图表示:

$$功率 = \frac{能量}{时间}. \tag{1.20}$$

特别地,让我们来估算一个训练有素的运动员在连续的一段时间内可以产生多大功率(不是那种在几秒钟内产生的、爆发的高功率)。作为替代,我将考虑我自己的爆发功率及两个因子:

维持一个功率比快速产生一个爆发功率更难。因此,第一个因子,我的稳定功率除以我的爆发功率,应该是一个小于 1 的数——也许是 1/2 或 1/3。反之,一个运动员的稳定功率要比我大得多,可能大 2 或 3 倍。这两个因子差不多互相抵消,所以我的爆发功率应该可以和一个运动员的稳定功率相比拟。

为了估算我的爆发功率,我做一个家庭实验:尽可能快地爬楼。估计功率需要对能量和时间进行估计:

$$功率 = \frac{能量}{时间}. \tag{1.21}$$

其中能量即为我的引力势能的变化,可以进一步分解为三个因子:

$$能量 = \underset{m}{\underline{质量}} \times \underset{g}{\underline{重力加速度}} \times \underset{h}{\underline{高度}}. \tag{1.22}$$

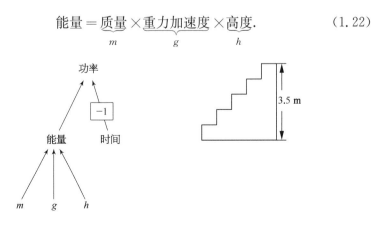

我所在大学的学术大楼是一个天花板很高且有楼梯的建筑，我一次跳三个台阶。楼梯总高 12 英尺，或说约 3.5 米。

因此，我的能量输出大约是 2 000 焦（J）：

$$E \sim 65 \text{ kg} \times 10 \text{ m/s}^2 \times 3.5 \text{ m} \sim 2\,000 \text{ J}. \tag{1.23}$$

（量纲检查：$1 \text{ J} = 1 \text{ kg} \cdot \text{m}^2 \cdot \text{s}^{-2}$。）

剩下的树叶是时间：爬楼需要多长时间？我花了 6 秒。作为对比，几个学生只花了 3.9 秒——这是年轻的力量！我的机械输出功率大约是每 6 秒 2 000 焦，或大约 300 瓦（W）。（为了验证这个估算是否合理，尝试题 1.12，你可以估算典型的人的基础代谢。）

这个爆发功率应该接近于一个训练有素的运动员可维持的稳定功率。实际上也是如此。举例来说，1989 年环法自行车大赛的阿尔卑-都埃（Alpe d'Huez）赛段冠军得主——莱蒙德（Greg LeMond），一个世界级运动员——的功率达到 394 瓦（持续 42.5 分钟），而自行车运动员阿姆斯特朗（Lance Armstrong）在 2004 年环法自行车赛的准备阶段的功率值更高：495 瓦。但是他公开承认采用了自血回输以增强体力（他因此被剥夺了奖牌）。的确，由于自血回输的广泛采用，在 20 世纪 90 年代到 21 世纪 00 年代期间的许多自行车运动员的功率值是值得怀疑的，400 瓦代表了合理的世界级运动员的可持续输出功率值。

题 1.11　9 伏（V）电池的能量

估算一个 9 伏电池的能量。这个能量是否足以将这个电池发射到绕地轨道？

题 1.12　基础代谢

根据我们的日常热量消耗，估算人的基础代谢。

题 1.13　测量爬楼的能量

利用一块奶油中的能量，你能爬多少级楼梯？

1.7.3　水的汽化热

我们的最后一个物理估算关乎地球上最重要的液体。

▶ **什么是水的汽化热?**

　　因为水覆盖了地球表面如此多的部分,也因为水是大气中如此重要的一部分(云!),水的汽化热强烈地影响了我们的气候——不论是通过降雨(3.4.3 节)还是通过气温。

　　汽化热定义为下列量的比:

$$\frac{\text{蒸发这些物质所需的能量}}{\text{物质的量}}, \tag{1.24}$$

其中物质的量可以用摩尔(mol)、体积或者(最普通的)质量来衡量。这个定义给出了树图的结构和基于分而治之法的估算。

　　关于物质的量,选择你容易想象的一定量的水——理想的、日常生活中熟悉的量。然后你的直觉能够帮助你进行估算。因为我经常是一次烧几杯水,一杯水大概是几分之一升,我将考虑 1 升或 1 千克(kg)的水。

　　另一个树叶,即所需的能量,需要更多的思考。这里有个通常会混淆的有关这个能量的概念是值得讨论的。

▶ **这是将水烧开所需要的能量吗?**

　　错!这与将水烧开所需的能量无关。那个能量与水的比热 c_p 有关。而汽化取决于一旦水烧开后,把水蒸干所需的能量。

　　能量进一步分解为功率乘以时间(与我们在 1.7.2 节讨论人力功率类似)。这里的功率可以是炉子的输出功率,时间是将 1 升水烧干的时间。为了估算这些树叶,让我们来开一个直觉会议。

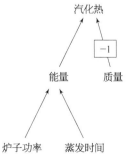

　　关于时间,我的对话是这样的。

LB：1 分钟作为下限听起来觉得怎么样？

RB：太短了——你这是把水烧开就扔炉子上不管了！

LB：3 分钟怎么样？

RB：这比平均值更短。也许这就是下限。

LB：好的。那么对于上限，100 分钟怎么样？

RB：太长了。谁会把茶放炉子上煮差不多 2 小时呢？

LB：30 分钟怎么样？

RB：有点长，不过我不会感到震惊，真是那么长时间的话只是有点惊讶。这感觉像是一个合理的上限。

我的范围因此是 3～30 分钟。中点——两个端点的几何平均——大约是 10 分钟或 600 秒。

关于功率，我们来直接估算，不必考虑上限下限了。

LB：100 瓦感觉怎么样？

RB：太低了。这只是一个灯泡的功率！如果一个灯泡就能这么快烧开水，那我们的能源问题早就解决了。

LB：(感到需要修正了)1 000 瓦怎么样？

RB：有点低。一个小电器，如电熨斗，就有 1 千瓦(kW)了。

LB：(猜测值上升慢一点)3 千瓦怎么样？

RB：这个炉子的功率感觉差不多。

我们来估算下这个功率，将其分解成电压和电流：

$$功率 = 电压 \times 电流. \tag{1.25}$$

电炉需要的电压是 220 伏，但在美国大部分电器是 110 伏。标准的保险丝是 15 安(A)，这给我们一个大电流的概念，所以一个电炉的功率大约是 3 千瓦：

$$220 \text{ V} \times 15 \text{ A} \approx 3\,000 \text{ W}. \tag{1.26}$$

这个估算和直觉的估算一致，两种方法都给出了合理的结果。

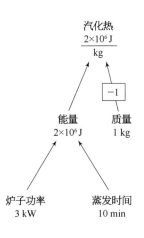

我们现在已经有了所有树叶节点的值。将这些值往上传递到树根，就可以得到汽化热($L_{汽化}$)大约是 200 万焦/千克：

$$L_{蒸发} \sim \frac{\overbrace{3 \text{ kW}}^{功率} \times \overbrace{600 \text{ s}}^{时间}}{\underbrace{1 \text{ kg}}_{质量}} \approx 2 \times 10^6 \text{ J/kg}. \tag{1.27}$$

实际值大约是 2.2×10^6 焦/千克。这是所有液体中汽化热值最高的几种之一。当水蒸发时，会带走显著的能量，这使得水成为极佳的制冷剂（题 1.17）。

1.8 小结及进一步的问题

本章的主旨是：没有什么问题是真正的难题。罗马帝国和大英帝国之所以能延续统治是让被征服的民族互相对立。分而治之法将难题分解为一些小问题。（更多例子，见参考文献[10]和[11]。）这个工具是对社会问题和科学问题都适用的普适方法。

题 1.14 人均土地面积

估算全世界和你所在国家的人均土地面积。

题 1.15 地球的质量

估算地球的质量。然后查找资料来验证你的估算。

题 1.16 10 亿

从 1 数到 10 亿（10^9）需要多长时间？

题 1.17 出汗

估算当你用力骑车 1 个小时后需要喝多少水来弥补因为蒸发而失去的水分。提示：人做机械功的效率只有 25%。

题 1.18 铅笔画线

你用铅笔能画多长的线？

题 1.19　松针

　　估算一棵松树上有多少松针？

题 1.20　头发

　　你头上有多少根头发？

第2章

抽　象

　　第1章介绍的分而治之法是很强大的,但仅靠这个方法还不足以组织我们这个世界的复杂性。比如,试试整理计算机的数百万个文件——即使是我的手提电脑,据说至少也有 300 万个文件。如果不做任何整理,把所有文件放在一个魔鬼的目录或文件夹里,你可能永远都无法找到你想要的信息。然而,简单应用分而治之法,即将文件分组(按照日期将前 100 个文件分为一组,然后是其后 100 个文件等等)并不能解决混乱。一个较好的方法是将这几百万个文件分层次管理:构成一棵文件夹和子文件夹的树。在这个分层结构里,每部分都有名字,比如说,"孩子照片"或者"本书的文稿",这些名字给了我们所需的信息。

　　命名——或者更严格地说,抽象,是我们整理复杂性的第二个也是最后一个工具。名称或抽象的威力来自可重复性。如果没有可重复性,这个世界将复杂得无从把握。没有抽象,我们就无法生活。我们可能会这么问"能否请你把那个黏着四条粗木棍的木板移到白色的大塑料圆盘这边来,不要弄翻了?"而不是说"能否请你把椅子移到桌子这边来?"这些名称——"椅子""移动"和"桌子"简明扼要地表示了这些复杂的概念和物理结构。

　　类似地,没有好的抽象,我们几乎无法计算,现代科学和技术也是不可能的。作为一个例子,想象一下进行下列计算的痛苦:

$$XX\text{Ⅶ} \times XXXX\text{Ⅵ}. \tag{2.1}$$

这是用罗马数字表示的 27×36。问题不仅仅在于不熟悉的记号,还在于这不是一种可用于计算的抽象。不仅如此，这种方式也不利于使用分而治之法；比如说，尽管 V（5）是 XXVII（27）的一部分，但 V × XXXVI 却没有显然的答案。与此相反，现代计数系统基于数位和零的抽象，使得乘法运算变得简单。记号是一种抽象，好的抽象可以增强我们的智能。

这也是为什么每一个思维工具都是一种抽象或者说可重复的概念。比如在第 1 章，我们学会了如何将一个难题分解成一些可以处理的小问题，我们将这个过程称为分而治之法。不要就止步于这一个过程。每当你重复使用一个概念时，确定一个可移植的过程，并给它一个名称时，即在进行抽象。有了一个名称，你就能更快地看清和使用相应的方法。在本章，我们将练习抽象，讨论抽象的高级目标，然后进一步实践。

2.1 燃烧碳氢化合物释放的能量

我们对世界的理解是建立在一层层抽象的基础上的。考虑流体的概念。在抽象的最底层是粒子物理的主角：夸克和电子。夸克的组合构成质子和中子。质子、中子和电子的组合构成原子。原子的组合构成分子，大量分子的集合，在一定条件下的表现就是流体。流体的概念是一个新的思想，这个思想可以帮助我们在计算之前，甚至在知道夸克和电子是如何通过相互作用产生流体效应之前，就能理解各种现象。

一个类似的强大的抽象是化学键。我们将利用这个抽象来估算对人体和现代社会来说很关键的一个量：燃烧氢和碳原子（碳氢化合物）所释放的能量。

碳氢化合物可以抽象为重复的 CH_2 单元组成的链：

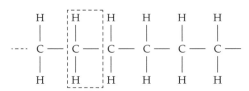

燃烧一个 CH_2 单元需要氧(O_2)并释放二氧化碳(CO_2)、水和能量:

$$CH_2 + \frac{3}{2}O_2 \longrightarrow CO_2 + H_2O + 能量.\qquad(2.2)$$

对于有 8 个碳原子的碳氢化合物——比如辛烷,这是发动机燃料的主要成分——只要将上述反应乘以 8:

$$(CH_2)_8 + 12O_2 \longrightarrow 8CO_2 + 8H_2O + 很多能量.\qquad(2.3)$$

▶ **燃烧一个 CH_2 单元能释放出多少能量?**

为了进行这个估算,利用键能表。这个能量是打破(不是形成)一个化学键需要的能量。这个表的第一列已经用到了抽象。例如,不存在唯一的碳氢(C‑H)键能:甲烷的碳氢键和乙烷的碳氢键是不同的。但为了这个概念的可重复性,我们忽略了这个差别——我们将其置于抽象的门槛之下——将其抽象为碳氢键。

	键 能		
	$\left(\dfrac{千卡}{摩尔}\right)$	$\left(\dfrac{千焦}{摩尔}\right)$	$\left(\dfrac{电子伏}{键}\right)$
C‑H	99	414	4.3
O‑H	111	464	4.8
C‑C	83	347	3.6
C‑O	86	360	3.7
H‑H	104	435	4.5
C‑N	73	305	3.2
N‑H	93	389	4.0
O=O	119	498	5.2
C=O	192	803	8.3
C=C	146	611	6.3
N≡N	226	946	9.8

"千卡/摩尔(kcal/mol)"这一列给出了用千卡表示的每摩尔碳氢键的

键能。1 千卡大约是 4 000 焦，1 摩尔的键数为阿伏伽德罗常量（$\approx 6 \times 10^{23}$）。"电子伏/化学键"这一列给出用电子伏表示的每个键的键能。1 电子伏（eV）为 1.6×10^{-19} 焦。这个单位适合衡量原子的能量，因为大部分的键能都在易于处理的几个电子伏范围内。

我们用下图来表示燃烧一个碳氢单元的能量。

$$
\begin{array}{c}
\text{H} \\
| \\
\text{C}— \\
| \\
\text{H}
\end{array}
\quad + \quad
\frac{3}{2} \times
\begin{array}{c}
\text{O} \\
\| \\
\text{O}
\end{array}
\quad \longrightarrow \quad
\begin{array}{c}
\text{O} \\
\| \\
\text{C} \\
\| \\
\text{O}
\end{array}
\quad + \quad
\begin{array}{c}
\text{H} \\
\diagup \\
\text{O} \\
\diagdown \\
\text{H}
\end{array}
\qquad (2.4)
$$

反应的左边是一个碳碳键，两个碳氢键，1.5 个氧氧双键。（碳碳键是将 CH_2 单元中的碳与相邻单元中碳束缚在一起的键）。共计 460 千卡/摩尔，就是打破这些键所需的能量。这是输入的能量，它减少了净燃烧能量。

	键　能	
	$\left(\dfrac{\text{千卡}}{\text{摩尔}}\right)$	$\left(\dfrac{\text{千焦}}{\text{摩尔}}\right)$
1×C－C	1×83	1×347
2×C－H	2×99	2×414
1.5×O＝O	1.5×119	1.5×498
总　量	460	1 925

右边是两个碳氧双键和两个氢氧键。总共 606 千卡/摩尔的能量，是形成这些键释放的能量。这是输出的能量，它增加了净燃烧能量。

	键　能	
	$\left(\dfrac{\text{千卡}}{\text{摩尔}}\right)$	$\left(\dfrac{\text{千焦}}{\text{摩尔}}\right)$
2×C＝O	2×192	2×803
2×O－H	2×111	2×464
总　量	606	2 535

释放的净能量为 606～460 千卡,即大约每摩尔 CH_2 释放 150 千卡。或说,大约每个 CH_2 单元释放 6 个电子伏——大约是 1.5 个化学键的能量。用单位质量的能量而不是用单位摩尔来表示燃烧所释放的能量也是很有用的。1 摩尔 CH_2 单元重 14 克。因此,150 千卡/摩尔大约是 10 千卡/克或 40 千焦/克(kJ/g)。这个能量密度值得记住,因为这给出了燃烧油脂和汽油或吃下脂肪后释放的能量(尽管脂肪不是纯的碳氢化合物)。

下表给出了植物和动物燃料的燃烧能(将纯碳氢化合物包括在内是为了引起兴趣)。饱和脂肪酸是动物脂肪的主要成分;动物的能量储存在可以和汽油的能量密度相比拟的物质中——大约是 10 千卡/克。另一方面,植物将能量储存在淀粉中,这是葡萄糖单元构成的链;葡萄糖的能量密度只有大约 4 千卡/克。食物中碳水化合物(糖和淀粉)的能量密度值也值得记住。这明显低于脂肪的能量密度:在提供能量这方面,食用脂肪比食用淀粉要快得多。

	燃 烧 能		
	$\left(\dfrac{千卡}{摩尔}\right)$	$\left(\dfrac{千卡}{克}\right)$	$\left(\dfrac{千焦}{克}\right)$
氢(H_2)	68	34.0	142
甲烷(CH_4)	213	13.3	56
汽油(C_8H_{18})	1 303	11.5	48
饱和脂肪酸($C_{18}H_{36}O_2$)	2 712	9.5	40
葡萄糖($C_6H_{12}O_6$)	673	3.7	15

▶ **我们该如何解释植物和动物不同的能量储存密度?**

植物不需要移动,所以低密度能量储存造成的额外重量就不是很重要了。葡萄糖简单的代谢方式带来的好处要胜过额外重量产生的微小弱点。然而对于动物来说,较小体重带来的优点超过了燃烧脂肪的复杂代谢方式带来的弱点。

题2.1 估算普通食物的能量密度

在美国学校里,传统的午餐是花生酱、奶油、果酱三明治。估算花生、奶油和果酱(或果冻)的能量密度。

题2.2 花生奶油作为燃料

假设你的身体可以将一勺(约 15 克)花生奶油的燃烧能全部转化为机械能,你可以爬多少级楼梯?

题2.3 草的生长速度

草的生长速度有多快? 这个速率是受水的限制(典型的降水量)还是阳光的限制(典型的太阳光通量)?

2.2 扔硬币游戏

科学的发展给我们造就了原子、化学键和键能等抽象概念。但是,我们常常会面对一些需要新的抽象的问题。我们将通过分析扔硬币的游戏来发展这个技巧。在这个游戏中,两个游戏者轮流扔一个硬币,先扔出正面者获胜。

▶ **第一个游戏者获胜的概率有多大?**

先玩一玩来获得一些对游戏的感觉。第一轮游戏的结果是:

TH

第一个游戏者扔出的是反面(T),因此没能获胜,第二个游戏者扔出的是正面(H),因而获胜。

游戏重复很多次后会给我们揭示一些图像或给我们提供一些如何计算概率的建议。然而,将一枚真实的硬币反复扔很多次会乏味至极。电脑可以模拟这个游戏,用伪随机数来代替硬币。下面是电脑程序产生的几轮游戏结果。每一行开头都用 1 或 2 表示哪个游戏者赢了。数字后面是扔硬币的结果。

2　TH

2　TH

1　H

2　TH

1　TTH

2　TTTH

2　TH

1　H

1　H

1　H

在这 10 轮游戏中,每个游戏者都赢了 5 次。一个合理的假设是每个游戏者赢得游戏的机会都相同。但是,这个假设只是基于 10 次游戏,不可能有太高的可信度。

让我们尝试 100 次。现在甚至只是数赢的次数就让人倍感乏味了。我让电脑来计数:结果第一个游戏者赢了 68 次,第二个游戏者赢了 32 次。第一个游戏者赢的概率接近 2/3,而不是 1/2。

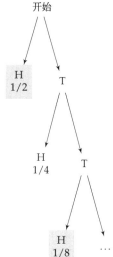

为了得到准确的值,我们用树图来表示游戏交替出现的结果。每一层表示扔一次硬币。一旦有一个游戏者扔出正面,游戏就于一片树叶处结束。有阴影的树叶表示第一个游戏者赢——比如是 H,TTH,或 TTTTH。这些获胜的概率是 1/2(H),1/8(TTH) 及 1/32(TTTTH)。所有这些获胜概率的和就是第一个游戏者获胜的概率:

$$\frac{1}{2} + \frac{1}{8} + \frac{1}{32} + \cdots. \tag{2.5}$$

为了不用公式就能求出这个无穷级数的和,我们来进行一次抽象:注意到在树图中，每一层都近似地复制了它的上一层。（在这个问题中，抽象在同样的问题中不断被使用。在计算机科学中，这种结构称为循环。）因为如果第一个游戏者扔出的是反面，那么第二个游戏者就处在获胜概率为 p 的第一个游戏者的位置上开始游戏。

为了利用这一等价关系，让我们给这个可重复的概念一个名称，即第一个游戏者获胜的概率，记为 p。则第二个游戏者的获胜概率为 $p/2$：因子 $1/2$ 是第一个游戏者扔出反面的概率，因子 p 是第二个游戏者在第一个游戏者扔出反面而失去机会的情况下获胜的概率。

因为不是第一个游戏者获胜，就是第二个游戏者获胜，两个概率之和等于 1：

$$\underset{P(\text{第一个游戏者获胜})}{p} + \underset{P(\text{第二个游戏者获胜})}{p/2} = 1. \qquad (2.6)$$

其解为 $p = 2/3$，正是 100 次游戏模拟的结果。

抽象解法与直接求无穷多个概率之和相比，其好处在于洞察。在抽象解法中，答案必须反映问题的本质。几乎不会有任何多余的东西。

一个有趣的、可以说明同样问题的例子来自关于在两列相向而行的列车之间来回飞舞的苍蝇的问题。

> ▶ 如果开始时列车相隔 60 英里，列车的速度都是 20 英里/小时，苍蝇的速度是 30 英里/小时，苍蝇在两列火车相撞而惨死之前总共飞行多少距离？（抱歉，物理问题经常如此暴力。）

一听说这个问题，冯·诺伊曼，博弈论和现代计算机的开创者，立刻就给出了正确的距离。一个同事说："太快了。""所有人都在试图求出无穷级数的和。""那有什么问题？"冯·诺伊曼说道，"我就是这么做的。"

在题 2.7，你可以求出无穷级数，或通过洞察求解。

题 2.4　利用抽象方法求出几何级数的和

　　利用抽象方法求出无穷几何级数的和：

$$1+r+r^2+r^3+\cdots. \tag{2.7}$$

题2.5 利用几何级数的和

利用题2.4验证第一个游戏者获胜的概率为2/3,这与我们用抽象方法所得到的一致。

$$p=\frac{1}{2}+\frac{1}{8}+\frac{1}{32}+\cdots. \tag{2.8}$$

题2.6 嵌套的平方根

求出下列算术和平方根的无穷混合的值:

$$\sqrt{3\times\sqrt{3\times\sqrt{3\times\sqrt{3\times\cdots}}}}. \tag{2.9}$$

$$\sqrt{2+\sqrt{2+\sqrt{2+\sqrt{2+\cdots}}}}. \tag{2.10}$$

题2.7 两列火车与一只苍蝇

对于苍蝇和逼近的列车问题(2.2节),直接求无穷级数,或通过洞察求解。验证两种方法的结果一致!

题2.8 电阻网络

在下列1欧姆电阻的网络中,A和B两点之间的电阻是多少?这个测量由连接两点的欧姆表来表示。

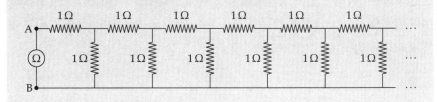

2.3 抽象的目的

像几何级数(题2.4)或电阻网络(题2.8)一样,扔硬币游戏(2.2节)

也包含了对自身的复制。注意到这种重复利用会极大地简化分析。抽象还有第二个好处：它使我们站在更高的位置来看待一个问题或情形。抽象让我们看到表面上毫无关系的事物之间的相似结构。

举例来说，让我们来重新审视一下在 1.6 节中进行直觉估算时介绍的几何平均。两个非负数 a 和 b 的几何平均定义为：

$$几何平均 = \sqrt{ab}. \tag{2.11}$$

之所以被称为几何平均是因为其具有这样一种赏心悦目的几何结构。将一个圆的直径分为长度为 a 和 b 的两段，然后作一个直角三角形，其斜边为直径。则三角形的高为两段长度 a 和 b 的几何平均。

几何平均会在令人惊讶的地方不断出现，包括海边。当你站在海边眺望远处时，你看到的就是几何平均。题 2.9 中，到地平线的距离就是两段关键长度的几何平均。

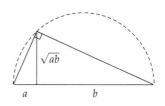

对我来说，最令人惊奇的是其出现在高德纳（Donald Knuth，排版系统 TeX 的作者）教的课程"编程与问题解决研讨班"上[12]。这个课程通过对一系列的"两周问题"的讲授，来帮助一年级博士生从本科生的作业问题过渡到博士生的研究问题。一次家庭作业也许需要 1 小时。一个研究课题需要，比如说 1 000 小时：大约是一年的工作，同时可以做一些其他的课题。（几个课题合并起来变成一个博士项目。）在这个课程中，每一个两周模块需要大约 30 小时——近似是这两个极端情况的几何平均。这些模块的体量正是让我们从作业跨越到研究的一座桥梁所应有的长度。

题 2.9　到地平线的距离

　　当你站在海边时，离地平线有多远？提示：成人看到的距离要比儿童看到的更远。

题 2.10　到一艘船的距离

　　站在海边，你正好能看到船上的 10 米桅杆。这艘船有多远？

更多的证据表明几何平均是一种有用的抽象,甚至无需一个几何构造来产生这种平均,比如在进行直觉估算的时候。我们曾经在 1.6 节用这个方法估算过人口密度及美国人口。让我们再来练习估算一下美国进口的石油——每年多少桶——不使用 1.4 节中的分而治之法。这个方法要求直觉给出一个下限和一个上限。我的直觉告诉我,如果进口石油少于每年一千万桶会令人相当惊奇。至于上限,如果进口量大于每年一万亿桶则会让我的直觉感到震惊——一桶油已经很多了,一万亿是一个巨大的数!

我对这个量的最佳猜测是上限和下限的几何平均:

$$\sqrt{1\,000\,万 \times 1\,万亿}\,\frac{桶}{a}. \tag{2.12}$$

结果是大约每年 30 亿桶——与我们用分而治之法的估算结果很接近,并接近实际值。反之,算术平均将给出每年 5 000 亿桶的估算结果,这就太大了。

题 2.11 算术平均—几何平均不等式

利用几何平均的几何图示证明,a 和 b(假定非负)的算术平均总是大于或等于其几何平均。什么时候这两个平均相等?

题 2.12 带权重的几何平均

a 和 b 的算术平均 $(a+b)/2$ 的一个推广形式是给 a 和 b 加上不同的权重。什么是几何平均的类似推广?(在题 6.29,你估算小球从桌上掉到地上的接触时间时就会出现带权重的几何平均。)

2.4 类 比

因为抽象如此有用,所以抽象的方法将会很有帮助。一种途径是在两个体系之间构建类比。每个共同的特征都导致一种抽象;每种抽象都将一个体系的知识和其他体系的知识联系起来。一个知识的片段有了双重的作用。类比就像一个心灵杠杆，或者更一般地说，抽象是智慧的放大器。

2.4.1 电学和力学类比

一个包含很多种抽象、可以让我们拿来练手的例子是弹簧-质点体系和电感-电容(LC)电路之间的类比。

$$(2.13)$$

在电路中，电源——左边的V_{in}——提供了流过电感(导线绕在铁棒上)和电容(两个被空气隔开的金属片)的电流。当电流流过电容时，它改变了电容器上的电荷。"电荷"这个词可能有点误导性，因为电容上的净电荷为零。"电荷"意味着电容器的两个极板携带相反的电荷Q和$-Q$，且$Q \neq 0$。电流改变电荷Q。这些电荷产生电场，进而产生输出电压V_{out}。$V_{out} = \dfrac{Q}{C}$，其中C是电容。

	弹　　簧	电　　路
自变量	x	Q
一阶导数	v	I
二阶导数	a	$\mathrm{d}I/\mathrm{d}t$

电路不如弹簧-质点体系更为我们所熟知。然而，通过构建两个体系之间的类比，我们可以将对力学体系的理解用于对电路体系的理解。

在力学体系中，基本的变量是质点的位移x。而在电学体系中则是电容上的电荷Q。这些变量是类似的，因此其导数也是类似的：速度(v)是位置的导数，应当类比于电流(I)，即电荷的导数。

我们来构建更多的类比桥梁。速度的导数,即位置的二阶导数,是加速度(a)。因此,电流的导数($\mathrm{d}I/\mathrm{d}t$)是与加速度类似的量。我们很快就会发现,这个类比在寻找电路振荡频率时很有用。

这些变量描写了体系的状态及状态如何变化:这称为运动学。没有造成运动的原因——动力学——则体系是静止的。对力学体系,动力学来自力,力产生加速度:

$$a = \frac{F}{m}, \tag{2.14}$$

加速度类似电流的变化 $\mathrm{d}I/\mathrm{d}t$,给电感加上电压就会产生这种变化。对于电感,其服从的关系是(类似于电阻的欧姆定律)

$$\frac{\mathrm{d}I}{\mathrm{d}t} = \frac{V}{L}, \tag{2.15}$$

其中 L 是电感系数,V 是加在电感上的电压。根据两个关系的相似结构,力 F 和电压 V 应该是相似的。的确,这两个量都描述运动效果。类似地,质量和电感系数是相似的:它们都描述对运动效果的抵抗。质量和电感系数在另一方面也是相似的,都描述动能:质量通过自身的运动,而电感通过产生磁场的电子动能。

从质量-电感的类比,我们来看看弹簧-电容的类比。这些器件都代表了体系的势能:对于弹簧,通过压缩和膨胀而蕴含能量,对于电容,通过电容器上的电荷产生静电能。

力拉伸弹簧时会有"阻力"k:

$$x = \frac{F}{k}. \tag{2.16}$$

类似地,电压给电容充电,但也会有一个"阻力"$1/C$:

$$Q = \frac{V}{1/C}. \tag{2.17}$$

根据上述 x 和 Q 的关系式所共有的结构,弹性系数 k 一定和电容的倒数 $1/C$ 类似。下面的表格是我们所有的类比。

	力　学	电　学
运动学		
基本变量	x	Q
一阶导数	v	I
二阶导数	a	$\mathrm{d}I/\mathrm{d}t$
动力学		
外力	F	V
对外力的抵抗（动能）	m	L
对外力的抵抗（势能）	k	$1/C$

从这个表中可以看到关键结果。从弹簧-质点体系的本征（角）频率 ω 出发：

$$\omega = \sqrt{\frac{k}{m}},$$

然后来应用这个类比。质量 m 与电感系数 L 类似，弹性系数 k 与电容倒数 $1/C$ 类似。因此 LC 电路的本征频率为

$$\omega = \sqrt{\frac{1/C}{L}} = \frac{1}{\sqrt{LC}}. \tag{2.18}$$

通过类比的桥梁，一个公式，如弹簧-质点体系的本征频率，就有了双重的用途。更一般地，不论我们从一个体系中学到什么，都可以帮助我们来理解另一个体系。由于类比，每一种理解都有了双重的作用。

2.4.2　引力场中的能量密度

练习了电学和力学之间的类比，我们来尝试下不太熟悉的类比：电场和引力场之间的类比。特别地，我们会将两个场的能量密度（单位体积的能量）联系起来。电场 E 具有能量密度 $\varepsilon_0 E^2/2$，其中 ε_0 是真空介电常量，它也出现在两个电荷 q_1 和 q_2 之间的静电力的公式中：

$$F = \frac{q_1 q_2}{4\pi\varepsilon_0 r^2}. \tag{2.19}$$

因为静电力和引力都是平方反比力(作用力正比于 $1/r^2$),相应的能量密度也应该是类似的。至少,应该也有一个引力场能量密度。但这个能量密度是如何与引力场联系起来的呢?

为了回答这个问题,我们第一步是找出可以与电场类比的与引力相关的量。但我们并不仅仅将电场看成与电相关的某种东西,而是专注于场的一般概念。在这个意义上,电场是这样一种东西:其乘以电荷就给出力的作用:

$$力 = 电荷 \times 电场. \tag{2.20}$$

我们使用文字,而不是正规的符号如用 E 表示场,或 q 表示电荷,因为符号会将我们的思维限制在具体的事物上,不利于我们攀登抽象之梯。使用文字将帮助我们进行类比。

这一文字的形式促使我们思考:什么是引力荷? 在静电学中,电荷是电场的源。在引力场中,场源是质量。因此,引力荷就是质量;进一步可见,引力场就是加速度:

$$引力场 = \frac{力}{引力荷} = \frac{力}{质量} = 加速度. \tag{2.21}$$

的确,在地球表面,引力场强度是 g,也称为重力加速度。

引力场的定义是前半个难题(我们又在运用分而治之法)。对于后半个难题,我们将用场来计算能量密度。为了这个目的,我们先重温下从电场到静电能量密度的过程:

$$E \rightarrow \frac{1}{2} \varepsilon_0 E^2. \tag{2.22}$$

因为 g 是引力场,类似的有

$$g \rightarrow \frac{1}{2} \times 某个量 \times g^2. \tag{2.23}$$

这里,"某个量"代表我们忽略的与 ε_0 类似的量。

▶ **什么是 ε_0 的引力对应量?**

为了找到对应的量，比较两个体系最简单的情况：点荷的场。一个点电荷 q 产生的电场为

$$E = \frac{1}{4\pi\varepsilon_0}\,\frac{q}{r^2}. \tag{2.24}$$

一个点引力荷 m（质点）产生的引力场（加速度）为

$$g = \frac{Gm}{r^2}, \tag{2.25}$$

其中 G 是引力常量。

引力场具有与电场相似的结构：都是平方反比力，这正是所预料的；都正比于荷。差别在于比例系数。对于电场，比例系数为 $1/4\pi\varepsilon_0$，对于引力场，就是简单的 G。因此，G 类似于 $1/4\pi\varepsilon_0$；等价地，ε_0 类似于 $1/4\pi G$。

于是，引力场能量密度就是

$$\frac{1}{2} \times \frac{1}{4\pi G} \times g^2 = \frac{g^2}{8\pi G}. \tag{2.26}$$

在 9.3.3 节，当我们需要将来之不易的电磁辐射知识用于理解更复杂难懂的引力辐射时，会再次使用这个类比。

题2.13　太阳的引力能

太阳总的引力能是多少？对太阳之外的所有空间进行积分。

题2.14　考虑浮力的单摆周期

真空中的单摆周期（对于小振幅）是 $T = 2\pi\sqrt{l/g}$，其中 l 是摆长，g 是引力场强度。现在假定单摆在流体（比如说，空气）中摆动。用一个修正值来代替 g，将浮力效应包括在单摆周期的公式中。

题2.15　比较场的能量

找出质子产生的电场和引力场的能量之比。

2.4.3 并联组合

类比不仅一次次地解决问题,同时也帮助我们将表达式改写成紧凑和直觉化的形式。这在下面题 2.8 对无限电阻网格的分析中可以看到。

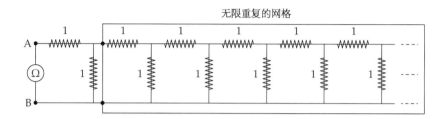

为了找到网格的电阻 R(换言之,节点 A 和 B 之间电阻表的测量值),你可以将整个网格的电阻值用一个单一电阻 R 表示。则整个网格就相当于将一个 1 欧姆电阻和并联的 1 欧姆电阻与 R 串联起来。

$$ R = \quad\quad\quad\quad \tag{2.27}$$

下一步通常要用到并联电阻公式以得到 R。R_1 和 R_2 并联后的电阻为

$$ \frac{R_1 R_2}{R_1 + R_2}. \tag{2.28}$$

对于我们的电阻网格,忽略欧姆这个单位,与 1 欧姆并联的结果是 $R/(1+R)$。将这个组合与 1 欧姆串联,得到电阻:

$$ 1 + \frac{R}{1+R}. \tag{2.29}$$

因此我们得到关于 R 的方程:

$$ R = 1 + \frac{R}{1+R}. \tag{2.30}$$

其(正值)解为 $R = (1+\sqrt{5})/2$,这就是黄金分割比例 ϕ(约 1.618)。因此,

用1欧姆电阻构建的电阻网格,其电阻值为ϕ欧姆。

尽管这个解是正确的,但忽略了一个可重复应用的概念:并联组合。为了促进这个概念的重复应用,我们用下面的记号表示这个概念:

$$R_1 \parallel R_2. \tag{2.31}$$

这个记号是自明的,只要认识到记号"$\parallel$"(由两个平行棒而来的记号)表示平行。好记号应当有助于思考,而不应为了记住记号的用途反而阻碍了思考。利用这个记号,网格电阻R的方程变成

$$R = 1 + 1 \parallel R. \tag{2.32}$$

(并联组合的计算要优先于加法运算。)这个方程更清楚地反映了体系的结构,对它的分析,也要优于对方程

$$R = 1 + \frac{R}{1+R} \tag{2.33}$$

的分析。记号"$\parallel$"组织了复杂性。

一旦命名了某个概念,就会发现哪里都有这个概念。小时候家里买了一辆沃尔沃,结果我发现街上到处都是沃尔沃。类似地,我们现在来看一个与最初产生这个概念的电路相差很远的并联组合的例子。比如说,两个相连的弹簧的弹性系数(题2.16):

$$\tag{2.34}$$

题 2.16　作为电容器的弹簧

利用弹簧和电容器之间的类比(2.4.1节),解释为什么串联的弹簧可以用并联组合公式来计算弹性系数。

另一个令人惊讶的例子是两个质点的弹簧-质点体系。

本征频率 ω 不用记号"‖"的话可以表示为

$$\omega = \frac{k(m+M)}{mM}. \tag{2.35}$$

这个形式看上去有点复杂,但如果用了"‖"这个抽象记号则变成

$$\omega = \frac{k}{m \,\|\, M}. \tag{2.36}$$

这样频率变得更有意义。两个质点的行为像它们的并联组合 $m \,\|\, M$:

质量 $m \,\|\, M$ 非常有用,还因此有一个特殊的名字:约化质量。我们组织复杂性的抽象方法将一个三体系统(一个弹簧和两个质点)转换成了一个较为简单的两体系统。

　　本着符号能够提升直觉的精神,用小写字母 m 表示较小的质量,用大写字母 M 表示较大的质量。然后写成 $m \,\|\, M$ 而不是 $M \,\|\, m$。这两种形式得到的是相同的结果,但 $m \,\|\, M$ 的顺序会把意外度降到最低:m 和 M 的并联组合比其中每一个质量都小(题 2.17),因而相对于 M 更接近于较小的质量 m。写成 $m \,\|\, M$ 而不是 $M \,\|\, m$,是将最重要的信息放在第一位。

题 2.17　利用阻抗的相似性

　　利用与并联电阻的相似性,解释为何 $m \,\|\, M$ 要小于 m 和 M。

▶ **为什么上面的两个质点类似于并联的两个电阻?**

　　答案在于质量和电阻的相似性。电阻出现在欧姆定律中:

$$\text{电压} = \text{电阻} \times \text{电流}, \tag{2.37}$$

电压是"外力"。电流在"外力"作用下产生。因此,最一般的形式——在抽象之梯上再上一步——就是

$$外力 = 阻抗 \times 流. \qquad (2.38)$$

用这种形式,牛顿第二定律变为

$$力 = 质量 \times 加速度. \qquad (2.39)$$

就可以将力看成"外力",质量看成一种阻抗,而加速度就是一种流。

因为弹簧可以使任意一个质点振动,就像电流可以流过两个并联电阻中的任意一个一样,弹簧感受到的"阻力"就等于并联组合的"阻力"——也就是 $m \parallel M$。

题 2.18　三个弹簧的连接
　　三个弹簧串联后的有效弹性系数是多少？这三个弹簧的弹性系数分别是 2、3、6 牛/米(N/m)。

2.4.4　作为高级抽象的阻抗

电学中的电阻已经出现过很多次了,其中隐含了一种高级的抽象:阻抗。阻抗把电阻的概念推广到了电容器和电感器。电容器、电感器以及电阻是三个线性电路元件——对于这些元件,电流和电压之间的关系是用线性方程描述的:对于电阻,是代数方程(欧姆定律);对电容或电感,则是微分方程。

▶ **为什么我们需要推广电阻的概念？**

电阻是容易处理的。如果一个电路包含电阻,那么你立刻就能完整地描述电路的性质。比如说,你可以写出电路中任意一点的电压,这是电源节点的线性组合。但如果电路中包含电容器和电感器,我们还能做到吗？

当然能！从欧姆定律出发，

$$\text{电流} = \frac{\text{电压}}{\text{电阻}}. \tag{2.40}$$

可以站在更高的层次上来看这个方程，并写成

$$\text{流} = \frac{1}{\text{阻抗}} \times \text{外力}. \tag{2.41}$$

现在我们需要提升"外力"的观念，不仅仅限于电压。否则我们无法将阻抗的概念推广到电容器，相应的方程为

$$\text{电荷} = \text{电容} \times \text{电压}. \tag{2.42}$$

但电荷不太像是一种流。至少对电容器而言，电压也不是一种"外力"：一个理想的电容器储存其电荷并永久维持相应的电压——没有任何"外力"。

通过两边求导可以解决这个问题，并得到

$$\text{电流} = \text{电容} \times \frac{\mathrm{d}(\text{电压})}{\mathrm{d}t}. \tag{2.43}$$

电流是一种流；电压的改变像是一种外力。做了这样一个类比后，电容就类似于电阻的倒数。

为了作量化的类比，我们给电容器加一个最简单的电压，其形式不因求导而改变：

$$V = V_0 \mathrm{e}^{j\omega t}. \tag{2.44}$$

其中 V 是输入电压，V_0 为振幅，ω 为角频率，j 为虚数单位 $\sqrt{-1}$。电压 V 是复数；但实际电压应理解为这个复数的实部。找出电流 I（流）和 V（"外力"）的关系，我们就把阻抗的概念推广到了电容器。

▶ **如果用这个指数形式，我们如何表示更熟悉的振荡电压 $V_1 \cos \omega t$ 或 $V_1 \sin \omega t$ 呢？其中 V_1 为实数电压。**

从欧拉公式出发：

$$e^{j\omega t} = \cos\omega t + j\sin\omega t. \tag{2.45}$$

为了得到 $V_1\cos\omega t$，在 $V = V_0 e^{j\omega t}$ 中令 $V_0 = V_1$。则

$$V = V_1(\cos\omega t + j\sin\omega t). \tag{2.46}$$

因此 V 的实部就是 $V_1\cos\omega t$。

想得到 $V_1\sin\omega t$ 需要一点技巧。令 $V_0 = jV_1$ 就可以了：

$$V = jV_1(\cos\omega t + j\sin\omega t) = V_1(j\cos\omega t - \sin\omega t). \tag{2.47}$$

实部为 $-V_1\sin\omega t$，除去负号就是我们想要的。正确的振幅应取 $V_0 = -jV_1$。

总结一下，所用的指数形式可以简洁地表示我们更熟悉的正弦和余弦信号。

用指数形式，求导要比使用正弦和余弦时简单。V 对时间的导数只是多一个因子 $j\omega$，但保持 $V_0 e^{j\omega t}$ 不变：

$$\frac{\mathrm{d}V}{\mathrm{d}t} = j\omega \times \underbrace{V_0 e^{j\omega t}}_{V} = j\omega V. \tag{2.48}$$

利用这个变化的电压，电容方程

$$\text{电流} = \text{电容} \times \frac{\mathrm{d}(\text{电压})}{\mathrm{d}t} \tag{2.49}$$

变成

$$\text{电流} = \text{电容} \times j\omega \times \text{电压}. \tag{2.50}$$

将此与电阻方程（欧姆定律）比较

$$\text{电流} = \frac{1}{\text{电阻}} \times \text{电压}, \tag{2.51}$$

综合上述结果，我们得到电容器的阻抗

$$Z_C = \frac{1}{j\omega C}. \tag{2.52}$$

这个更一般的阻抗与频率有关，称为容抗，用 Z_C 表示。

利用这个阻抗,我们可以描述含电容器的电路中任何一个正弦信号的情况。这样一个紧凑的符号——容抗 Z_C(或甚至 R_C)有助于我们的思考。这个符号隐藏了电容器微分方程的细节,使得我们可以将电阻和电流的直观概念推广到更一般的电路。

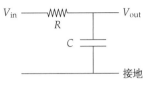

最简单的包含电阻和电容的电路是所谓的低通电阻-电容(RC)电路。不仅因为这是最简单的有趣电路,作进一步的类比,这也将是热流的模型。让我们将阻抗的类比用于这个电路。

为了建立抽象,我想象着眼睛的散焦。在模糊的视力下,电容器看起来就像是一个电阻并且具有有趣的阻值 $R_C = 1/j\omega C$。 现在整个电路看上去就像一个纯电阻电路。的确,这是最简单的一类电路,即分压电路。其特性可以用一个数来描写,即增益。这是输出电压与输入电压之比 V_{out}/V_{in}。

如果将 RC 电路看成一个分压器,则

$$增益 = \frac{容抗}{总阻抗} = \frac{R_C}{R + R_C}. \tag{2.53}$$

因为 $R_C = 1/j\omega C$,因此增益变成

$$增益 = \frac{1/j\omega C}{R + 1/j\omega C}. \tag{2.54}$$

分子、分母同乘因子 $j\omega C$ 后,增益简化为

$$增益 = \frac{1}{1 + j\omega RC}. \tag{2.55}$$

▶ **为什么这个电路叫作低通电路?**

在高频($\omega \to \infty$),分母中的项 $j\omega RC$ 使增益趋于零。在低频($\omega \to 0$),项 $j\omega RC$ 消失使增益趋于 1。即高频信号被电路抑制,而低频信号可以几乎不受影响地通过。这样一种抽象方式,即电路的高级描述方式使我们得以理解电路,而不至于被淹没在方程之中。在研究了时间常数这个概

念后,我们将把对这个电路的理解推广到热学系统。

增益包含的电路参数以 RC 乘积的形式出现。在增益的分母中,$j\omega RC$ 和 1 相加;因此,$j\omega RC$ 和 1 一样都没有量纲。因为 j 没有量纲(是一个纯数),ωRC 必须是无量纲的。因此,乘积 RC 具有时间的量纲。这个乘积是电路的时间常数——通常用 τ 来表示。

时间常数有两个物理解释。为了给出这些解释,假设我们用值为常量 V_0 的输入电压对电容器充电,最后(经过无限长时间),电容器被充到输入电压 $(V_{out}=V_0)$ 并具有电荷 $Q=CV_0$。然后,在 $t=0$,通过将输入端接地使输入电压变为零。

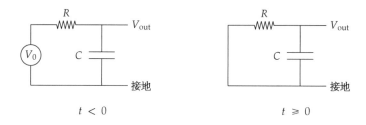

电容器就开始通过电阻放电,其电压按指数衰减,如下图所示。

经过一个时间常数 τ 之后,电压与初始值相比下降到原来的 $1/\mathrm{e}$——从 V_0 下降到 V_0/e。这个 $1/\mathrm{e}$ 倍是我们关于时间常数的第一个解释。并且,如果电容器电压按初始时刻(即紧接着 $t=0$)的速率衰减,则经过一个时间常数 τ 之后,电压将下降到零——这是时间常数的第二个解释。

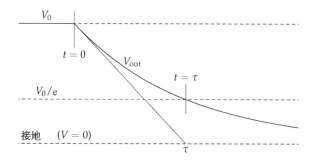

时间常数的抽象隐藏了——或者说抽象掉了——产生它的细节:在这儿就是电阻和电容。其他的非电路系统同样可以有一个时间常数,但产生的机制是不同的。因为并不仅限于电路系统,关于时间常数的深层次理解可以帮助我们将对低通滤波电路的理解推广到非电路系统,尤其是可以用来理解热学系统中的热流。

题 2.19 电感的感抗

一个电感具有如下的电压-电流关系

$$V = L \frac{\mathrm{d}I}{\mathrm{d}t}, \tag{2.56}$$

其中 L 是电感。求电感的感抗(依赖于频率)。然后,就可以分析任何线性电路,并将其看成只包含电阻的电路。

2.4.5 热学系统

RC 电路可以作为热学系统模型——尽管热学系统并不是明显地和电路有关。在热学系统中,是温差(与电压类似的量)导致了能流。能流用不太时髦的词来说,就是热流。并且,热流正比于温差——正如电流正比于电压一样。在这两个系统中,流都正比于驱动力。因此,热流可以用电路的类比来理解,特别地,可以用低通滤波电路来理解。

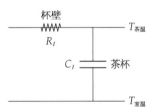

举例来说,我常常会泡一杯茶,但由于比较烫而忘了喝。像电容放电一样,茶会慢慢冷却到室温而没法再喝。热量通过杯子流失了。杯壁起到了热阻抗的作用;与 RC 电路类比,将热阻抗用 R_t 表示。热量储存在水和杯子里,水和杯子起到了热库的作用。是这个热库而不是电荷库提供了热量的储存,我们将其表示为 C_t。(这样,杯子起到了热阻抗和热容器的作用。)阻抗和容器是可转换的概念。

与 RC 电路类似,乘积 $R_t C_t$ 是热学时间常数 τ。为了估算 τ,我们可以完成一个家庭实验(这个方法我们曾在 1.7 节用过)。先加热一杯茶,当它冷却时,画出茶温和室温之间的温度变化。以我丰富的饮茶经验,一杯可享用的热茶冷却半小时就变成温茶。为了量化这些温度,可享用的热茶温度约在华氏 130℉（≈55℃），室温在 70℉（≈20℃），温茶约在 85℉（≈30℃）。

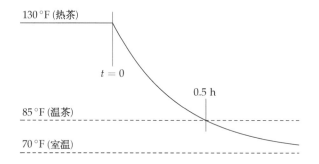

▶ **根据这些数据，这杯茶的热学时间常数大约是多少呢?**

经过一个热学时间常数后，温度下降到 1/e（e≈2.72）（正如经过一个电学时间常数后，电压下降到 1/e 一样）。对于我这杯茶，茶温和室温之间一开始的温差是 60℉：

$$\underset{130℉}{\underline{可享用的茶温}} - \underset{70℉}{\underline{室温}} = 60℉. \tag{2.57}$$

经过半小时，如果茶在微波炉中冷却，温差下降到 15℉：

$$\underset{85℉}{\underline{温热的茶温}} - \underset{70℉}{\underline{室温}} = 15℉. \tag{2.58}$$

因此，在半小时内温差下降 1/4。如果典型地下降到 1/e 则将只需要较短的时间：或许是 0.3 小时（约 20 分钟）而不是 0.5 小时。更精确的计算是 0.5 小时除以 ln 4，这给出 0.36 小时。然而，在输入数据如此不精确的情况下，没有什么必要去做如此精确的计算。因此，我们可以粗略地估算热学时间常数 τ 约为 0.3 小时。

利用这个估算，我们就能理解一杯茶在微波炉中孤独地待了几天，在室温的日常变化的影响下发生了什么，而这当然是常有的事。这个分析将成为我们分析房间里一天温度变化的模型。

▶　一杯茶是如何随着一天的温度变化而变化的,如果 $\tau \approx 0.3$ 小时?

首先,建立电路的类比。输出信号仍然是茶温,输入信号则是变化的室温。然而,接地端信号,即我们的参考温度,不能也是室温。我们需要一个恒定的参考温度。最简单的选择就是取平均室温 $T_{\text{平均}}$。(当我们将这个分析推广到房间内的温度变化时,我们会看到结论是一样的,只是取了不同的参考温度。)

连接输入和输出信号的放大器的增益为

$$\text{增益} = \frac{\text{输出振幅}}{\text{输入振幅}} = \frac{1}{1+j\omega\tau}. \tag{2.59}$$

输入信号(室温)按照每天 1 个周期的频率 f 变化。因此,增益表达式中无量纲参数 $\omega\tau$ 约为 0.1:

$$\underbrace{2\pi \times 1 \overbrace{\frac{\text{周期}}{\text{d}}}^{f}}_{\omega} \times \underbrace{0.3\,\text{h}}_{\tau} \times \underbrace{\frac{1\,\text{d}}{24\,\text{h}}}_{1} \approx 0.1. \tag{2.60}$$

这个系统由一个低频信号驱动:ω 没足够大到使得 $\omega\tau$ 接近于 1。这个增益表达式提醒我们,茶杯对于温度变化来说是个低通滤波器。它将这个低频输入温度几乎没有改变地传输给了输出信号——茶温。因此,内部(茶)温几乎完全和外部(室)温一样。

另一个极端情况是房子。与茶杯比较,房子具有大得多的质量,因而具有更大的热容量。相应地,房子的热学时间常数 $\tau = R_t C_t$ 也要比茶杯的长得多。对一个希腊式房子的研究给出结果 $\tau \approx 86$ 小时,大约 4 天。

这些房子一定具有很好的绝热效果!

当年我在开普敦教书的时候，那里阳光明媚，甚至在冬天房子都没有暖气，我住的房子隔热不是很好，热学时间常数大约只有 0.5 天。

对于开普敦的房子，无量纲参量 $\omega\tau$ 比茶杯的相应常量要大得多：

$$\underbrace{2\pi \times 1 \overbrace{\frac{周期}{d}}^{f}}_{\omega} \times \underbrace{0.5\,d}_{\tau} \approx 3. \tag{2.61}$$

▶ $\omega\tau \approx 3$ 对室内温度会有什么影响？

在冬天，室外温度在华氏 45℉ 到 75℉ 之间。峰谷到峰顶有 30℉ 的变化，经过房子这个低通滤波器，这个变化就被压缩了大概 3 倍。下面通过估算增益的大小来展示如何得到这个因子。

$$|\,增益\,| = \left| \frac{T_{室外} 的振幅}{T_{室内} 的振幅} \right| = \left| \frac{1}{1 + j\omega\tau} \right|, \tag{2.62}$$

(有一点使人迷惑的是，室内温度是输入信号，而室外温度是输出信号！)
现在代入 $\omega\tau \approx 3$：

$$|\,增益\,| = \left| \frac{1}{1 + 3j} \right| = \frac{1}{\sqrt{1^2 + 3^2}} \approx \frac{1}{3}. \tag{2.63}$$

一般地，当 $\omega\tau \gg 1$，增益的大小近似为 $1/\omega\tau$。

因此，室外温度峰谷-峰顶的 30℉ 的差别就变成室内温度的 10℉ 的差别。

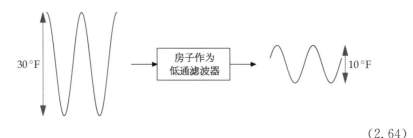

$$\tag{2.64}$$

▶ 室内平均温度是多少?

可以得到室内平均温度等于室外平均温度! 为了找到原因,我们来仔细考虑参考温度(即接地端的热学类比)。之前,在分析被遗忘的茶杯时,我们的参考温度是室内平均温度。因为我们现在试图要确定这个值,就让我们使用已知的、方便的参考温度——比如,较冷的 10℃,这是以摄氏或华氏(50℉)取整后的值。

输入信号(室外温度)冬天在 45℉ 到 75℉ 之间变化。因此,可以将其分为两部分:(1) 通常的一个时变信号,拥有着峰谷-峰顶之间 30℉ 的差别;(2) 一个稳定的跨度为 10℉ 的信号。

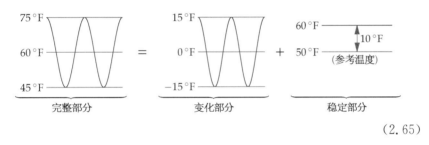

$$(2.65)$$

这个稳定的信号的跨度是室外平均温度 60℉ 与参考温度 50℉ 之差。

我们分别来处理每一部分——这里我们再次使用了分而治之法。我们只需分析变化的部分:输入信号通过房子这一低通滤波器后,由于 $\omega\tau \approx 3$,振幅会有一个显著的压缩。与此相反,不变的部分,即室外平均温度,按照定义频率为 0。因此,相应的无量纲参量 $\omega\tau$ 严格为 0。当这一信号通过房子这个低通滤波器时增益为 1。因此,平均的输出信号(即室内平均温度)也是 60℉:即在参考温度 50℉ 之上再加上那个跨度为 10℉ 的稳定信号。

室内温度的 10℉ 的峰谷-峰顶之差是围绕着 60℉ 的波动。因此,室内温度的变化范围是 55℉ 到 65℉。在室内,当我不常跑步,或者说不产生太多热量时,我觉得 68℉(20℃)的温度让我感到舒适。正如这个热流的电路模型所预言的,当我住在那个房子里的时候,日夜都只需要穿一件毛衣。(关于更多 RC 类比在建筑中的应用,见参考文献[13]。)

题2.20　什么时间房间里最冷？

根据增益的一般表达式 $1/(1+j\omega\tau)$，开普敦的房子在一天中什么时间是最冷的？假定室外是半夜最冷。

2.5　小结及进一步的问题

几何平均，阻抗，低通滤波器——这些概念都是抽象的。抽象可以把表面上看起来杂乱无章的细节变成一个有机的高级结构，通过这个结构，可以让我们得到超越其来源的知识和洞见。通过构建抽象，我们放大了我们的智慧。

题2.21　从圆到球

在这个问题中，首先从圆的周长得到面积，然后用类似的分析得到球的体积。

a) 将半径为 r 的圆分解成楔形的饼图。然后将其拆开。

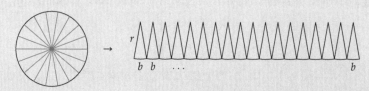

$$(2.66)$$

利用拆开的图形和已知圆周长为 $2\pi r$ 来证明圆面积为 πr^2。

b) 将讨论推广到半径为 r 的球：已知球表面积为 $4\pi r^2$，由此推出球的体积。（这个方法是古希腊人发明的。）

题2.22　LRC 电路的增益

利用在题2.19中得到的电感的感抗来求典型 LRC 电路的增益。在这个结构中，输出电压是在电阻两端测量的，这是一个低通滤波器,高通滤波器还是一个波段滤波器?

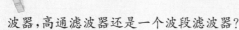

题2.23 连分数

计算连分数

$$1+\cfrac{1}{1+\cfrac{1}{1+\cdots}}, \qquad (2.67)$$

将此题与题2.8相比较。

题2.24 指数塔

计算

$$\sqrt{2}^{\sqrt{2}^{\sqrt{2}}}, \qquad (2.68)$$

其中,a^{b^c} 定义为 $a^{(b^c)}$。

题2.25 同轴电缆

世界各地的物理和电子实验室里,连接设备和传输信号的最佳方式是使用同轴电缆。标准的同轴电缆,RG-58/U,其单位长度的电容为100皮法/米,单位长度的电感为0.29微亨/米。可以将它看成一个很长的电感-电容网络:

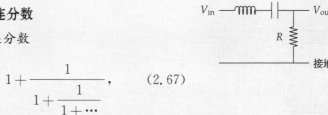

将多大的电阻 R 放在末端(与最后一个电容并联)能使电缆看起来像无限长的 LC 电缆?

题2.26 UNIX 和 LINUX

阅读迈克·甘卡兹(Mike Gancarz)的《UNIX 哲学》(*The UNIX Philosophy*)[14],或《Linux 和 UNIX 哲学》(*Linux and the Unix Philosophy*)[15],在这些(密切相关的)操作系统的设计和基本原理中找出抽象的例子。

第二篇

忽略复杂性且无信息丢失

你已经将你的难题分解成一些可以处理的部分。已经找到了可移植、可重复使用的概念。当这些工具还不够时，你需要认清并忽略复杂性——这是我们接下来要讨论的 3 个工具的内容。这些工具将帮助我们在不丢失信息的情况下舍弃复杂性。如果一个体系具有对称性（第 3 章）——或与对称相关的性质，那么体系就会遵守某种守恒律——利用对称性会大大简化分析。相应的，我们并不关心这个分析是针对哪一部分的，因为对所有部分的分析都是一样的。为了忽略那些相同的部分，只关注变化的部分，我们将使用正比分析（第 4 章）。最后，我们可以保证我们的方程不会把苹果和橘子加在一块儿。这个简单的概念——量纲分析（第 5 章）——极大压缩了可能的解的空间，从而帮助我们驾驭复杂性。

第 *3* 章

对称性与守恒

大雨倾盆而下,避雨的地方在几百米之外。如果奔跑起来的话你会淋得少些吗? 一方面,你在雨中待的时间越少,那么被淋到的雨也越少。另一方面,跑的时候雨滴会更直接地打在身上。结论并不是那么明显——直到你运用本章介绍的工具:对称性与守恒。(在 3.1.1 节,我们会讲解雨中奔跑的问题。)

3.1　不　变　量

当我们发现有一个量在复杂的环境中保持不变,我们就使用这个工具。这个守恒的量称为不变量。找到不变量会简化很多问题。

我们在 1.2 节估算高速公路一个车道的运输能力时曾出现第一个不变量,但当时并未指出。运输能力——车道上运输车辆的通过率——取决于运输车辆之间的间距和车辆的速度。我们已经可以估算这些量并得到运输能力。然而,车辆间距和车辆速度是不断变化的量,所以这些估算很难做到可靠。作为替代,我们使用了 2 秒跟随规则。只要驾驶员遵守这个规则,则在驾驶的时候车距就是 2 秒。因此,每辆车后面每隔 2 秒就会有一辆车——这就是这个车道的运输能力(单位时间经过的车辆数)。通过找到一个不变量,我们简化了一个复杂多变的过程。每当出现变化的时候,就去找不变的东西![这个聪明的方法来自阿瑟·恩格尔(Arthur Engel)的《问题解决策略》(*Problem-Solving Strategies*)[16]

一书。]

3.1.1 下雨时是跑还是走？

我们将用这个工具来体验一下，在雨中应该走还是跑。下着倾盆大雨，你的伞在家里，而你的家在数百米之外。

> ▶ **在雨中应该走还是跑才能让湿身程度降到最小？**

让我们作三个简化之后再来回答这个问题。首先，假定没有风，因此雨滴都是垂直下落。其次，假定雨是稳恒的。第三，假定你的身体是很薄的片状：在指向家的方向上没有厚度（这个近似在我年轻时更适用）。等价地说，你的头部被防水帽保护着，所以不用担心雨滴会打你头上。你试图尽可能减少打到你正面的雨滴总量。

你唯一的自由度——你可以选择的唯一参数——就是你的速度。高速可以让你在雨中停留较短的时间。然而，这也使雨滴更直接地打到你身上（更偏水平方向）。但有一个量是不变的，且与你的速度无关，即你扫过的空气体积。因为雨是稳恒的，一定的体积包含的雨滴数是固定的，与你的速度无关。只是这些雨滴会打在你身体正面。因此，不管速度有多大，湿身的程度是一样的。

这个令人惊讶的结论是"每当有变化时，就去寻找不变量"的原理的另一个应用。在这里，我们可以通过选择是走还是跑来改变速度。然而不管速度如何，我们将扫过相同的空气体积——这是我们的不变量。

这个由分析不变性而得到的结论，即在雨中无论是走还是跑对湿身程度都没有影响，是令人惊讶的，因此你可能对此还有一点点怀疑。当然，我们几乎会本能地选择在雨中跑，这的确会比在雨中悠闲地散步更好。

▶ 为了避免湿身,在雨中跑是不理性的吗?　🔍

如果你是无限薄的,就像是一个矩形在雨中行进,那么前面的分析是适用的:不管你是走还是跑,你身体的正面吸收的雨滴数量是相同的。但大部分人是有一个厚度的,落在头上的雨滴数量和我们的速度有关。如果你的头是暴露的,那么你会在意有多少雨滴落在头上,这时你就应该跑。但如果你头上有覆盖,那你大可节省你的能量并享受你的漫步。跑步不会让你更干爽。

3.1.2　平铺一个老鼠啃过的棋盘

练习使用一个新工具的最佳方式通常是将其应用于一个数学问题。这样就不会将真实世界的复杂性添加到学习新工具的过程中。所以,下面就是一个数学问题:一个单人游戏。

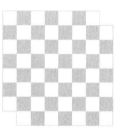

一只老鼠啃掉了一个标准 8×8 棋盘的对角线上两端的 2 个格子。我们有一盒矩形的 2×1 的多米诺骨牌。

▶ 这些多米诺骨牌可以平铺这个被老鼠啃过的棋盘吗? 换句话说,我们能否将骨牌覆盖整个棋盘的每一个格子(既没有空格,也没有重叠)?　

将一块骨牌放在棋盘上是这个单人游戏的一步。在游戏的每一步中,你可以选择将骨牌放在哪里——所以每一步你都有很多选择。可能的落子顺序的总数增长得非常迅速。因此,我们要寻找不变量:一个在游戏的任何一步中都不会变的量。

因为每个骨牌覆盖 1 个白格子和 1 个黑格子,下列的量 I 是不变的(保持恒定):

$$I = \text{未覆盖的黑格子} - \text{未覆盖的白格子}. \qquad (3.1)$$

一个规则的棋盘上有 32 个白格子和 32 个黑格子,因此开始时有 $I=0$。啃过的棋盘少了两个黑格子,因此开始时有 $I=30-32=-2$。到游戏完成时,所有格子都被覆盖,所以 $I=0$。因为 I 是不变量,所以这个游戏不可能完成,即多米诺骨牌不可能平铺这个被啃过的棋盘。

不变量如此有威力的部分原因在于这是一种抽象。空格的细节——空格的准确位置——并不构成抽象的障碍。跨过这个障碍,我们只看到黑格子的数目超过白格子的数目就够了。这一抽象包含了我们所需要知道的所有信息,即我们永远不可能平铺这个棋盘。

题 3.1　立方体游戏

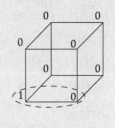

一个立方体的每个顶点都有一个数字,除了左下角的顶点从 1 开始外,所有顶点都从 0 开始。游戏的每一步都是相同的:选取任何一条棱然后给棱的两个顶点的数字各增加 1。游戏的目的是使所有顶点的数字都变成 3 的倍数。

比如,选取正面底部的棱,然后再选取反面底部的棱,得到下列立方体构型的序列:

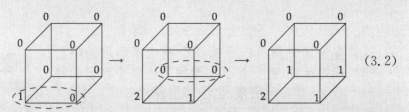

(3.2)

尽管上述构型没有一个能完成游戏,但你能否通过不同的步骤来完成这个游戏?如果你能够完成,给出完成游戏的步骤。如果不能,则证明游戏不可能完成。

提示:创建和此游戏类似的、但更简单的版本。

题 3.2　三数组游戏

这是另一个单人游戏。从一个三数组 $(3,4,5)$ 出发,在每一步,选择其中任意两个数。将其叫作 a 和 b。然后做下列替换:

$$a \rightarrow 0.8a - 0.6b$$
$$b \rightarrow 0.6a + 0.8b. \tag{3.3}$$

你能达到 (4, 4, 4) 吗? 如果你能做到,给出步骤;否则,证明不可能做到。

题 3.3　将三数组游戏看成空间的转动

在三数组游戏(题 3.2)中,根据在 3 个数 a,b 和 c 中选择哪两个数进行替换操作,会有 3 种可能的步骤。试将这 3 种方式用空间转动来描述,即对于每一种步骤,给出转动轴和转动角度。

题 3.4　圆锥摆

即使是小振幅,找出一个摆的周期也需要微积分,这是因为摆的速度不断变化。

每当有变化发生时,就应该去寻找不变量。因此,被大物理学家索末菲*(Arnold Sommerfeld)称为"所有时代最天才的钟表匠"的惠更斯**(Christiaan Huygens)分析了摆在水平圆周上的运动(圆锥摆):将这个二维运动投影到一个竖直的屏上就得到一个一维摆的运动;这样,二维运动的周期就和一维摆的运动周期相同! 利用这个想法找出摆的周期(不使用微积分!)。

3.1.3　对数比例

在 3.1.2 节的游戏中,每一步都是用一个骨牌来覆盖棋盘的两个格子。在我们理解世界的游戏中,一个很常见的步骤是改变单位制。和游戏一样,我们要问:"当一个步骤在进行时,什么量是不变的?"作为一个有助于理清思路的例子,下面是与人类听觉相关的频率。我们首先用千赫

---

*　德国物理学家,量子力学和原子物理学的先驱之一。——译者注
**　荷兰物理学家,光的波动理论奠基者。——译者注

兹(kHz)作为单位。频率的分布按下图排列：

听觉下限	20 Hz
钢琴中音 C	262 Hz
钢琴高音 C	4186 Hz
听觉上限	20 kHz

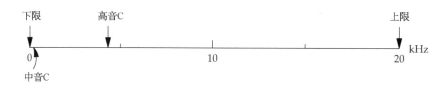

现在将单位从千赫兹变成赫兹(Hz)，并保持点 0、10 和 20 在原图中标记的位置不变。这个变化将每个频率间隔放大了 1 000 倍。如果原点保持固定，则 20 赫兹就到了原来 20 千赫兹的位置(大约在原点右侧 10 厘米处)，然后 20 千赫兹，即人类听觉的频率上限，就到了右边 100 米的位置——远远超出了页面的范围。这个新的标度可说是无用的。

　　幸运的是，这里有一个不变量：频率的比。比如，人类听觉的频率上限(20 千赫兹)和中音 C(262 赫兹)的比值大约是 80。如果我们使用一种基于比例而不是绝对差的表示，则当我们改变单位时，频率的间隔将不会变化。

　　我们已经有了这样的表示：对数！在对数比例尺上，间距对应的是比例，而不是差。为了对比，我们将 1 到 10 这些数标在对数比例尺上。

1 和 2 之间的实际间距表示的不是两个数的差而是两个数的比，即 2。按照我的标尺和画图程序所画的，这个间距大约是 3.16 厘米。类似地，2 和 3 之间的实际间距——大约 1.85 厘米——表示的是较小的比 1.5。与在线性标尺上的相对位置不同，对数比例尺上 2 和 3 之间要比 1 和 2 之间靠得近些。在对数比例尺上，1 和 2 之间与 2 和 4 之间的间距相同：这两个间距都表示比值 2，因此具有相同的大小 3.16 厘米。

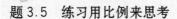

题 3.5　练习用比例来思考

在对数比例尺上,2 和 8 之间的实际间距与 1 和 2 之间的实际间距相比如何? 根据你对比例的理解来回答,然后通过测量这两个间隔的距离来验证你的分析。

题 3.6　更多用比例思考的练习

1 和 10 之间的间距是小于,等于还是大于 1 和 3 之间间距的 2 倍? 根据你对比例的理解来回答,然后通过测量这两个间隔的距离来验证你的分析。

题 3.7　对数比例尺上的移动

上面描述的对数比例尺上,2 和 3 之间的实际间距大约为 1.85 厘米。如果从 6 开始向右移动 1.85 厘米则会到达哪一点? 根据你对比例的理解来回答,然后通过使用标尺找到新的位置来验证你的分析。

题 3.8　将标尺向右扩展

上面描述的对数比例尺上,1 和 10 之间的实际间距大约为 10.5 厘米。如果标尺的上限扩展到 1 000 的数字,则 10 和 1 000 之间的实际间距是多大?

题 3.9　将标尺向左扩展

如果扩展对数比例尺使其下限达到 0.01,则在 1 的左边多远是 0.04 的位置?

在对数比例尺上,相应于听觉的频率分布如下图所示:

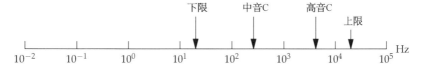

将单位改成千赫兹只是将所有频率平移,但相对位置没有变化。

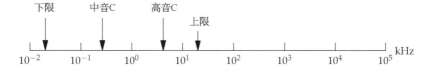

题 3.10　声学能流密度(能量通量)

　　在声学中,声音强度用能流密度来衡量,其单位是分贝(dB)——瓦/米^{2}的对数。对于分贝标度,0 对应于 10^{-12} 瓦/米^2 的参考水平。每10分贝(1贝尔)表示能流密度增加10倍。

　　a) 60分贝对应多少瓦/米^2(正常谈话的声音水平)?

　　b) 将下列能流密度标在分贝标度尺上:10^{-9} 瓦/米^2(空无一人的教堂),10^{-2} 瓦/米^2(音乐会的前排位置),及 1 瓦/米^2(声音强得令人痛苦)。

　　对数标度有两个好处。一、我们已经明显看到,对数标度自然地将不变性包含在内了;二、这一好处隐含在前面的讨论中:与线性标度不同,对数标度可以表示巨大的范围。比如,要想在 63 页的线性标度上表示电力线的嗡嗡声频率(50~60 赫兹),则几乎不可能将其与 0 千赫兹区别开来。而对数标度则毫无问题。

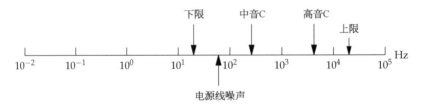

　　在我们这个世界,利益常常是彼此冲突的。我们通常不得不为了一项利益去牺牲另一项利益(速度相对于准确或者公正相对于怜悯)。利用对数标度,我们就可以鱼与熊掌兼得。

题 3.11　标记一个对数标度

　　我们来做一个标尺表示宇宙的大小,从质子(10^{-15} 米)到星系(10^{30} 米),其中包括人和细菌的尺度。对于如此巨大的范围,我们用长度为 L 的对数标度尺。下列两种标度方式哪一种是正确的,哪一种是没有意义的?

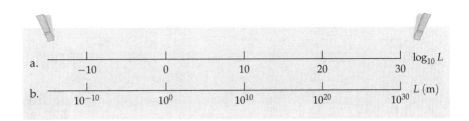

对数标度可以使得原先含糊的符号运算变得直观。几何平均就是一个例子，我们曾在 1.6 节用它来进行直觉估算：

$$估算值 = \sqrt{下限 \times 上限}. \qquad (3.4)$$

几何平均也出现在现实世界中。正如在题 2.9 看到的，在地球表面高度为 h 的地方能看到的地平线的距离 d 为

$$d \approx \sqrt{hD}, \qquad (3.5)$$

其中 $D = 2R_{地球}$ 为地球直径。假定有个救生员，其眼睛高度在海平面上 $h = 4$ 米处，则到地平线的距离为

$$d \approx (\underbrace{4\ \mathrm{m}}_{h} \times \underbrace{12\,000\ \mathrm{km}}_{D})^{1/2}. \qquad (3.6)$$

为了进行计算，我们将 $12\,000$ 千米写成 1.2×10^{7} 米，计算 $4 \times 1.2 \times 10^{7}$，然后开方

$$d \approx \sqrt{4 \times 1.2 \times 10^{7}} \approx 7\,000\ \mathrm{m} = 7\ \mathrm{km}. \qquad (3.7)$$

在这种形式下，计算模糊了几何平均的基本结构。我们首先计算 hD，这是一个面积（通常会包含巨大的数字，正如这个例子所示）。然后我们通过开方得到距离。但是，这个面积和问题的结构毫无关系，只是一个中间过程。

中间过程是有用的，这正是你要告诉计算机的计算过程。但为了理解这个计算，我们作为人类，应该使用对数标度来表示距离。这个标度抓住了问题的本质。

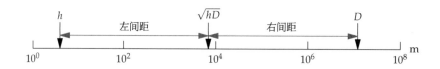

▶ 几何平均 $\sqrt{hD}$ 位于何处?

首先,几何平均是一种平均,则一定位于 h 和 D 之间的某个位置。这个性质在用平方根计算时并不是那么明显。为了找到几何平均的位置,想一想间距。在对数标度上,间隔表示的是两个端点的比值。如表中所示,左边的间距和右边的间距表示的是同样的比值! 因此,在对数标度上,几何平均正好位于 h 和 D 的中间。

间　距	端　　点	比　　值
左	$h \cdots \sqrt{hD}$	$\dfrac{\sqrt{hD}}{h} = \sqrt{\dfrac{D}{h}}$
右	$\sqrt{hD} \cdots D$	$\dfrac{D}{\sqrt{hD}} = \sqrt{\dfrac{D}{h}}$

基于这个比例表示,我们再强调一下:几何平均计算是一种可以心算的计算方式。

▶ 多大距离与 4 米的比正好是 12 000 千米与其之比?

由于缺乏想象力,我首先猜测这个距离是 1 千米。它比地球直径 D (12 000 千米)小 12 000 倍,但只比高度 h(4 米)大 250 倍。我的 1 千米的猜想是太小了。

▶ 10 千米这个猜测怎么样?

这个距离比 h 大 2 500 倍,但比 D 只小 1 200 倍。又有点过头了。那

7 千米怎么样呢？这大约比 4 米大 1 750 倍,大约比 12 000 千米小 1 700 倍。这两个间距非常接近,因此 7 千米是近似的几何平均。

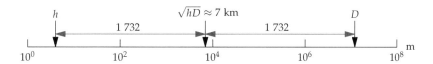

因此,当我们进行直觉估算时,应该将上限和下限标记在对数标度上,则最好的直觉估算值就是二者的中点。这是多么简单的图像!

> ▶　**是否所有的量都应该标记在对数标度上?**

答案是否定的。一组显而易见的对比是距离和位置。这两个量都有同样的单位。但距离的范围是从 0 到 ∞,然而位置的范围是从 $-\infty$ 到 ∞。因而位置是无法标记在对数标度上的(你把 -1 米标在哪里呢?)。反之,距离(大小)可以标记在对数标度上。一般地,位置参数,如坐标不应该用对数标度来标记,而大小应该用对数标度来标记。

3.2　从不变性到对称操作

在前面的例子中,我们先知道游戏的玩法,再寻找不变量。在被老鼠啃过的棋盘(3.1.2 节)中,玩法是将一个 2×1 的骨牌放在两个相邻的空格上。不变量是黑空格数与白空格数之差。然而,通常不变量的好处在另一个方面:你知道了不变量,然后寻找保持这个量不变的玩法。这些玩法称为对称操作,或简单地叫作对称。

我们将先在一个熟悉的情况下考察这个概念:单位转换(3.2.1 节)。然后我们通过一个高斯[*] 3 岁时解决的求和问题(3.2.2 节)及寻找极大和极小值的问题(3.2.3 节)来体验一下。

---

　　[*]　德国数学家,物理学家,近代数学奠基者之一。——译者注

3.2.1 单位转换

我们常常把一个量从一个单位制转换到另一个单位制——例如，质量用英制表示转换为用公制表示，或者价格从美元换成英镑或欧元。一个有用的例子是将能量密度（能量除以物质的量）以适合的单位来表示。让我们首先用合理的能量单位来表示一个化学键，即电子伏或 eV（2.1 节）。于是能量密度的单位是

$$\frac{\text{eV}}{\text{分子}}. \tag{3.8}$$

这个能量密度是我们的不变量。当我们从一个单位制转换到另一个单位制时，我们的所有操作必须保持能量密度不变。

> ▶ **什么操作是合法的操作，即保持能量密度不变的操作？**

合法的操作就是乘以 1 的各种方式——比如，

$$\frac{6 \times 10^{23}\,\text{分子}}{1\,\text{mol}} \quad \text{或} \quad \frac{1\,\text{mol}}{6 \times 10^{23}\,\text{分子}}. \tag{3.9}$$

这两个比例式都是 1 的一种形式，因为 1 摩尔定义为阿伏伽德罗常量个分子，而阿伏伽德罗常量为 6×10^{23}。我将分母仔细地写成包括数字的"1 摩尔"，而不是简单地写成摩尔。这个显式提醒我们，"6×10^{23} 分子/摩尔"是两个相等量，即 6×10^{23} 个分子和 1 摩尔之商的简化。

用第一种 1 的形式乘以能量密度得到：

$$\frac{1\,\text{eV}}{\text{分子}} \times \frac{6 \times 10^{23}\,\text{分子}}{1\,\text{mol}} = \frac{6 \times 10^{23}\,\text{eV}}{\text{mol}}. \tag{3.10}$$

（如果我们使用了第二种 1 的形式，则"分子"无法相互抵消而成了"分子^2"。斜线帮助我们看清所要得到的单位。）这个巨大的指数使得这个形式几乎没有什么意义。为了改进，让我们乘以基于电子伏定义的 1 的另一个形式：

$$\frac{1.6 \times 10^{-19} \text{ J}}{1 \text{ eV}} \text{ 或 } \frac{1 \text{ eV}}{1.6 \times 10^{-19} \text{ J}}. \tag{3.11}$$

转换时将这个 1 包括进去后得到：

$$\frac{1 \text{ e\cancel{V}}}{\cancel{分子}} \times \frac{6 \times 10^{23} \cancel{分子}}{1 \text{ mol}} \times \frac{1.6 \times 10^{-19} \text{ J}}{1 \text{ e\cancel{V}}} \approx \frac{10^2 \text{ kJ}}{\text{mol}}. \tag{3.12}$$

（更精确的值是 96 千焦/摩尔。）在美国，与食物相关的能量用卡（cal）表示，也以千卡（kcal）表示（粗略地等于 4.2 千焦）。用卡表示，能量单位是

$$\frac{96 \cancel{\text{kJ}}}{1 \text{ mol}} \times \frac{1 \text{ kcal}}{4.2 \cancel{\text{kJ}}} \approx \frac{23 \text{ kcal}}{\text{mol}}. \tag{3.13}$$

▶ **哪种形式更有意义，**$23 \dfrac{千卡}{摩尔}$ **还是** $\dfrac{23 千卡}{摩尔}$ **？**

数学上，这两种形式是等价的。你可以在除以 1 摩尔之前或之后乘以 23。但在感觉上并不一样。第一种形式建立了每摩尔和千卡数的关系，并且告诉我们"每摩尔是 23 千卡"。它将 23 与其正常的部分，即千卡这一单位分离。相反，第二种形式给出了 1 摩尔的能量，而 1 摩尔与人的大小可比拟，因而是更符合直觉的形式。

类似地，通常光速 c 取为（近似地）

$$3 \times 10^8 \frac{\text{m}}{\text{s}}. \tag{3.14}$$

另一种在感觉上更好的形式是

$$c = \frac{3 \times 10^8 \text{ m}}{1 \text{ s}}. \tag{3.15}$$

这个形式提示我们，至少对光而言，3 亿米的距离只是 1 秒钟而已。利用这个概念，可以将波长转换为频率（题 3.14）；稍微推广一下，可以将频率转换为能量（题 3.15）以及将能量转换为温度（题 3.16）。

题 3.12 荒谬的单位

通过乘以 1 的适当形式，将 $\dfrac{1\text{弗隆}}{2\text{周}}$（1 弗隆约等于 201.168 米）

转换为合理的单位(米/秒)。

题 3.13 雨量单位

在一些非公制国家，雨量常常用"英亩英尺"来衡量。通过乘以 1 的适当形式，将 1 英亩英尺转换为米^3。

题 3.14 波长转换为频率

将绿光波长，0.5 微米，转换为频率(赫兹)。

题 3.15 频率转换为能量

类似于你在题 3.14 中利用光速的方式，利用普朗克常量 h 将绿光频率转换为能量，并分别用焦和电子伏表示。这个能量就是绿光光子的能量。

题 3.16 能量转换为温度

利用玻尔兹曼常量 k_B 将绿光光子的能量(题 3.15)转换为温度用开(K)表示。除以因子 3，这个温度就是太阳表面的温度！

转换因子不一定是数值的。洞察常常来自符号因子。这是来自流体的一个例子。在 5.3.2 节我们将导出作为无量纲比例的阻力系数 c_d，

$$c_d = \frac{F_{阻力}}{\dfrac{1}{2}\rho v^2 A}, \tag{3.16}$$

其中 ρ 是流体密度，v 是流体中物体的运动速度，A 是物体的横截面积。为了给这个定义和比例一个直观的解释，分子分母同乘以 d，其中 d 为物体运动的距离：

$$c_d = \frac{F_{阻力}\, d}{\dfrac{1}{2}\rho v^2 A d}, \tag{3.17}$$

分子 $F_{阻力}d$ 是阻力做的功或消耗的能量。分母中 Ad 是物体在流体中移动时扫过的体积,所以 ρAd 就是相应的流体质量。因此,分母就是

$$\frac{1}{2} \times 流体质量 \times v^2. \tag{3.18}$$

物体的速度 v 也近似是物体扫过的流体(物体移动时扫过的流体)速度。因此,分母近似为

$$\frac{1}{2} \times 流体质量 \times (流体速度)^2, \tag{3.19}$$

这就是物体扫过的流体动能。阻力系数因此近似就是以下比例

$$c_d \sim \frac{阻力消耗的能量}{转移给流体的能量}. \tag{3.20}$$

我十年级时的化学老师麦克里迪先生告诉我们,单位转换是我们在整个课程中应该记住的一个概念。化学教科书中几乎每个问题的求解都可能用到单位转换,这一方面说明了书的特点,另一方面也说明了这个方法的威力。

3.2.2　高斯儿时的求和

从不变量到对称性的一个典型例子是年幼的高斯的一则故事。尽管很可能是一个传说,但这个故事很有启发意义,理应是真实的。据说高斯 3 岁的时候,他的老师想让孩子们多打发点时间,就出了一道求和题目

$$S = 1 + 2 + 3 + \cdots + 100, \tag{3.21}$$

然后回去坐享孩子们做题时的闲暇。过了几分钟,高斯拿着答案 5 050 跑来了。

▶ **高斯是对的吗? 如果是对的,那么他是如何这么快就得到答案的?**

高斯在求和中看到某种不变性:如果把所有项颠倒,从最大加到最

小,那么和是不变的,

$$1+2+3+\cdots+100=100+99+98+\cdots+1. \qquad (3.22)$$

然后他把这两个和加起来——原来的与颠倒顺序的,

$$
\begin{array}{r}
1+\ \ 2+\ \ 3+\cdots+100=S \\
+100+\ 99+\ 98+\cdots+\ \ 1=S \\
\hline
101+101+101+\cdots+101=2S
\end{array}
\qquad (3.23)
$$

利用这个形式,$2S$ 容易计算:其包含 100 个 101。因此,$2S=100\times101$。因此 $S=50\times101$,即 5 050——正如年幼的高斯所得到的。他通过发现的对称性:一个保持加和不变的变换,将问题变得如此容易。

题 3.17　数字和

　　利用高斯的方法求 200 到 300(包含 200 与 300)之间自然数的和。

题 3.18　代数的对称性

　　利用对称性找出 $(a-b)^3$ 展开式中缺失的系数:

$$(a-b)^3=a^3-3a^2b+?\ ab^2+?\ b^3. \qquad (3.24)$$

题 3.19　积分

　　计算下列定积分:

(a) $\displaystyle\int_{-10}^{10} x^3 \mathrm{e}^{-x^2}\mathrm{d}x$,　(b) $\displaystyle\int_{-\infty}^{\infty} \frac{x^3}{1+7x^2+18x^8}\mathrm{d}x$,

(c) $\displaystyle\int_{0}^{\infty} \frac{\ln x}{1+x^2}\mathrm{d}x$.

3.2.3　求极大和极小值

　　作为寻找对称操作的练习,我们不用微积分来求函数 $6x-x^2$ 的极大值。微积分是一件利器,可以解决许多问题,但前提是需要将问题化为相同的形式(小碎片)。避免使用微积分迫使我们使用更特别的,但也是更精致的方法——比如对称性。正如高斯在求 $1+2+\cdots+100$ 之和时所做的,我们来找一个对称操作使其保持问题的本质特征——极大的位置——不变。

对称隐含了围绕物体各部分的运动。幸运的是,我们的函数 $6x-x^2$ 可以因式分解为

$$6x-x^2=x(6-x). \tag{3.25}$$

这个形式以及乘法可交换的性质,意味着一个对称操作。交换两个因子,即将 $x(6-x)$ 换成 $(6-x)x$,极值的位置是不变的。(一个抛物线有唯一的极大或极小值。)

交换的对称操作即

$$x \leftrightarrow 6-x \tag{3.26}$$

这个操作将 2 变成 4(及相反),1 变成 5(及相反)。在对称操作下仅有的不变的量是 $x=3$。因此,$6x-x^2$ 在 $x=3$ 具有极大值。

从几何上来讲,对称操作关于直线 $x=3$ 对 $6x-x^2$ 的图形进行镜面反射。在这个变换中,对称操作保持极大位置不变。因此,极大值必须位于直线 $x=3$ 上。

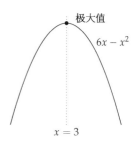

我们可以有很多其他找极大值的方法,所以对称性的使用似乎是多余的或者是过分的。然而,这是对我们下面在更复杂的问题中应用对称性的一个预热。正如我们将在 4.6.1 节研究飞行时所要学到的,飞行需要的能量有两部分,升力需要的能量是 A/v^2,阻力需要的能量是 Bv^2(A 和 B 都是常量,将在 4.6.1 节中进行估算),

$$E_{飞行}=\frac{A}{v^2}+Bv^2. \tag{3.27}$$

为了最小化燃料消耗,飞机选择巡航速度来最小化 $E_{飞行}$。更精确点说,先选择好巡航速度,然后设计飞机从而使这个速度下的 $E_{飞行}$ 达到最小。

> ▶ 用 A 和 B 表示，多大的速度能最小化 $E_{飞行}$？

类似于抛物线 $x(6-x)$，这个能量只有一个极值。对于抛物线，极值是极大值，而这里的能量是极小值。同样类似于抛物线，组成能量的两项也可通过一个交换的操作相关联。对于抛物线，这个操作是乘法，这里是加法。继续类比，如果我们找到一个交换这两项的对称操作，则保持不变的速度就是能量取极小的速度。

想一下子找到对称操作是困难的，因为必须交换 $1/v^2$ 和 v^2 及交换 A 和 B。这两个难关提示我们使用分而治之法：先找到交换 $1/v^2$ 和 v^2 的对称操作，然后加以修正使其也交换 A 和 B。

为了交换 $1/v^2$ 和 v^2，对称操作就是

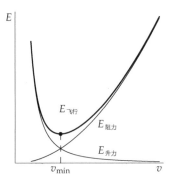

$$v \leftrightarrow \frac{1}{v}. \tag{3.28}$$

现在我们恢复其中一个常量并将对称操作修改为交换 A/v^2 和 v^2：

$$v \leftrightarrow \frac{\sqrt{A}}{v}. \tag{3.29}$$

现在我们恢复第二个常量 B，找出完整的交换 A/v^2 和 Bv^2 的对称操作：

$$\sqrt{B}\,v \leftrightarrow \frac{\sqrt{A}}{v}. \tag{3.30}$$

重新写成 v 的变换，对称操作变成

$$v \leftrightarrow \frac{\sqrt{A/B}}{v}. \tag{3.31}$$

这个对称操作交换了阻力能量和升力能量，保持总能量 $E_{飞行}$ 不变。解出在对称操作下保持不变的速度就能得到使能量最小化的速度：

$$v_{\min} = \left(\frac{A}{B}\right)^{1/4}. \tag{3.32}$$

在 4.6.1 节,一旦我们找到用空气特性(如密度)和飞机特征(如机翼)表示的 A 和 B,我们就能估算飞机和鸟的最节省能量的速度。

题 3.20 利用对称性求解二次方程

方程 $6x - x^2 + 7 = 0$ 有一个解 $x = -1$。不用二次方程的求根公式,找出另一个解。

3.3 物 理 对 称

作为对称性的物理应用,考虑一个均匀的金属片,也许是铝箔,被切割成规则的五边形。每个边都连接一个热源——如保持固定温度的大块金属——以使每条边都保持在图示所标的温度。我们等了足够长的时间后,五边形的温度分布不再变化(达到平衡)。

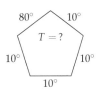

▶ 一旦五边形的温度达到平衡,其中心温度是多少? 🔍

硬算的话,想得到解析解是困难的。热流是由热方程描写的,这是一个二阶偏微分方程:

$$\kappa \nabla^2 T = \frac{\partial T}{\partial t}, \tag{3.33}$$

其中 T 是温度,是时间和空间的函数,而 κ 是热扩散系数(我们将在第 7 章进行更详细的研究)。但是别担心:你不必懂这个方程,只要知道方程很难解就行!

一旦温度分布确定了,时间导数就变成零了,方程就简化为 $\kappa \nabla^2 T = 0$。然而,即使是这个简化的方程也只是在形状简单的情况下有解,并且解是复杂的。比如,比较简单的正方形薄片上的温度分布也是很不直观的(图示是间隔 10° 的等温线)。对于五边形,温度分布更复杂。但是,因为五边形是规则的,由对称性也许能得到热流解。

▶ 有用的对称操作是什么？

从热方程的角度来看,大自然不会偏爱坐标系的某个方向。于是,将五边形围绕中心旋转不会改变中心温度。因此,下列五边形的五个取向具有相同的中心温度。

正如高斯将两种求和形式相加一样(3.2.2节),将这些薄片人为叠在一起并将每一点的温度相加以得到整个超级薄片的温度分布(将各温度值相加是有效的,因为热方程是线性的)。

$$(3.34)$$

每条边包含一个 80° 的边和四条 10° 的边,即温度为 120°。这个超薄片是一个规则的五边形,每条边的温度都是 120°。因此,整个薄片的温度都是 120°——包括中心。因为对称操作已经帮我们构造了一个更为简单的问题,我们不需要去解热方程了。

最后一步告诉我们原来的薄片中心温度。对称操作将五边形围绕中心旋转,当薄片叠加时,中心也叠加。因此每个薄片的中心贡献 120° 的 1/5,所以,原来的薄片中心温度为 24°。

比较高斯求和与薄片温度分布问题的对称性求解方法。这一比较启发我们得到一些可移植的概念(抽象)。首先,两个问题第一眼看起来都很复杂。高斯求和有很多项,所有的项都不同;五边形问题看起来需要求解一个困难的微分方程。其次,两个问题都包含了一个对称操作。在高斯求和中,对称操作是将求和顺序颠倒;对于五边形,对称操作是围绕中心旋转 72°。最后,对称操作保持了一个重要的量不变。对于高斯求和,这个量就是和;对于五边形,这个量是中心温度。

发生任何变化时,寻找不变的量。寻找不变量及相应的对称性,即保持这个量不变的操作。

题 3.21　正方形薄片的对称解

如图是一个正方形薄片的等温线图。这些等温线彼此相差 10°。利用这个性质标出每根等温线的温度。基于对称性分析,正方形中心温度应该是多少?这个预测的温度和等温线显示的温度一致吗?

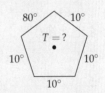

题 3.22　模拟热方程

利用对称性,我们证明了五边形中心温度是边缘温度的平均。通过模拟五边形边界下的热方程来验证这个解。

题 3.23　最短等分线

将一个等边三角形分为两个相同面积的最短等分线是什么?下图是三个例子。

为了迈出解决问题的步伐,首先将这三个例子按照等分线长度来排序。

3.4　黑箱模型与守恒量

不变性背后隐含了一个强大的日常生活中的抽象:黑箱模型。我们已经在 3.1.1 节构造了一个黑箱模型，用以决定在雨中走还是跑。现在我们来进一步考察这个模型。最简单的黑箱包含一定量的物体——或许是流体的体积，或者某个大学的学生数（每个学生都会在一个确定的年限之后毕业）。进入黑箱的所有东西都会从黑箱出来。这个结论似乎是简单的，甚至是最简单的，但却具有广泛的应用。通过把这个模型当作不变性原理的例子来研究，可以将模型和一般原理联系起来，从而帮助我们理解原理和模型。

3.4.1 供给与需求

黑箱模型的另一个例子，回想一下我们关于美国进口原油的估算（1.4 节）。流进黑箱的——推或者供给——是进口的原油。流出黑箱的——拉或者需求——是进口原油的使用量。表面上看，问题问的是供给（进口多少原油）。不幸的是，这个估算是困难的。但幸运的是，只要原油不在黑箱中累积（比如，只要原油不存放在地下储存桶中），则供给就等于需求。为了估算供给，我们转而来估算需求。这个想法是基于下面对市场大小的估算。

▶ **波士顿有多少出租车?**

有很多年，我在波士顿附近的一个旧街区过着没车的、无忧无虑的生活。我常常坐在出租车里思考出租车市场的大小。出租车的供应量似乎很难估算，因为出租车都散布在城市的各个角落，难以计数。但估算出租车的需求量会容易些。

出发点是波士顿大约有 500 000 居民。以直觉来估算，每个居民大约每个月会坐一次出租车，大约 15 分钟的车程：因为波士顿出租车很贵，除非自己没车，否则很难想象一个人会每月（m）坐几次出租车或超过 15 分钟车程。需求量是大约每月 10^5 小时的出租车程：

$$5 \times 10^5 \text{ 居民} \times \frac{15 \text{ min}}{\text{居民} \cdot \text{m}} \times \frac{1 \text{ h}}{60 \text{ min}} \approx \frac{10^5 \text{ h}}{\text{m}}. \tag{3.35}$$

▶ **那么需要多少出租车司机才能承担这个需求量?**

出租车司机工作时间很长,也许每周 60 小时。他们可能用一半的时间来载客:每周 30 小时,或大概每月 100 小时。按这样估算,每月 10^5 小时的需求量可以由 1 000 个出租车司机提供,或者,假定每辆出租车由一名司机驾驶,则需要 1 000 辆出租车。

▶ **旅游者的贡献如何估算?**

旅游者是非常短期的波士顿居民,大部分都没车。旅游者尽管数量比居民少,但比居民更多地乘坐出租车,乘坐的时间也更长。为了将旅游者的贡献计入出租车的需求量,我将简单地将前面的估算加倍,得到 2 000 辆出租车的结果。

这个估算可以用可靠的方法来验证,因为波士顿是出租车需要特别许可证(一个特殊的徽章)才可以搭载乘客的城市。发出的徽章数是严格控制的,所以这个徽章是很值钱的。在大约 60 年内,这个数字限制在 1 525,直到一次持续了 10 年的法庭辩论将上限增加了 260,总数达到了 1 800。

2 000 的估算值看起来比预想的要更精确。机会总是青睐有准备的大脑。我们用很好的工具做了准备:黑箱模型和分而治之法。在进行估算时,对工具要有信心,然后期待你的估算值至少能过得去。这样你就能敢于迈出第一步:优化对原油及铁路的估算。

题 3.24　RC 电路的微分方程

解释黑箱模型如何导致 2.4.4 节的低通 RC 电路的微分方程:

$$RC \frac{\mathrm{d}V_{\text{out}}}{\mathrm{d}t} + V_{\text{out}} = V_{\text{in}}. \quad (3.36)$$

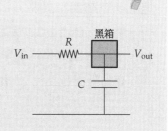

(几乎每个微分方程都来自一个黑箱或一个守恒量。)

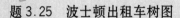

题 3.25　波士顿出租车树图

　　画出分而治之法的树图来估算波士顿出租车数量。首先画出没有估算值的。然后代入你的估算值，并向上传递到树根。

题 3.26　圣诞树上的松针

　　估算圣诞树上的松针数。

3.4.2　流量

　　流量，比如说原油的需求量，或者出租车的供应量，都是某种速率——单位时间的量。物理的流量也是某种速率，但和几何尺度相关。这使得我们可以定义一个相关的、更加不变的量：通量。

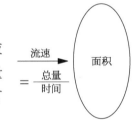

$$物质的通量^* = \frac{速率}{面积} = \frac{物质的总量}{面积 \times 时间}. \tag{3.37}$$

比如，粒子通量是粒子（如分子）以某种速度垂直通过一个截面的流量，再除以截面的面积。除以面积这个做法，在非物理的流量（如出租车的需求量）中没有对应，这使通量比流量更为有用。因为如果你将面积加倍，流量也加倍。这样的一种正比关系不仅没有什么价值，通常也不给人更多启发，只是增加了一点混乱。每当发生变化时，我们就应该寻找不变量：即使面积改变，通量也不会改变。

题 3.27　速率与总量

　　解释为何速率（单位时间内的量）比总量更有用。

题 3.28　什么是电流密度

　　什么类型的通量（什么量的通量）是电流密度？

---

　　* 本书的"通量"一词都指单位面积的通量。——译者注

通量的定义导致了通量和流体速度之间的一个简单而重要的联系。假设有一管物质(比如分子),其横截面积为 A。物质以速度 v 在管中流动。

> ▶ **在时间 t 内,有多少物质离开管子?**

在时间 t 内,离开管子的物质位于阴影部分,长度为 vt。这一块的体积是 Avt。这部分体积内的物质一共有

$$\underbrace{\frac{物质的总量}{体积}}_{物质密度} \times \underbrace{Avt}_{体积}. \tag{3.38}$$

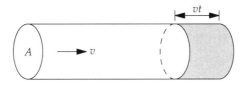

单位体积物质的量,即物质密度,经常出现,因而通常需要一个特殊的符号来表示。当这些物质是粒子时,密度通常用 n 标记,表示数密度(与表示粒子数的 N 不同)。如果物质是电荷,密度就用 ρ 标记,表示电荷密度。

由物质的量,我们可得通量

$$物质通量 = \frac{物质的总量}{面积 \times 时间} = \frac{物质密度 \times \overbrace{体积}^{Avt}}{\underbrace{面积 \times 时间}_{At}}, \tag{3.39}$$

乘积 At 消去,留下一个一般的关系式

$$物质通量 = 物质密度 \times 流速. \tag{3.40}$$

举一个特殊的例子,当物质是电荷时(题 3.28),通量变成单位时间单位面积的电荷,即单位面积的电流或电流密度。将这些量的标记用于上述通量,一般表达式变成

$$\underbrace{电流密度}_{J} = \underbrace{电荷密度}_{\rho} \times \underbrace{流速}_{v}, \tag{3.41}$$

其中 v 是电荷的速度——这也是你在题 6.16 中要估算的电子在导线中

的漂移速度。

这个一般关系在估算飞行(3.6 节)所需要的能量和理解热传导时是
至关重要的(7.4.2 节)。

3.4.3　平均太阳通量

一个重要的通量是能量的通量：能量通过一个截面的速率除以截面
的面积。这里,速率表示单位时间的能量或功率。因此,能量通量 * 就是
单位面积的功率。对生命非常重要的是太阳通量：照射到地球表面单位
面积的太阳功率。这个通量决定了我们大部分的气候。在大气层顶端,
直接观察太阳的话,通量大约是 $F = 1\,300$ 瓦 / 米^2。

但是,这个通量并不是均匀地分布在整个地球表面的。最简单的原因
就是白天和黑夜。地球处于黑夜的一边,太阳的通量是零。更复杂的是,不
同的纬度具有不同的通量：赤道区域因为接收到更多的通量而比两极温暖。

▶ **整个地球的平均太阳通量是多少?**

我们可以利用黑箱模型(守恒量的讨论)得到平均通量。下面是阳光
入射到地球的示意图。(假定是平行光,因为太阳如此遥远。)将一个半径
为 $R_{地球}$ 的盘子垂直于阳光摆放使其正
好遮挡住地球。圆盘吸收的功率可以由
能量通量得到：

$$功率 = 能量通量 \times 面积 = F\pi R_{地球}^2, \tag{3.42}$$

其中 F 是太阳通量。现在将这个功率平均散布在整个地球表面,其表面
积为 $4\pi R_{地球}^2$：

$$平均通量 = \frac{功率}{表面积} = \frac{F\pi R_{地球}^2}{4\pi R_{地球}^2} = \frac{F}{4}. \tag{3.43}$$

因为地球的一半处于黑夜,对白天和黑夜的作平均给出因子 2。因此,对

---

* 即能流密度。——译者注

不同纬度的平均一定给出了另一个因子 2(题 3.29)。

题 3.29　太阳通量对所有纬度的平均

　　考虑到入射光与表面夹角的变化,将通量对地球有阳光的表面进行积分。验证所得结果与黑箱模型结果一致。

　　这个结果大约是 325 瓦/米^2。相对地球实际接收到的,这个结果稍微过高估算了点,因为并不是在大气层顶端的通量都能到达地球表面。大约 30% 会在大气层顶端被反射(如云)。剩下大约是 1 000 瓦/米^2。对地球表面作平均,就变成 250 瓦/米^2(这些就进入地面和空气中),或者大约是 $F/5$,其中 F 是大气层顶端的通量。

3.4.4　雨量

　　这 250 瓦/米^2 的能量通量决定了对生命活动至关重要的气候特征:表面的平均温度和平均雨量。当你学到了量纲分析这个分析工具之后,你就可以在题 5.43 中估算表面温度。这里,我们将估算平均雨量。

　　如果这个黑箱代表含有一定量水分的大气——经过足够长的时间后这个含量是常量,则进入黑箱的东西一定

全部从黑箱出来。进入的是蒸发量;出来的是雨量。因此,要估算雨量,就要估算蒸发量——这是由太阳通量产生的。

▶ **地球上的雨量有多少?**

　　雨量是用单位时间的降水高度来衡量的——典型地,用英寸/年或米/年。为了估算雨量,要将太阳提供的能量转化为雨量。换言之,将单位面积的功率转化为单位时间的高度。转换的结构是

$$\frac{功率}{面积} \times \frac{?}{?} = \frac{高度}{时间}, \tag{3.44}$$

其中 $\dfrac{?}{?}$ 表示未知的转换因子。为了找到这个转换因子所代表的量，我们两边同乘面积/功率。得到结果

$$\frac{?}{?} = \frac{\text{面积} \times \text{高度}}{\text{功率} \times \text{时间}} = \frac{\text{体积}}{\text{能量}}. \tag{3.45}$$

▶ **单位能量的体积可能是什么物理量?**

我们在试图确定雨量，所以分子中的体积应该是雨量的体积。水的蒸发需要能量，所以分母中的能量应该是蒸发这些水量所需要的能量。转换因子因而是水的汽化热 $L_{蒸发}$（单位体积所需能量）的倒数。在1.7.3 节，我们估算了 $L_{蒸发}$，但是用单位质量的能量表示的。为了将其变成单位体积的能量，只需乘单位体积的质量这一因子，即乘以水的密度 $\rho_水$：

$$\underbrace{\frac{\text{能量}}{\text{质量}}}_{L_{蒸发}} \times \underbrace{\frac{\text{质量}}{\text{体积}}}_{\rho_水} = \underbrace{\frac{\text{能量}}{\text{体积}}}_{\rho_水 L_{蒸发}}. \tag{3.46}$$

我们的转换因子，单位能量的体积，就是 $1/(\rho_水 L_{蒸发})$。我们对平均雨量的估算于是就变成

$$\frac{\text{蒸发水量所需的太阳通量}}{\rho_水 L_{蒸发}}. \tag{3.47}$$

对分子，我们不能就用 F，即大气层顶端总的太阳通量，而是需要考虑几个无量纲的比例因子，阳光必须克服这些因素才能到达地面并蒸发水分：

0.25	入射到整个地球表面的平均通量（3.4.3 节）
0.7	扣除在大气层顶端被反射的部分
0.7	未反射的部分中，到达地面的占比（另外 30% 被大气所吸收）
×0.7	阳光照射的面积中，照射海洋的占比（其余 30% 大多温暖了陆地）
=0.09	F 中蒸发水的比例

这四个因子的乘积大约为 9%。利用 $L_{蒸发} = 2.2 \times 10^6$ 焦／千克（我们在

1.7.3 节估算的),我们对雨量的估算大约是

$$
\frac{\overbrace{1\,300\ \text{W/m}^2 \times 0.09}^{F \quad \text{比例系数}}}{\underbrace{10^3\ \text{kg/m}^3 \times 2.2 \times 10^6\ \text{J/kg}^3}_{\rho_{\text{水}} \qquad L_{\text{蒸发}}}} \approx \frac{5.3 \times 10^{-8}\ \text{m}}{\text{s}}. \tag{3.48}
$$

分子中的长度太小了,很难感觉到。因此,通常用的时间单位是年降雨量而不是秒降雨量。为了将雨量的估算转换成米/年,乘以因子1:

$$
\frac{5.3 \times 10^{-8}\ \text{m}}{\cancel{\text{s}}} \times \frac{3 \times 10^7\ \cancel{\text{s}}}{1\ \text{a}} \approx \frac{1.6\ \text{m}}{\text{a}}. \tag{3.49}
$$

在非公制单位中,我们的估算大约是 64 英寸/年。包括所有形式的降水,比如下雪,全世界的平均年降水量是每年 0.99 米——海上稍微高一点而陆地上稍微少一点(每年 0.72 米)。我们的估算和实际值的差异源于有部分通量只是加热水而并不用来蒸发水,因此在上述表格还应有一个因子,约为 2/3。

题 3.30　太阳光度

估算太阳光度——太阳的输出功率(根据大气层顶端的太阳通量来估算)。

题 3.31　太阳总功率

估算入射到地球表面的太阳总功率。与全世界的能量消耗相比如何?

题 3.32　解释海面和陆地降雨量的差别

为什么陆地的平均降雨量比海洋上的降雨量少?

3.4.5　滞留时间

由于蒸发,大气中含有很多水分:大约 1.3×10^{16} 千克——以水蒸气,液体和固体的形式存在。这个质量告诉我们的是滞留时间:一个水分子在作为降水(对雨、雪、冰雹的总称)下落到地面之前在大气中停留多长

时间。这个估算将会揭示使用黑箱模型的新方式。

下面是表示大气水分的黑箱。黑箱被蒸发充满,然后通过降雨变空。

假设黑箱是包含质量 $m_水$ 的一段水龙带。水分子从水龙带的一端到另一端需要多长时间? 这个时间

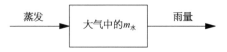

是水分子从蒸发再通过降雨重新回到地球的平均时间。在这个模型中,这个时间就是将黑箱充满的时间。时间常数用 τ 表示,即

$$\tau = \frac{大气中水的质量}{单位时间流入或流出质量的速率}. \tag{3.50}$$

分子就是 $m_水$。至于分母,我们将雨量(这是一个速度,比如每年多少米)转换为质量流的速率(单位时间的质量)。我们令雨量速度为 $v_雨$。则利用我们在 3.4.2 节中的结果,相应的质量通量就是 $\rho_水 v_雨$:

$$质量通量 = \underset{\rho_水}{\underline{密度}} \times \underset{v_雨}{\underline{流速}} = \rho_水 v_雨. \tag{3.51}$$

通量是单位面积的流量,因此将质量通量乘以地球表面积 $A_{地球}$ 就得到质量流量:

$$质量流量 = \rho_水 v_雨 A_{地球}. \tag{3.52}$$

按这个速率,黑箱充满的时间为

$$\tau = \frac{m_水}{\rho_水 v_雨 A_{地球}}. \tag{3.53}$$

有两种方式可以计算这个时间:缺少洞察力的直接计算法;不那么直接但更具慧眼的方法。我们首先用直接计算法,这样我们至少可以对 τ 有个估算。

$$\tau \sim \frac{1.3 \times 10^{16} \text{ kg}}{10^3 \text{ kg/m}^3 \times 1 \text{ m/a} \times 4\pi \times (6 \times 10^6 \text{ m})^2} \approx 2.5 \times 10^{-2} \text{ a}. \tag{3.54}$$

2.5×10^{-2} 年大约是 10 天。因此,蒸发后,水在大气中大约会滞留 10 天。

就不那么直接但更具慧眼的方法而言,要注意有些量并不属于合理的

尺度——不容易被我们感知的尺度,如 $m_水$ 和 $A_{地球}$。但组合 $m_水/\rho_水 A_{地球}$ 是在我们能感知的尺度内的,

$$\frac{m_水}{\rho_水 A_{地球}} \sim \frac{1.3 \times 10^{16} \text{ kg}}{10^3 \text{ kg/m}^3 \times 4\pi \times (6 \times 10^6 \text{ m})^2} \approx 2.5 \times 10^{-2} \text{ m.}$$

(3.55)

这个长度,2.5厘米,可以有一个物理上的解释。即如果大气中所有的水,包括雪、水蒸气等都降落到地球表面,则会形成一个2.5厘米深的海洋。

降雨每年带走100厘米的水量。因此,将2.5厘米深的海洋排空,需要 2.5×10^{-2} 年或大约10天。这个时间正是水在大气中的滞留时间。

3.5 能量守恒与阻力

黑箱模型接下来将帮助我们估算阻力。阻力,物理学中最困难的问题之一,也是日常生活中最重要的力之一。如果没有阻力,那么骑自行车,飞行及驾驶将是很轻松的事。因为有阻力,运动需要能量。严格计算阻力需要求解纳维-斯托克斯方程:

$$(\boldsymbol{v} \cdot \nabla) \boldsymbol{v} + \frac{\partial \boldsymbol{v}}{\partial t} = -\frac{1}{\rho} \nabla p + \boldsymbol{v} \nabla^2 \boldsymbol{v}.$$

(3.56)

这是一组耦合的非线性偏微分方程。你可以读到很多描述如何求解这类方程的数学书。即便如此,也只有在某些情况下才有解——比如,一个球在黏性流体中低速运动,或者在非黏性流体中以任意速度运动。但是,所谓非黏性流体——费曼*(《费曼物理学讲义》[18]40-2节)曾引用冯·诺伊曼的说法,将其准确地描述为"干水"——和实际生活完全不相干,因为黏性是阻力的原因,所以非黏性意味着零阻力! 利用黑箱模型和能量守恒是简单而富有洞见的另一种解法。

---

* 美国物理学家,以费曼图和路径积分著称,著有经典物理学讲义《费曼物理学讲义(新千年版)》(上海科学技术出版社,2020年)。——译者注

3.5.1 阻力的黑箱模型

我们首先来估算一个物体在流体中运动时由阻力造成的能量损失。为了将问题中的参数定量化，想象推一个截面积为 A_{CS} 的物体，使其在流体中以速度 v 移动距离 d。物体扫过一个管状的流体。（管长 d 是任意的，但在后面计算力的时候会消去。）

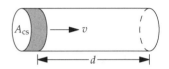

▶ **阻力会消耗多少能量？**

消耗能量是因为物体会将动能传递给流体（比如说，水或空气）。正如我们将在 6.4.4 节中构建的模型，黏性又会将这个能量转化为热。动能取决于流体的质量及速度。管中的流体质量为 $\rho A_{CS} d$，其中 ρ 为流体密度。传递给流体的速度大致就是物体的速度，即 v。因此，传递给流体的动能大约就是 $\rho A_{CS} v^2 d$：

$$E_{动能} \sim \underbrace{\rho A_{CS} d}_{质量} \times v^2 = \rho A_{CS} v^2 d. \tag{3.57}$$

这个计算忽略了动能定义中的因子 $1/2$。但是其他近似，如假设只有扫过的流体受到影响或只有被扫到的流体获得速度 v，至少是不够精确的。对这种粗略的计算，把 $1/2$ 的因子包含进来是没有意义的。

这个动能大致就是转化为热的能量。因此，阻力损失的能量大约是 $\rho A_{CS} v^2 d$。则阻力由下式给出：

$$\underbrace{阻力损失的能量}_{\sim \rho A_{CS} v^2 d} = \underbrace{阻力}_{F_{阻力}} \times \underbrace{距离}_{d}. \tag{3.58}$$

现在我们可以解得阻力：

$$F_{阻力} \sim \rho A_{CS} v^2. \tag{3.59}$$

正如之前预期的，任意距离 d 已经被消去了。

3.5.2 利用家庭实验来验证分析

为了验证这个分析，尝试下面的家庭实验。将左边图形粘接成一个圆锥。

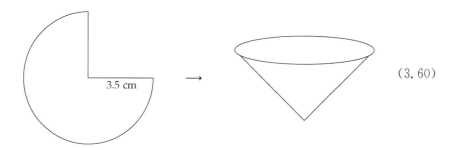

$$(3.60)$$

我们可以使用很多其他的形状,但圆锥容易构造;我已经用小记录纸做了很多个了。圆锥下落时不会飘来飘去(如一张纸那样)或者翻转(只要扔的时候尖端向下)。

我们将通过预测圆锥的最终速度(下落时达到的稳定速度)来验证这个分析。当圆锥以恒定速度下落时,其加速度为零,所以按照牛顿第二定律,作用在圆锥上的合力也为零。因此,阻力 $F_{阻力}$ 等于圆锥的重力 mg,其中 m 是圆锥的质量,而 g 是重力加速度:

$$\rho_{空气} v^2 A_{CS} \sim mg. \qquad (3.61)$$

于是最终速度可以反映出阻力。(即使阻力等于重力,左边也只是阻力的一个近似,所以我们用近似符号 $\sim$ 将左右两边联系起来。)最终速度 $v_{终}$ 为

$$v_{终} \sim \sqrt{\frac{mg}{\rho_{空气} A_{CS}}}. \qquad (3.62)$$

圆锥的质量为

$$m = A_{纸} \times \underbrace{\text{纸的面密度}}_{\sigma_{纸}}, \qquad (3.63)$$

其中 $A_{纸}$ 为圆锥折叠前的面积;而面密度 $\sigma_{纸}$,类似于通常的(体)密度,是单位面积纸的质量。尽管面密度看起来似乎是个奇怪的量,但在商业上全世界都用它来描述不同纸张的重量。

商 m/A_{CS} 包含比例式 $A_{纸}/A_{CS}$。不要估算两个面积,再求得其比例,我们直接估算比例。

▶ **截面积与纸面积的比是多少？**

因为圆锥的周长是原来的圆周长的 $3/4$，则其截面的半径也是圆半径的 $3/4$。因此

$$A_{\text{CS}} = \pi \left(\frac{3r}{4} \right)^2 . \tag{3.64}$$

因为圆锥的原型是整个圆的 $3/4$，

$$A_{\text{纸}} = \frac{3}{4} \pi r^2 . \tag{3.65}$$

纸的面积有因子 $3/4$，而圆锥截面积有两个 $3/4$ 因子，所以 $A_{\text{纸}} / A_{\text{CS}} = 4/3$。现在 $v_{\text{终}}$ 简化为

$$v_{\text{终}} \sim \left(\frac{\overbrace{A_{\text{纸}} \, \sigma_{\text{纸}} \times g}^{m}}{\rho_{\text{空气}} A_{\text{CS}}} \right)^{1/2} = \left(\frac{\frac{4}{3} \sigma_{\text{纸}} \, g}{\rho_{\text{空气}}} \right)^{1/2} . \tag{3.66}$$

唯一留下的不熟悉的量是面密度 $\sigma_{\text{纸}}$，即单位面积纸的质量。幸运的是，面密度在商业上使用广泛，所以大多数打印纸都会标记其面密度，典型的就是 80 克/米^2。

▶ **这个面密度与我们在 1.1 节估算的一元纸币密度一致吗？**

前面我们估算的纸币厚度或一般纸的厚度 t 约为 0.01 厘米，则通常的(体)密度 ρ 为 0.8 克/厘米^3：

$$\rho_{\text{纸}} = \frac{\sigma_{\text{纸}}}{t} \approx \frac{80 \text{ g/m}^2}{10^{-2} \text{ cm}} \times \frac{1 \text{ m}^2}{10^4 \text{ cm}^2} = 0.8 \frac{\text{g}}{\text{cm}^3} . \tag{3.67}$$

这个密度比水的密度稍微小一点，对纸而言是合理的密度，纸来自木材（木头几乎都能浮在水上）。因此，我们在 1.1 节中的估算与这里给出的

80 克/米² 的面密度一致。将这些数值考虑进去后,圆锥的最终速度大约
是 0.9 米/秒:

$$v_{\text{终}} \sim \left(\frac{4}{3} \times \frac{\overbrace{8 \times 10^{-2} \ \text{kg/m}^2}^{\sigma_{\text{纸}}} \times \overbrace{10 \ \text{m/s}^2}^{g}}{\underbrace{1.2 \ \text{kg/m}^3}_{\rho_{\text{空气}}}} \right)^{1/2} \approx 0.9 \ \text{m/s}. \quad (3.68)$$

为了验证这个结果和相应的分析,我把圆锥举在离我头顶稍高一点
的位置,大约 2 米高的样子。当我释放圆锥后,圆锥几乎准确地在 2 秒后
掉到地板上——大约以 1 米/秒的速度。黑箱模型和守恒定律再次取得
成功!

3.5.3　骑行

在介绍阻力分析时,我曾说阻力是日常生活中最重要的物理效应之
一。我们对阻力的分析现在可以来帮助我们理解效率极高的运动形
式——骑行——背后的物理学(关于骑行的效率,见题 3.34)。

▶ **自行车骑行速度的世界纪录是多少?**

第一个任务是定义世界纪录的类型。让我们来分析普通自行车在平
地上的行驶,即便下坡或骑特殊的自行车可以达到更快的速度。在骑行
时,能量被用于克服骑行的阻力,链条和齿轮的摩擦力,以及空气的阻力。
因为阻力的重要性随速度的增长迅速增加(由于阻力公式中的 v^2 项),当
速度足够高时,阻力是能量消耗的最主要的原因。

因此,我们可以简化分析,假定阻力是能量消耗的唯一原因。骑行速
度最大时,阻力消耗的功率等于骑行者所能提供的最大功率。问题因而
被分解为两个估算:阻力消耗的功率和运动员能提供的功率。

功率是力乘以速度:

$$\text{功率} = \frac{\text{能量}}{\text{时间}} = \frac{\text{力} \times \text{距离}}{\text{时间}} = \text{力} \times \text{速度}. \quad (3.69)$$

因此,

$$P_{\text{阻力}} = F_{\text{阻力}} \, v_{\text{极}} \sim \rho v^3 A_{\text{CS}}. \tag{3.70}$$

令 $P_{\text{阻力}} = P_{\text{运动员}}$，我们可解得最大速度：

$$v_{\text{极}} \sim \left(\frac{P_{\text{运动员}}}{\rho_{\text{空气}} A_{\text{CS}}} \right)^{1/3}, \tag{3.71}$$

其中 A_{CS} 是自行车运动员的截面积。在 1.7.2 节，我们估算的 $P_{\text{运动员}}$ 为 300 瓦。为了估算截面积，可将其分解为宽和高。宽度就是身体的宽度——比如说，0.4 米。自行车运动员比赛时身体是蜷缩的，所以高度大约是 1 米而不是其总身高 2 米。由此 A_{CS} 大约是 0.4 米^2。

将数值代入，得

$$v_{\text{极}} \sim \left(\frac{300 \, \text{W}}{1 \, \text{kg/m}^3 \times 0.4 \, \text{m}^2} \right)^{1/3}. \tag{3.72}$$

▶ **这个公式里，各种单位如瓦、米、秒等混杂着，看起来令人疑惑。这些单位是正确的吗？**

我们来把瓦分解为米、千克、秒等，利用瓦、焦和牛的定义，

$$\text{W} \equiv \frac{\text{J}}{\text{s}}, \ \text{J} \equiv \text{N} \cdot \text{m}, \ \text{N} \equiv \frac{\text{kg} \cdot \text{m}}{\text{s}^2}. \tag{3.73}$$

这三个定义都在分而治之法树图上表示，每个定义都在非树叶的节点上。将树叶往上传递到树根，就给出我们用米、千克和秒（国际单位制的基本单位）表示的瓦的公式

$$\text{W} \equiv \frac{\text{kg} \cdot \text{m}^2}{\text{s}^3}. \tag{3.74}$$

$v_{\text{极}}$ 的单位就变成

$$\left(\frac{\overbrace{\text{kg} \cdot \text{m}^2 \cdot \text{s}^{-3}}^{W}}{\text{kg} \cdot \text{m}^{-3} \times \text{m}^2} \right)^{1/3} = \left(\frac{\text{s}^{-3}}{\text{m}^{-3}} \right)^{\frac{1}{3}}. \tag{3.75}$$

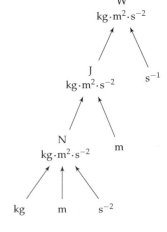

千克消去了,米^2 也消去了。立方根里包含的是米^3 除以秒^3;因此,$v_{极}$ 的单位是米/秒。

为了再次确认,我们来估算速度是多少米/秒。不要被立方根吓到而使用计算器。我们可以心算,如果将数字稍微调整一下。只要功率是 400 瓦或面积是 0.3 米^2 就行! 不要只停留在想法,而是要付诸行动——不必担心会损害精确性:我们已经忽略了阻力系数,我们的速度本来就是近似的。这样计算立方根就容易了:

$$v_{极} \sim \left(\frac{\cancel{300}\;400\ \mathrm{W}}{1\ \mathrm{kg/m^3} \times 0.4\ \mathrm{m^2}}\right)^{1/3} = (1\,000\ \mathrm{m^3/s^3})^{1/3} = 10\ \mathrm{m/s}.$$

(3.76)

用更加熟悉的单位,这个记录是 36 千米/小时。作为比较,世界 1 小时记录——1 小时内自行车的最高速度——为 49.7 千米/小时或 30.9 英里/小时。基于能量守恒的阻力分析所得到的估值,大约是实际值的 70%。

▶ **这样的估算为何可以被认为是合理的?**

高精度常常需要分析和追踪很多物理效应。计算和追踪过程很容易忽略最重要的效应和其中的核心概念,不利于我们的洞察和理解。因此,本书几乎每个部分的目的就是在精确到 2 或 3 倍的范围内进行估算。这个水平上的一致通常足以使我们确信我们的模型是合理的。

这里我们给出的速度比实际值仅仅低了 30%,我们关于骑车消耗能量的模型一定是基本正确的。主要的误差来自我们在估算阻力时忽略的 1/2 因子——这可以通过完成题 3.33 来验证。

3.5.4　汽车的燃油效率

自行车与汽车相比,在很多方面都相形见绌。由对阻力的分析,我们可以估算汽车(以高速公路上的速度行驶)的燃料消耗。对此,世界上大多数国家都用行驶百千米消耗多少升燃料来衡量。但美国用的是这个量的倒数，即燃油效率——一定量的燃料可行驶的距离——每加仑的英里数来衡量。

对于自行车，我们比较了两种功率：阻力消耗的功率和运动员所能提供的功率。对于汽车，我们感兴趣的是燃料的消耗，这关系到蕴藏在其中的能量。因此，我们需要对能量进行比较。对于汽车而言，当其高速行驶时，大部分的能量消耗是用于抵抗阻力。因此，阻力消耗的能量等于燃料所能提供的能量。

行驶距离 d，以后会取为 100 千米，消耗的能量为

$$E_{阻力} \sim \rho_{空气} v^2 A_{CS} d. \tag{3.77}$$

燃料提供的能量为

$$E_{燃料} \sim \underbrace{能量密度}_{\varepsilon_{燃料}} \times \underbrace{燃料质量}_{\rho_{燃料} V_{燃料}} = \varepsilon_{燃料} \rho_{燃料} V_{燃料}. \tag{3.78}$$

因为 $E_{燃料} \sim E_{阻力}$，所需要的燃料体积为

$$V_{燃料} \sim \frac{E_{阻力}}{\rho_{燃料} \varepsilon_{燃料}} \sim \overbrace{\frac{\rho_{空气}}{\rho_{燃料}} \frac{v^2 A_{CS}}{\varepsilon_{燃料}}}^{A_{消耗}} d. \tag{3.79}$$

因为左边 $V_{燃料}$ 是体积，所以 d 前面复杂的因子必须是面积。我们通过给这个面积命名来进行抽象。一个直观的名字是 $A_{消耗}$，因为这个面积正比于燃料消耗。现在我们来估算 $A_{消耗}$ 中的各个量。

1. 密度比 $\rho_{空气}/\rho_{燃料}$。汽油的密度和水的密度相似，所以比例约为 10^{-3}。

2. 速度 v。高速上的速度大约是 100 千米/小时或 30 米/秒。

3. 能量密度 $\varepsilon_{燃料}$。我们在 2.1 节估算过这个量，大约是 10 千卡/克或 4 000 万焦/千克。

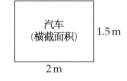

4. 截面积 A_{CS}。一辆车的截面大约是 2 米长、1.5 米高，所以 A_{CS} 大约是 3 米^2。

利用这些数值，$A_{消耗}$ 大约就是 8×10^{-8} 米^2：

$$A_{消耗} \sim 10^{-3} \times \frac{\overbrace{10^3 \ \text{m}^2/\text{s}^2}^{v^2} \times \overbrace{3 \ \text{m}^2}^{A_{\text{CS}}}}{\underbrace{4 \times 10^7 \ \text{J/kg}}_{\varepsilon_{燃料}}} \approx 8 \times 10^{-8} \ \text{m}^2. \qquad (3.80)$$

这个面积将帮助我们得到燃料效率和燃料消耗。

为了得到燃料消耗,即每一百千米的燃油体积,直接用 $d = 100$ 千米或 10^5 米乘以 $A_{消耗}$,然后转换成升:

$$V_{燃料} \approx \underbrace{8 \times 10^{-8} \ \cancel{\text{m}}^{\cancel{2}}}_{A_{消耗}} \times \underbrace{10^5 \ \cancel{\text{m}}}_{d} \times \frac{10^3 \ \text{L}}{1 \ \cancel{\text{m}}^{\cancel{3}}} = 8 \ \text{L}. \qquad (3.81)$$

我们的结果是每一百千米油耗是 8 升——这是非常精确的。

至于燃料效率,我们利用 $d = V_{燃料}/A_{消耗}$ 中的 $A_{消耗}$ 来得到 1 加仑燃料可以行驶的距离,将加仑转换为米^3:

$$d \sim \frac{\overbrace{1 \ \cancel{\text{gal}}}^{V_{燃料}}}{\underbrace{8 \times 10^{-8} \ \cancel{\text{m}}^{\cancel{2}}}_{A_{消耗}}} \times \frac{4 \ \cancel{\text{L}}}{1 \ \cancel{\text{gal}}} \times \frac{10^{-3} \ \text{m}^{\cancel{3}}}{1 \ \cancel{\text{L}}} = 5 \times 10^4 \ \text{m}. \qquad (3.82)$$

上式中 m^3 删去的指数 3 表明米^3 变成米了,这是消去 $A_{消耗}$ 中 m^2 的结果。最后得到的距离为 50 千米或 30 英里。于是估算的燃料效率大约是 30 英里/加仑。

对燃料效率和燃料消耗的估算比我们想象的要精确得多,尤其是我们做了这么多的近似! 比如,我们除阻力外忽略了所有其他能量损失。我们还使用了非常粗略的阻力表达式 $\rho_{空气} v^2 A_{\text{CS}}$,这是由合理但粗略的保守性讨论导出的。然而,我们最后找到了正确的道路。

▶ **是什么使得结果这么精确?**

上面的分析忽略了两个重要的因子,所以这么精确的结果只有在这些因子互相抵消时才可能得到。第一个因子是阻力取近似时隐藏在近似符号背后的无量纲常量:

$$F_{阻力} \sim \rho_{空气} A_{CS} v^2. \tag{3.83}$$

考虑到无量纲因子（用灰色标示），阻力就变成

$$F_{阻力} = \frac{1}{2} c_d \rho_{空气} A_{CS} v^2, \tag{3.84}$$

其中 c_d 是阻力系数（3.2.1 节引入的）。因子 $1/2$ 来自动能的定义。阻力系数是剩下可调整的部分，其来源是 5.3.2 节讨论的主题。现在我们只需知道，对一个典型的汽车，$c_d \approx 1/2$。因此，近似中隐含的无量纲常量因子大约是 $1/4$。

▶ **基于这个更精确的阻力，每百千米汽车消耗的燃料是多于还是少于 8 升？**

考虑 $c_d/2$ 后，阻力及燃料消耗减少到原先的 $1/4$。因此，汽车每消耗 1 加仑燃料可以行驶 120 英里或每一百千米耗油只有 2 升。这个更仔细的估算所得到的结果过于乐观了——比原来的简单估算差得多。

▶ **我们忽略了其他什么因素？**

引擎效率：一个典型的内燃机，不论是汽油的还是人力的，只有大约 25％的效率，即只能获取燃料燃烧能量的 $1/4$，其余 $3/4$ 都转化为热而不对机械做功。考虑到这个因素，我们对燃料消耗的估算就增加了 4 倍。

考虑到引擎效率，更精确的阻力将给出下面对燃料消耗的估算，新的因素用灰色标出：

$$V_{燃料} \approx \frac{\frac{1}{2} c_d}{0.25} \times \frac{\rho_{空气}}{\rho_{燃料}} \frac{v^2 A_{CS}}{\varepsilon_{燃料}} d. \tag{3.85}$$

分母中来自引擎效率的 0.25 与分子中的 $\frac{1}{2} c_d$ 相消。这一抵消解释了为什么忽略两种因素后的粗略估算是如此精确。这一结果的意义在于，当

然这只是半开玩笑地说说：忽略很多的因素，因而误差就互相抵消了。

题 3.33　自行车记录的调整

　　我们对自行车行驶 1 小时记录的估算大约是 35 千米（3.5.3 节），其中忽略了阻力系数。对于自行车运动员，$c_d \approx 1$。考虑阻力系数后，与实际的世界纪录（大约 50 千米）相比，预测的结果是改进了还是更差？在给出新的估算结果之前回答这一问题！修正后的结果是多少？

题 3.34　自行车运动员燃料效率

　　一个依靠花生奶油的自行车运动员的燃料消耗和燃料效率是多少？将你的结果表示成效率（每加仑花生奶油的英里数）和消耗（每一百千米的花生奶油升数）。自行车与汽车相比如何？

3.6　飞　　行

　　如果阻力是一种阻碍的话，我们的下一个力，阻力的伴侣，将会振奋我们的精神。利用守恒量和黑箱模型，我们将估算飞行所需要的功率和能量。有两种主要的情形：悬停飞行（比如说蜂鸟）和向前飞行。与向前飞行相比，悬停飞行的参数要少一个（没有向前的速度），所以我们从一个质量为 m 的蜂鸟开始分析。

3.6.1　悬停：蜂鸟

▶ **蜂鸟悬停时需要多大的功率？**

　　悬停需要功率，这是因为蜂鸟具有重量：地球通过引力场，给蜂鸟一个向下的动量。地球因而损失了向下的动量，或等价地，获得了一个向上的动量。（因此，地球会有一个指向蜂鸟的加速度，尽管非常非常小。）动量的流动可以用黑箱模型来追踪。我们来把地球-蜂鸟系统画在一个盒子里并假设这就是整个宇宙。盒子具有一个固定的向下的动量值（常量），所以引力场只能在盒子内部转移向下的动量。特别地，引力场可以将向下的动量从地球转移给蜂鸟。

这个图是地球将蜂鸟往下拉的另一种新奇的说法，不过这一新奇的说法给我们展示了蜂鸟所要做的。

如果蜂鸟保持这个向下的动量，它就会积累向下的速度——然后掉到地面。蜂鸟可以将这个麻烦——向下的动量——转移给空气。它扇动翅膀将空气向下压。飞行，和阻力一样，需要流体。空气向地面压，通过引力场返还地球流失的向下的动量。

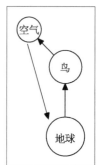

▶ **将空气往下压需要多大功率？**

功率是力乘以速度。力就是蜂鸟悬浮在空气中受到的引力 mg。估算空气向下的速度 v_z 需要仔细考虑动量流。空气携带了提供给蜂鸟的动量。动量供给（动量率或单位时间的动量）即为力 mg。而力就是单位时间的动量。因为动量流是单位面积的动量率，

$$mg = 动量流 \times 面积. \tag{3.86}$$

在 3.4.2 节第一次研究通量时，我们曾经导出

$$物质的通量 = 物质密度 \times 速度. \tag{3.87}$$

因为现在讨论的是动量，所以我们有以下的特殊关系式

$$动量流 = 动量密度 \times 面积. \tag{3.88}$$

因此，将动量换成 $mg = 动量流 \times 面积$ 形式，

$$mg = 动量密度 \times v_z \times 面积. \tag{3.89}$$

动量密度是单位体积的动量（$m_{空气}\, v_z$），所以就是 $\rho_{空气} v_z$。因此

$$mg = \rho_{空气} v_z^2 \times 面积. \tag{3.90}$$

为了完成这个方程以求得向下的速度 v_z，我们需要估算面积。这是蜂鸟与它向下推动的空气的接触面积，大约就是 L^2，其中 L 是翼展（即翅尖到翅尖的距离）。即使翅膀没有完全占据整个面积，相应的面积仍是 L^2，因为翅膀扰动空气的面积尺度与翅膀的最大尺度相关。（由于这个原因，高效的飞机，如滑翔机具有非常长的机翼。）

使用 L^2 作为面积的估算，我们得到：

$$mg \sim \rho_{空气} v_z^2 L^2, \tag{3.91}$$

所以向下的速度为

$$v_z \sim \sqrt{\frac{mg}{\rho_{空气} L^2}}. \tag{3.92}$$

有了这个向下的速度及向下的力 mg，功率 P（不要与动量混淆）就是

$$P = F v_z \sim mg \sqrt{\frac{mg}{\rho_{空气} L^2}}. \tag{3.93}$$

现在我们来估算一只真实蜂鸟的功率：北美最小的鸟——Calliope 蜂鸟。其相关的数据为：

$$翼展 L \approx 11 \text{ cm}, 质量 m \approx 2.5 \text{ g}. \tag{3.94}$$

正如在第一步估算悬停功率时那样，我们将用关于 v_z 的公式来估算向下的空气速度。结果是这样的，如果蜂鸟悬停在空中，必须将空气以大约 1.3 米/秒向下输送：

$$v_z \sim \left(\frac{\overbrace{2.5 \times 10^{-2} \text{ N}}^{mg}}{\underbrace{1.2 \text{ kg/m}^3}_{\rho_{空气}} \times \underbrace{1.2 \times 10^{-2} \text{ m}^2}_{L^2}} \right)^{1/2} \approx 1.3 \text{ m/s}. \tag{3.95}$$

相应的功率消耗大约是 30 毫瓦：

$$P \sim \underbrace{2.5 \times 10^{-2} \text{ N}}_{mg} \times \underbrace{1.3 \text{ m/s}}_{v_z} \approx \underbrace{3 \times 10^{-2} \text{ W}}_{30 \text{ mW}}. \tag{3.96}$$

（因为动物的新陈代谢，类似于汽车引擎，只有大约 25% 的效率，蜂鸟进食

的速率要按 120 毫瓦来算。)

这个功率似乎是很小的——甚至一个手电筒的灯泡(白炽灯)也需要几瓦。然而,单位质量的功率看起来就很惊人了。

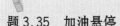

$$\frac{P}{m} \sim \frac{3 \times 10^{-2}\ \text{W}}{2.5 \times 10^{-3}\ \text{kg}} \approx 10\ \frac{\text{W}}{\text{kg}}. \tag{3.97}$$

作为对比,世界自行车冠军阿姆斯特朗,具有最高的人力输出功率,测到的输出功率为 7 瓦/千克(1.7.2 节)。然而,对于没有用化学药物增强的世界级运动员,5 瓦/千克是更典型的数据。按照我们的估算,蜂鸟的肌肉要强健两倍。即便对于蜂鸟,悬停也是困难的工作!

题 3.35　加油悬停

一只蜂鸟为了在工作日悬停(大约 8 小时),按照其体重的比例,需要喝多少花蜜? 按质量来算,花蜜的 50% 是糖。

题 3.36　人的悬停

如果一个人通过拍打双臂使自己悬停,需要多大的功率?

3.6.2　向前飞行

既然我们理解了飞行的基本机制——通过将动量转移给空气来扔掉向下的动量——我们现在可以来研究向前飞行了——候鸟或飞机的飞行。因为有两个速度:飞机向前的速度 v 及空气流过机翼后向下的速度分量 v_z,向前飞行比悬停要复杂得多。在向前飞行时,v_z 不仅与飞机重量和翼展有关,也与飞机的向前速度有关。飞机为了停留在空中,和蜂鸟一样,必须将空气往下压。

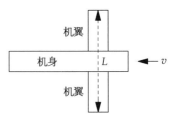

利用复杂的流体力学可知,机翼的确起到了这个神奇的作用,但我们不需要在这儿研究。所有的复杂性都隐藏在黑箱中。我们只是要找到使飞机停留在空中所需要的向下速度 v_z 以及使空气具有较大的向下速度所需要的功率。类似于悬停,功率是 mgv_z。然而,这里的向下速度 v_z 与悬停的情况有所不同。

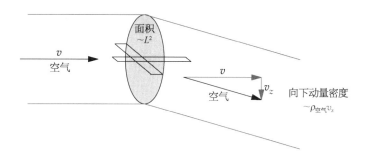

这可以用稍微有点不同的动量流图来确定。此图显示了空气流过机翼前和流过机翼后的气流。空气接触机翼前(左边的圆柱),空气向下的动量为零。正如在悬停飞行中分析的一样,地球提供了飞机向下的动量并将其转移给空气。这个向下的动量在空气流过机翼后被空气带走(右边的圆柱)。

因为对于任何通量,向下动量的转移为

$$向下动量的通量 \times 面积, \tag{3.98}$$

而向下动量的通量为

$$向下动量的密度 \times 流速, \tag{3.99}$$

因此,

$$mg = 向下动量的密度 \times 流速 \times 面积. \tag{3.100}$$

正如对蜂鸟的分析,向下动量的转移率是 mg,因此飞机会停留在空中。类似地,相应的面积为翼展的平方 L^2,因为机翼在与其最大尺度即翼展相当的距离上改变了气流。

你可以在美国航空航天局(NASA)的一张飞机在烟雾云中着陆的著名照片中看到这个效应。巨大的气旋,或漩涡的直径可与翼展相比。大飞机产生的漩涡可以掀翻小飞机。因此，飞机着陆时，必须保持足够的间隔使得这些漩涡有消退的时间。

在悬停的情况中，带走向下动量的空气是向下运动的，而这里带走动量的空气是向右运动的。因此，悬停时的流速是向下的空气速度 v_z，向前飞行所对应的流速则是向前速度 v。

有了这些估算，关于 v_z 的方程变成

$$\underbrace{mg}_{\text{转移率}} \sim \underbrace{\rho_{\text{空气}} v_z}_{\text{向下动量密度}} \times \underbrace{v}_{\text{流速}} \times \underbrace{L^2}_{\text{面积}}, \tag{3.101}$$

解出向下速度，得

$$v_z \sim \frac{mg}{\rho_{\text{空气}} L^2 v}. \tag{3.102}$$

现在我们可以估算在向前飞行时产生升力所需要的功率了：

$$P = \underbrace{力}_{mg} \times \underbrace{速度}_{v_z} \sim mg \times \frac{mg}{\rho_{\text{空气}} v L^2} = \frac{(mg)^2}{\rho_{\text{空气}} v L^2}. \tag{3.103}$$

下表比较了悬停飞行和向前飞行的一些关键量。

	悬　停	向前飞行
面积	L^2	L^2
向下动量密度	$\rho_{\text{空气}} v_z$	$\rho_{\text{空气}} v_z$
流速	v_z	v
向下动量通量 mg	$\rho_{\text{空气}} v_z^2$	$\rho_{\text{空气}} v_z v$
向下动量流	$\rho_{\text{空气}} v_z^2 L^2$	$\rho_{\text{空气}} v_z v L^2$
向下速度 v_z	$\sqrt{mg/(\rho_{\text{空气}} L^2)}$	$mg/(\rho_{\text{空气}} v L^2)$
产生飞行的功率 $(mg v_z)$	$mg\sqrt{mg/(\rho_{\text{空气}} L^2)}$	$(mg)^2/(\rho_{\text{空气}} v L^2)$

与悬停不同，在向前飞行中功率的分母包括了向前的速度——这一

项对悬停没有意义,因为悬停时向前速度为零。

正如我们以蜂鸟作为悬停飞行的例子,让我们将这些知识用于实际物体的向前飞行。这个物体可以是一架波音 747 - 400 喷气式飞机,我们将估算起飞所需要的功率。一架 747 的翼展 L 大约是 60 米,最大起飞质量 m 大约为 $4×10^5$ 千克(400 吨)。

我们将分两步来估算这个功率:重力 mg,然后是空气的向下速度 v_z。重力是容易的一步:就是 $4×10^6$ 牛。空气的向下速度 v_z 是 $mg/\rho_{空气}vL^2$。唯一的未知量是起飞速度 v。这个可以通过估算飞机在跑道上滑行的加速度 a 和加速时间来估算。上次乘坐 747 的时候,我用悬挂的钥匙链测量了加速度并估算了和垂线(与地面垂直)的夹角 θ。有 $\tan\theta = a/g$。对于小角度 θ,这个关系简化为 $a/g \approx \theta$。我发现 $\theta \approx 0.2$,因此加速度大约是 $0.2g$ 或 2 米/秒^2。这个加速度持续了约 40 秒,因此起飞速度 $v \approx 80$ 米/秒。

这样得到向下速度 v_z 大概是 12 米/秒:

$$v_z \sim \frac{\overbrace{4×10^6\ \text{N}}^{mg}}{\underbrace{1.2\ \text{kg/m}^3}_{\rho_{空气}} × \underbrace{80\ \text{m/s}}_{v} × \underbrace{3.6×10^3\ \text{m}^2}_{L^2}} \approx 12\ \text{m/s}, \quad (3.104)$$

产生升力所需要的功率大约是 5 000 万瓦:

$$P \sim mgv_z \approx 4×10^6\ \text{N} × 12\ \text{m/s} \approx 5×10^7\ \text{W}. \quad (3.105)$$

让我们来看看这个估算是否合理。按照飞机的技术资料,747 - 400 的 4 个引擎一共可以提供大约 100 万牛的推力。这个推力可以将质量为 $4×10^5$ 千克的飞机以 2.5 米/秒^2 加速。这与我估算的 2 米/秒^2 符合得很好。

用另一种验证方式,起飞时,当速度达到 80 米/秒,100 万牛的推力对应的是 8 000 万瓦的输出功率。这个输出和我们估算的 5 000 万瓦的飞机起飞升力所需功率相当。起飞后,引擎使用一部分功率来提升飞机,一部分功率用来加速飞机,因为飞机需要达到大约 250 米/秒的巡航速度。

对称性和守恒量甚至使得流体动力学都变得可以处理了。

3.7 小结及进一步的问题

在变化的过程中找出不变的量——不变量或守恒量。找到这些不变量会简化问题，因为我们关注的是少数不变的量而不是很多以不同方式变化的量。这一想法具有广泛应用的例子就是黑箱模型，其中输入多少就必须输出多少。通过选择合适的黑箱，我们可以估算雨量、阻力和升力。

题 3.37 雨滴速度

利用阻力 $F_{阻力} \sim \rho A_{CS} v^2$，估算直径大约 0.5 厘米的典型雨滴的最终速度。如何验证你的结果？

题 3.38 正弦平方的平均值

利用对称性求 $\sin^2 t$ 在区间 $t = [0, \pi]$ 的平均值。

题 3.39 球壳的转动惯量

物体绕轴转动的转动惯量为

$$\sum m_i d_i^2. \tag{3.106}$$

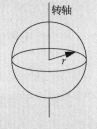

对所有质点求和，其中 d_i 是质点 i 到转轴的距离。利用对称性求质量为 m，半径为 r 的球壳绕通过球心的转轴的转动惯量。你不需要做任何积分。

题 3.40 飞翔的自行车

估算一个自行车世界冠军为了得到足够的升力起飞所需的翼展是多少。

题 3.41 二阶系统的最大增益频率

在本题中，利用对称性求 LRC 电路或有阻尼的弹簧 - 质点系统（利用 2.4.1 节的分析）的最大增益。增益 G 为

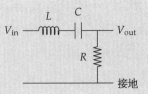

振幅的比 V_out/V_in,取决于信号的角频率 ω:

$$G(\omega)=\frac{\dfrac{j\omega}{\omega_0}}{1+\dfrac{j}{Q}\dfrac{\omega}{\omega_0}-\dfrac{\omega^2}{\omega_0^2}}, \tag{3.107}$$

其中 $j=\sqrt{-1}$,ω_0 是系统的本征频率,Q 是品质因子——一个用来描写衰减的无量纲量。不用担心增益公式怎么来的:你可以利用阻抗法导出(题 2.21),但本题的目的是将增益的大小 $|G(\omega)|$ 最大化。找出使 $G(\omega)$ 不变的关于 ω 的对称操作来完成本题。

题 3.42　跑道长度

估算波音 747 飞机需要的跑道长度。

题 3.43　悬停与飞行

3.6.1 节中的蜂鸟需要多大的向前速度飞行以使其和悬停时的功率相同? 这个速度与典型的飞行速度相比如何?

题 3.44　电阻网格的再分析

对于一个由无限个 1 欧姆电阻组成的网格,一个电阻两端测到的电阻值是多大?

为了测量这个阻值,欧姆表在一端注入电流 I(为简单起见,假定 $I=1$ 安)。从另一端引出电流,然后测量两端的电压差 V。电阻即 $R=V/I$。

提示:利用对称性。不过这是一个难题!

题 3.45　转动惯量张量

这是一个特殊物体的转动惯量张量(转动惯量的推广),是在一个没有选择好的坐标系内(但仍是笛卡尔坐标)计算的:

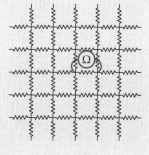

$$\begin{pmatrix} 4 & 0 & 0 \\ 0 & 5 & 4 \\ 0 & 4 & 5 \end{pmatrix}. \tag{3.108}$$

a) 将坐标系变换到主轴,使得转动惯量张量成为对角形式

$$\begin{pmatrix} I_{xx} & 0 & 0 \\ 0 & I_{yy} & 0 \\ 0 & 0 & I_{zz} \end{pmatrix}, \tag{3.109}$$

并给出主转动惯量 I_{xx},I_{yy} 和 I_{zz}。

提示：在进行坐标变换时,矩阵的什么性质是不变的?

b) 给出具有类似转动惯量的具体物体的例子。或反过来问,在什么坐标系内更容易考虑这样的物体?

这个问题的灵感来自我当年读博时博士资格考试的物理笔试中的一个题目。这个题目要求将转动惯量张量对角化,而当时已经没有时间重新推导或应用基的变换公式。时间的压力有时候迫使我们寻找更好的解决方法!

题3.46　无限大薄板的温度分布

对于均匀的无限大薄板,x 轴保持零度,y 轴保持均匀的单位温度($T=1$)。求出每一点(原点除外)的温度。使用笛卡尔坐标 $T(x, y)$ 或极坐标 $T(r, \theta)$,看哪种选择更易于描述温度。

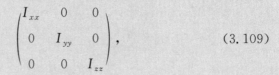

第  章

正比分析

每当有变化发生,就去寻找不变量。这个在研究对称性和守恒(第 3 章)时引进的原则,也是我们下一个工具的基础,即正比分析。

4.1 人 口 标 度

日常生活中一个正比分析的例子常常出现在准备晚宴的时候。我做咖喱鱼的时候,通常是给我们自己的四口之家准备的,我会买 250 克的鱼。但今天另一个四口之家会加入我们。

▶ **我需要购买多少鱼?**

新的鱼数由下式给出

$$新的鱼数 = 原来的鱼数 \times \frac{新的就餐者数}{原来的就餐者数}. \tag{4.1}$$

另一个表示这个关系的方式是鱼的数量正比于就餐者的数量。用符号表示,即

$$m_{鱼} \propto N_{就餐者}, \tag{4.2}$$

其中符号 $\propto$ 读作"正比于"。

▶ 但在分析中，哪个量是不变的？   🔍

比例关系可以写成另一种形式

$$\frac{\text{新的鱼数}}{\text{新的就餐者数}} = \frac{\text{原来的鱼数}}{\text{原来的就餐者数}}. \tag{4.3}$$

于是，即使就餐者的数量在变化，但比例

$$\frac{\text{鱼数}}{\text{就餐者数}} \tag{4.4}$$

是不变的。

作为正比分析的一个类似的应用，下面给出估算美国加油站数量的一种方式。根据我们曾在 1.4 节中讨论过的使用与人体相关的数量的原则，我不打算直接估算这个大数，而是从我的小镇，新泽西的萨米特镇开始。小镇也许有 20 000 居民，可能有 5 个加油站；这里"也许"意味着儿时的记忆很容易有比实际大 2 倍或小 2 倍的差异。如果加油站的数量正比于人口（$N_{\text{加油站}} \propto N_{\text{人口}}$），则

$$N_{\text{加油站}}^{\text{美国}} = N_{\text{加油站}}^{\text{小镇}} \times \underbrace{\frac{\overbrace{3 \times 10^8}^{N_{\text{人口}}^{\text{美国}}}}{2 \times 10^4}}_{N_{\text{人口}}^{\text{小镇}}}. \tag{4.5}$$

人口的比大约是 15 000。因此，如果萨米特镇有 5 个加油站，全美国就应该有 75 000 个加油站。我们可以来验证这个结果。按照美国人口普查局的统计（2008 年）"每 2 500 人有一个加油站"；这已经告诉我们 10^5 个加油站的粗略估算结果达到了合理的精度：我推算的萨米特镇是每 4 000 人一个加油站。的确，人口普查局统计给出的总数是 116 885 个加油站——考虑到儿时估算的不确定性，这已经非常接近于我们所能期待的估算结果！

题 4.1　凶杀案发率

美国的凶杀案发率(2011 年)大约是每年 14 000 件。英国同时期的案发率大约是 640 件。哪个国家是更危险的国家(对每个人)，相差几倍？

4.2　找出标度指数

在晚餐的例子(4.1 节)中使用了线性正比：当就餐的客人加倍时，需要的食物也加倍。不同量之间的关系具有形式 $y \propto x$，或者，更明显点写成 $y \propto x^1$。其中指数 1 称为标度指数。由于这个原因，比例关系常常被称为标度关系。标度指数是一个强大的抽象：一旦你知道了标度指数，你通常就不再去关注背后的机制。

4.2.1　热身

在线性正比关系之后，下一个最简单最常见的正比类型就是平方正比——标度指数为 2——以及其近亲，平方根(标度指数为 1/2)等正比关系。举个例子，这里是一个直径 $d_{大圆} = \sqrt{5}$ 厘米的大圆。

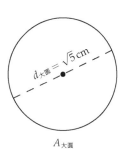

▶ **面积是这个圆的一半的圆半径是多少？**

我们首先用非常普通的直接求解的方式，不用正比分析的方式就可以看到不用做什么了。从大圆的面积出发

$$A_{大圆} = \frac{\pi}{4} d_{大圆}^2 = \frac{5}{4}\pi \text{ cm}^2. \tag{4.6}$$

小圆的面积 $A_{小圆}$ 是 $A_{大圆}/2$，所以 $A_{小圆} = \frac{5\pi}{8}$ 厘米²。因此，小圆的半径由

下式给出

$$d_{\text{小圆}} = \sqrt{\frac{A_{\text{小圆}}}{\pi/4}} = \sqrt{\frac{5}{2}} \text{ cm.} \tag{4.7}$$

约去 $\pi/4$，我们沿着迂回曲折的路线最后得到了一个简单的结果。尽管这个结果是正确的，但一定有一个更美妙和更富有洞察力的做法。

改进的做法也是从圆面积和直径的关系 $A = \pi d^2/4$ 出发。但是，这种做法会在较早的时候——第二步——就将复杂性舍去，而不是将其保留到分析的最后一步再消去。日常生活中的类似做法就是旅行前整理行李。你并不会把你不打算读的书和不穿的衣服都拿出来，而是尽早去掉不需要的，轻松旅行：只将必需的装到箱子里，其余的放在一边。

为了让问题简化——解决行李问题，可以看到所有的圆，不管直径如何，都通过相同的因子($\pi/4$)将 d^2 和 A 联系起来。因此，当我们要建立 A 和 d 之间的比例关系或标度关系时，我们就扔掉这个因子。结果就是下面的平方正比关系(其中标度指数为 2)：

$$A \propto d^2. \tag{4.8}$$

为了得到新的半径，我们需要反过来的标度关系：

$$d \propto A^{1/2}. \tag{4.9}$$

在这个形式下，标度指数为 1/2。这个比例关系是下式的简写

$$\frac{d_{\text{小圆}}}{d_{\text{大圆}}} = \left(\frac{A_{\text{小圆}}}{A_{\text{大圆}}}\right)^{1/2}. \tag{4.10}$$

面积比是 1/2，所以直径比是 $1/\sqrt{2}$。因为大圆的直径是 $\sqrt{5}$ 厘米，所以小圆的直径为 $\sqrt{5/2}$ 厘米。

正比分析的解法比直接硬解要更简单和更一般。这个方法还证明了这一结果并不要求形状是圆。只要面积与大小(长度)的平方成正比——这是对所有平面图形都成立的——只要面积比是 1/2，那么长度比就是 $1/\sqrt{2}$。问题的关键就是标度指数。

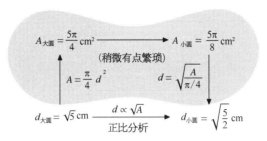

题 4.2　水平等分线的长度

在题 3.23 中讨论了等分一个等边三角形的最短路径,一个可能的路径是水平线。相对三角形的边,这条线有多长?

通量与面积相联系,因为通量是单位面积的速率。因此,有关面积的标度指数——2——出现在通量的关系中。例如:

▶ **冥王星轨道的太阳通量是多少?**

距离太阳中心为 r 处的太阳通量 F 是太阳光度 $L_{太阳}$——太阳的辐射输出功率——分布在半径为 r 的球面上:

$$F = \frac{L_{太阳}}{4\pi r^2}. \tag{4.11}$$

即使 r 在变化,太阳光度是不变的(守恒!),就如因子 4π 一样。因此,按照轻装旅行的精神,将方程 $F = L_{太阳}/4\pi r^2$ 简化为比例关系

$$F \propto r^{-2}. \tag{4.12}$$

上式扔掉了因子 $L_{太阳}$ 和 4π。这里标度因子是 -2。负号表示通量和面积成反比关系,2 是将 r 和面积联系起来的标度指数。

标度关系可以简写为

$$\frac{F_{\text{冥王星轨道}}}{F_{\text{地球轨道}}} = \left(\frac{r_{\text{冥王星轨道}}}{r_{\text{地球轨道}}}\right)^{-2} \tag{4.13}$$

或

$$F_{\text{冥王星轨道}} = F_{\text{地球轨道}} \left(\frac{r_{\text{冥王星轨道}}}{r_{\text{地球轨道}}}\right)^{-2}. \tag{4.14}$$

两轨道半径的比大约是 40。因此，冥王星轨道处的太阳通量大约是地球轨道处太阳通量的 40^{-2} 或 $1/1\,600$。最后得到的通量大约是 0.8 瓦/米^2：

$$F_{\text{冥王星轨道}} = \frac{1\,300\ \text{W}}{\text{m}^2} \times \frac{1}{1\,600} \approx \frac{0.8\ \text{W}}{\text{m}^2}. \tag{4.15}$$

只接受到如此少的阳光，冥王星上一定很冷。我们再次利用正比关系可以估算其表面温度。

表面温度基本上取决于所谓的黑体辐射。表面温度是辐射通量等于接收通量时的温度；我们来建立另一个黑箱模型。辐射通量由黑体辐射公式给出（这个公式将在 5.5.2 节推导）：

$$F = \sigma T^4, \tag{4.16}$$

其中 T 是温度，σ 是斯特藩-玻尔兹曼常量：

$$\sigma \approx 5.7 \times 10^{-8}\ \frac{\text{W}}{\text{m}^2 \cdot \text{K}^4}. \tag{4.17}$$

▶ 冥王星的表面温度是多少？

正如任何用正比分析计算的例子一样，这个问题也可以用啰唆的硬解方法（尝试题 4.5）。优美的做法是直接利用正比关系

$$T_{\text{表面}} \propto F^{1/4} \quad \text{和} \quad F \propto r^{-2}, \tag{4.18}$$

其中 r 是轨道半径。将这些关系合并，就得到一个新的正比关系

$$T \propto (r^{-2})^{1/4} = r^{-1/2}. \tag{4.19}$$

一个类似于分而治之法树图的紧凑的图形记号,可以将推导过程总结如下:

正如 $r{\to}F$ 的箭头所显示的,改变 r 也就改变了 F。箭头上的方框内数字给出标度指数。

因此,$r{\to}F$ 表示 $F{\propto}r^{-2}$。$F{\to}T$ 的箭头表示改变 F 也就改变了 T,特别地,有 $T{\propto}F^{1/4}$。

为了找到联系 r 和 F 的标度指数,将这条路径上的标度指数相乘即可:

$$-2\times\frac{1}{4}=-\frac{1}{2}. \tag{4.20}$$

题 4.3　解释图形记号

在我们对标度关系的图形表示中,为什么最后的标度指数是路径上标度指数的相乘,而不是相加?

标度指数表示下列量的比:

$$\frac{T_{\text{地球}}}{T_{\text{冥王星}}}=\left(\frac{r_{\text{地球轨道}}}{r_{\text{冥王星轨道}}}\right)^{-1/2}=\left(\frac{r_{\text{冥王星轨道}}}{r_{\text{地球轨道}}}\right)^{1/2}. \tag{4.21}$$

(最右边的形式,具有正的标度指数,要比中间形式更为直接和直观,因为不需要先得到一个小于 1 的分数,然后再由于负的指数取倒数。)轨道半径的比是 40,所以表面温度的比应该是 $\sqrt{40}$ 或大约是 6。冥王星的表面温度大约是 50 开:

$$T_{\text{冥王星}}\approx\frac{T_{\text{地球}}}{6}\approx\frac{293\,\text{K}}{6}\approx 50\,\text{K}. \tag{4.22}$$

冥王星实际的表面温度是 44 开,与我们基于正比分析给出的结果非常接近。

题 4.4　解释不一致

为何我们对冥王星表面温度的预计稍微有点高?

題4.5　硬算表面温度

　　为了体验并认识这种常见但是较差的解题方法,用硬算的方法来估算冥王星的表面温度:(a)由冥王星轨道处的太阳通量,计算其表面的平均太阳通量;(b)利用这个通量来估算一个黑体的温度。

4.2.2　轨道周期

在前面的例子中,标度关系形成了一个链(没有分叉的树):

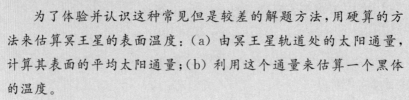

$$(4.23)$$

更为详尽的关系也会出现——重新推导著名的行星运动规律时我们就会发现。

▶ **行星的轨道周期是如何取决于其轨道半径 r 的?**

　　我们将研究圆周轨道这一特殊情形(许多行星的轨道都接近于圆周)。我们的探索性思维常常得益于将正比问题具体化。因此,我们不是用抽象的记号"依赖于"某量来找到标度指数,而是回答加倍的问题:"当我把这个量加倍时,那个量会如何变化?"

▶ **加倍有什么特殊意义?**

　　加倍——乘以2倍——是一个最简单的有用的变化。1倍虽然是最简单的,但因为完全没有变化,所以是过于简单了。

▶ **将轨道半径加倍后周期会有什么变化?**　🔍

　　将轨道半径加倍的最直接的后果就是引力变弱了。因为引力是一种平方反比力——就是 $F\propto r^{-2}$——引力将会下降至原来的 $1/4$。表示这些变化的紧凑而直观的方式是直接标出这些量的变化:用记号 $\times n$ 表示所要乘的因子。

$$\underset{\times\frac{1}{4}}{F} \propto \underset{\times 2}{r^{-2}}, \tag{4.24}$$

因为力正比于加速度,行星的加速度 a 也同样下降到 $1/4$。

　　对于圆周运动,加速度和速度通过 $a=v^2/r$ 联系起来。(我们将在 5.1.1 节和 6.3.4 节通过两种不同的分析工具来导出这个关系。)因此,轨道的速度 v 是 $\sqrt{ar}$,因此半径加倍,轨道速度增加的因子是 $\sqrt{1/2}$:

$$\underset{\times\sqrt{\frac{1}{2}}}{v} = (\underset{\times\frac{1}{4}}{a} \times \underset{\times 2}{r})^{1/2}. \tag{4.25}$$

　　尽管这个计算是正确的,但当我们说到 $\sqrt{1/2}$ 倍时,会产生数值上的冲击。当我们读到"加倍"时,总是会期待大于 1 的倍数。但这里我们得到的是小于 1 的倍数。乘以一个小于 1 的倍数,常常被简单地描述为减倍。因此,更为直观的说法是轨道速度下降到 $1/\sqrt{2}$。

　　轨道周期为 $T\sim r/v$(记号 $\sim$ 包含了无量纲的因子 2π),因而增大的倍数为 $2^{3/2}$:

$$\underset{\times 2^{3/2}}{T} \sim \underset{\times 2}{r} \times \underset{\times\sqrt{2}}{v^{-1}}. \tag{4.26}$$

总之,将轨道半径加倍,则轨道周期要乘以因子 $2^{3/2}$。一般地,联系 r 和 T 的关系为:

$$T \propto r^{3/2}. \tag{4.27}$$

这就是计算圆周轨道的开普勒第三定律。我们的标度分析可以用下图表示:

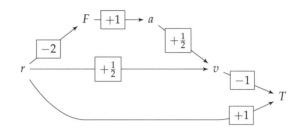

在这个结构中,新的特征是指向 v 的两个带指数的箭头:

1. $r \boxed{+\frac{1}{2}} \longrightarrow v$ 表示公式 $V=\sqrt{ar}$ 中的 $\sqrt{r}$。它带有 r 的幂次 $+1/2$。

2. $a \boxed{+\frac{1}{2}} \longrightarrow v$ 表示公式 $V=\sqrt{ar}$ 中的 $\sqrt{a}$。为了确定这条路径上 r 的幂次,只要顺着包含这个箭头的链看:

$$r \boxed{-2} \longrightarrow F \boxed{+1} \longrightarrow a \boxed{+\frac{1}{2}} \longrightarrow v$$

从左边开始时 r 的幂次是 1。当第一个标度指数到达 F 时指数变为 -2。到达 a 时指数仍保持为 -2。最后到达 v 的时候变成 -1。即这条路径上 r 的幂次是 -1。

总的贡献来自链上三个标度指数的乘积:

$$\underbrace{-2}_{r \to F} \times \underbrace{+1}_{F \to a} \times \underbrace{+\frac{1}{2}}_{a \to v} = -1. \tag{4.28}$$

这个三元链所携带的指数 -1,表示 r^{-1},与直接 $r \to v$ 上的 $+1/2$,即表示 $r^{+1/2}$,相结合。结果是 v 将包含 r 的 $-1/2$ 幂次:

$$v \propto \underbrace{r^{-1}}_{\text{通过} F} \times \underbrace{r^{+1/2}}_{\text{直接}} = r^{-1/2}. \tag{4.29}$$

让我们再用同样的分析方法找出联系 T 和 r 的标度关系——开普勒第三定律。直接的 $r \to T$ 箭头,带有标度指数 $+1$,r 的幂次为 $+1$。$v \to T$ 的箭头带有 v 的幂次 -1。因为 v 包含 r 的 $-1/2$ 幂次,因此 $v \to T$ 箭头包含了 r 的 $+1/2$ 幂次:

$$\underbrace{-\frac{1}{2}}_{r \to v} \times \underbrace{-1}_{v \to T} = +\frac{1}{2}. \tag{4.30}$$

合并上述结果,两个箭头贡献了 r 的 $+3/2$ 幂次并给出开普勒第三定律:

$$T \propto \underbrace{r^{+1}}_{r \to T} \times \underbrace{r^{+1/2}}_{\text{通过} v} = r^{+3/2}. \tag{4.31}$$

小结一下我们已经说明了很多次的关于指数的规则:(1)沿着一条路径时将指数相乘;(2)不同路径相交时将指数相加。

让我们将开普勒第三定律应用到一个附近的行星。

▶ **火星年有多长?**

正比关系 $T \propto r^{3/2}$ 是下列比例关系的简写:

$$\frac{T_{\text{火星}}}{T_{\text{参考星}}} = \left(\frac{r_{\text{火星}}}{r_{\text{参考星}}} \right)^{3/2}, \tag{4.32}$$

其中 $r_{\text{火星}}$ 是火星的轨道半径,$r_{\text{参考星}}$ 是参考行星的轨道半径,$T_{\text{参考星}}$ 是相应的轨道周期。因为我们最熟悉的是地球,可以将地球作为参考行星。参考行星的周期就是 1(地球)年;而参考半径是 1 天文单位(AU),即 1.5×10^{11} 米。这一选择的好处是求出的火星轨道周期可以用熟悉的单位地球年来表示。

火星到太阳的距离在 2.07×10^{11} 米(1.38 天文单位)到 2.49×10^{11} 米(1.67 天文单位)之间变化。因此,火星的轨道并不是非常接近圆周,故没有单一的半径 $r_{\text{火星}}$。(正是由于其轨道显著偏离圆,让开普勒得出了行星沿着椭圆轨道运动的结论。)作为 $r_{\text{火星}}$ 的近似,我们采用最大和最小半径的平均。这个值是 1.52 天文单位,相应轨道周期的比约为 1.88:

$$\frac{T_{\text{火星}}}{T_{\text{参考星}}} = \left(\frac{1.52\ \text{AU}}{1\ \text{AU}} \right)^{3/2} \approx 1.88. \tag{4.33}$$

因此,一个火星年相当于 1.88 个地球年。

题 4.6 硬算轨道周期

为了强调正比分析和硬算方法之间的区别,利用硬算的方法来得出火星轨道的周期:从牛顿引力定律出发,然后求出轨道速度和轨道周长。

一个关于轨道的令人惊讶的结论来自加倍问题。

▶ **如果将质量加倍,行星的周期会怎么变化?**

利用伽利略提出的一种思想实验,想象两个相同质量的行星,一个在另一个后面沿着相同轨道运动。它们具有相同的周期。现在将两个行星捆绑在一起,绳索不改变周期,所以质量加倍的行星与原来单个行星的周期相同:标度指数是零($T \propto m^0$)!

题 4.7 单摆周期与质量

一个理想单摆的周期如何取决于摆球的质量?

4.2.3 抛射体的射程

在前面的例子中,只有一个自变量,改变这个量就改变了所有的量。然而,有许多问题包含了多个自变量。一个例子就是以速度 v,仰角 θ 抛射出去的石头射程 R。传统的推导要用到微积分。你可以写出石头的位置随时间的变化这一函数,解出高度为零(地面)所对应的时间并代回水平距离

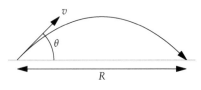

的公式来算出射程。这么分析是没错,但结果似乎有点像魔术。我不太满意,会这么想,"结果一定是对的。但我还是不知道为什么。"

这个"为什么"的洞察来自正比分析,其中舍去了非本质的复杂性。

让我们从加倍问题开始。

▶ **每个自变量都加倍后会如何影响射程?**

　　自变量包括抛射的速度 v,重力加速度 g(因为是引力将石头拉回地球),以及抛射角。但是角度不怎么适用于正比分析,所以我们将不在此讨论 θ 的作用(我们将在 8.2.2.1 节利用简单案例的工具来处理)。

　　因为唯一的力沿竖直方向,石头的水平速度在整个飞行中保持常量(是个不变量!)。于是,射程由下式给出:

$$R = 悬浮时间 \times 初始水平速度. \tag{4.34}$$

悬浮时间是由初始垂直速度决定的,因为引力会稳定地减小它(以 g 的变化率)

$$悬浮时间 \sim \frac{初始垂直速度}{g}. \tag{4.35}$$

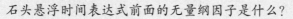

题 4.8　缺失的无量纲因子
　石头悬浮时间表达式前面的无量纲因子是什么?

　　现在将抛射速度 v 加倍。这将会使初始速度的水平分量和垂直分量加倍。垂直分量的加倍将会使悬浮时间加倍。因为射程正比于水平速度和悬浮时间,当抛射速度加倍时,射程就是原来的 4 倍。联结 v 和 R 的标度指数是 2: $R \propto v^2$。

▶ **加倍 g 的效果是什么?**

　　将 g 加倍不会改变水平速度或初始垂直速度,但会使悬浮时间减半因而使射程减半。联结 g 和 R 的标度指数是 -1: $R \propto g^{-1}$。

　　最后给出 R 同时依赖于 v 和 g 的标度关系

$$R \propto \frac{v^2}{g}. \tag{4.36}$$

利用 v_x 和 v_y 表示抛射速度的水平分量和垂直分量，这一分析的图形表示为：

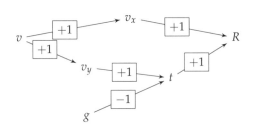

这张图向我们展示了一个新特征：两个独立的变量，v 和 g。我们将分别求出 v 和 g 的幂次。

射程 R 有两条路径。一条经过 v_x 的路径贡献了 v 的 $+1 \times +1 = +1$ 幂次，但没有 g 的幂次。经过 t 的路径也贡献了 v 的 $+1$ 幂次，还贡献了 g 的 -1 幂次。上图简要显示了 R 是如何正比于 v^2/g 的。

包括投射角 θ 在内的完整公式为

$$R \sim \frac{v^2}{g} \sin\theta \cos\theta. \tag{4.37}$$

R 对 v 和 g 的依赖关系正是我们刚才所给出的。角度因子 $\sin\theta \cos\theta$ 将会用简单案例的工具来猜测（8.2.2.1 节），或者尝试题 4.9。

这个例子的意义在于你可以在忽略常量的情况下导出并理解正比关系，进而将精力集中在标度指数上。进一步，你可以利用这个能力找出错误：来检查下每个自变量是否具有正确的标度指数。比如，如果某个人认为抛射体射程 R 正比于 v^3/g，想一下"来自悬浮时间的 $1/g$ 是对的，但 v^3 呢？v 的一个幂次来自水平速度，另一个幂次来自悬浮时间，这些可以解释 v 的两个幂次。但第三个幂次是从哪里来的呢？所以射程应该是 v^2/g。"

题 4.9 抛射体射程中的角度因子

利用下列关系解释因子 $\sin\theta$ 和 $\cos\theta$。

$$射程 = 悬浮时间 \times 水平速度. \tag{4.38}$$

4.2.4　行星表面引力

标度,或者正比分析将自变量与因变量联系起来。在选择自变量的时候我们常常有一定的自由度。下面就是显示如何使用这个自由度的例子。

> ▶ **假定行星是均匀的球形,则表面的重力加速度 g 如何依赖于行星的半径 R?**

我们在 $g \propto R^n$ 中找出标度指数 n。在行星表面,作用在质量 m 的物体上的引力为 GMm/R^2,其中 G 是引力常量,M 为行星质量。重力加速度 g 为 F/m 或 GM/R^2。因为 G 对所有物体都是相同的,我们可以轻装上阵将 G 略去,并给出正比关系

$$g \propto \frac{M}{R^2}. \tag{4.39}$$

在这个形式中,M 和 R 为自变量,标度指数 n 为 -2。

但是,注意到行星质量 M 与半径 R 和密度 ρ 有关,$M \sim \rho R^3$,可以得到另一个关系,即

$$g \propto \frac{\rho R^3}{R^2} = \rho R. \tag{4.40}$$

在这个形式中,密度和半径是自变量,R 的标度指数现在仅为 1。

> ▶ **哪个标度关系更好,质量还是密度?**

行星的质量差别很大,从 3.3×10^{23} 千克(水星)到 1.9×10^{27} 千克(木星),相差四个数量级(相差 10^4 倍)。半径的变化也很大:从 7×10^4 千米(木星)到 2.4×10^3 千米,相差 30 倍。当分子分母都趋于相反的极端值时,比值 M/R^2 变化非常巨大。每当有变化发生,就去寻找不变量——或者,至少找到变化不太大的量。相比质量,行星的密度变化仅从

0.7克/厘米^3（土星）到5.5克/厘米^3（地球）——只相差8倍。行星表面引力的变化用行星的半径和密度来描述会比用其半径和质量来描写更容易理解。

这个结果是一般性的。质量是广延量：当两个物体组合时，质量是相加的。相反，密度是强度量。增多某一物质并不改变其密度。用强度量作为自变量通常比用广延量作为自变量会给出更直观更透彻的结果。

题4.10　到月球的距离

靠近地面的轨道周期（如低空飞行的卫星）大约是1.5小时。利用这个信息来估算地球到月球的距离。

题4.11　月球的角直径和半径

在满月的夜晚，估算月球的角直径——月球所张视角。利用这个角度和题4.10的结果估算月球的半径。

题4.12　月球的表面引力

假定所有行星（包括月球）都具有相同的密度，利用月球的半径（题4.11）估算月球的表面引力。将你的估算结果与实际值相比较，并解释它们不一致的原因。

题4.13　行星内部的引力强度

假定有一个半径为R的均匀球形行星。重力加速度g是如何依赖于到行星中心的距离r的？给出$r<R$和$r\geqslant R$时的标度指数，并画出$g(r)$的图形。

题4.14　让吐司落地时奶油面朝上

当一片吐司从餐桌掉下时，会获得一个角速度。当它离开桌子后，其角速度保持不变。在日常生活中，一片吐司下落时通常会翻转（旋转$180°$），着地时奶油面朝下。桌子要多高才会使吐司着地时奶油面朝上？

4.3　流体力学中的标度指数

前面介绍的例子也许会使你误以为正比分析只在精确解能被找到时才是有用的。作为一个反例,我们回到数学上优美但又令人恐惧的流体力学——在任何有意义的实际情况下几乎都不存在严格解。为了取得进展,我们需要通过关注标度指数来舍去复杂性。

4.3.1　下降的圆锥

在 3.5.1 节,我们利用对守恒量的分析证明了阻力由下式给出:

$$F_{阻力} \sim \rho A_{CS} v^2. \tag{4.41}$$

在 3.5.2 节,我们通过正确地预测了下降的纸圆锥的最终速度而验证了这个结果。然而,这个实验只考虑了一个特殊尺寸的圆锥。这个实验的一般推广是要给出圆锥最终速度关于尺寸的函数关系。

▶ **纸圆锥的最终速度如何与其尺寸相关?**

尺寸是一个模糊的概念。它可以指面积、体积或长度。这里,我们考虑的尺寸为圆锥截面的半径 r。定量问题是找出 $v \sim r^n$ 中的标度指数 n,其中 v 是圆锥的最终速度。

加倍问题是,"如果将 r 加倍,最终速度将如何变化?"到最终速度时,阻力和引力平衡:

$$\underbrace{\rho_{空气} A_{CS} v^2}_{阻力} \sim \underbrace{mg}_{重力}. \tag{4.42}$$

因此,正如我们在 3.5.2 节发现的,最终速度为

$$v \sim \sqrt{\frac{mg}{\rho_{空气} A_{CS}}}. \tag{4.43}$$

所有的圆锥都具有相同的 g 和 $\rho_{空气}$,所以我们可以轻装上阵除去这些变

量来得到正比关系：

$$v \propto \sqrt{\frac{m}{A_{\mathrm{CS}}}}. \tag{4.44}$$

r 加倍使得圆锥的用纸量也即质量变成了 4 倍。同时也使截面积 A_{CS} 变成 4 倍。按照正比关系，两种效应正好抵消：当 r 加倍时，v 应该保持不变。所有形状相同的圆锥(用同样的纸张制作)应当以同样的速度下降！

这个结果总是让我惊讶。所以我试着来做实验。我将 3.5.2 节的圆锥模板放大 400%(长度增加 4 倍)后打印出来，剪下来，将两条直角边粘贴，然后将大小两个圆锥从两米高扔下来测试。经过差不多 2 秒的下降，它们几乎同时落地——在 0.1 秒之内。因此，它们的最终速度是相同的，误差在 5% 以内。

正比分析再次取得胜利！令人惊讶的是，正比分析的结果要比讨论的出发点阻力估算公式 $\rho_{空气} A_{\mathrm{CS}} v^2$ 精确得多。

▶ 基于正比分析的结果为何比原来的关系更精确呢?

为了看出是什么导致了这个可喜的情况，我们来重新计算并将阻力公式中的数值因子包括进来。考虑无量纲因子(灰色阴影)后，阻力公式为

$$F_{阻力} = \frac{1}{2} c_d\, \rho_{空气} A_{\mathrm{CS}} v^2, \tag{4.45}$$

其中 c_d 是阻力系数(3.2.1 节引入)。带有无量纲因子的最终速度为

$$v = \sqrt{\frac{m}{\frac{1}{2} c_d\, A_{\mathrm{CS}}}}. \tag{4.46}$$

忽略因子使得 v 减小一个 $\sqrt{2/c_d}$ 的因子(对于非流线型物体，$c_d \sim 1$，所以大约减小一个 $\sqrt{2}$ 的因子)。

相比之下，这个因子在最终速度的比 $v_大 / v_小$ 中消掉了。下面是考虑了带阴影的数值因子后的比：

$$\frac{v_{大}}{v_{小}} = \sqrt{\frac{m_{大}}{\frac{1}{2}c_d^{大}A_{CS}^{大}}} \Bigg/ \sqrt{\frac{m_{小}}{\frac{1}{2}c_d^{小}A_{CS}^{小}}}. \qquad (4.47)$$

只要阻力系数 c_d 对大小圆锥是相同的,则比例式中正好消去。标度关系的结果——最终速度和尺寸无关——就是精确的,与阻力系数无关。

我们又一次看到,这个方法的本质是构建我们所知道的,而不是去计算那些我们并不需要的量,这些量往往会让分析进而让我们的思维更加杂乱无章。标度关系提炼了我们的知识。现在,如果你知道了小圆锥的最终速度,利用这个速度——以及速度与尺寸无关的标度结果——就能得到大圆锥的最终速度。在下一节,我们将应用这个方法来估算飞机的燃料消耗。

题 4.15　用胶带的圆锥

半径是小圆锥 2 倍的大圆锥所用的纸的重量是原来的 4 倍。但胶带呢?如果你用胶带黏合圆锥模板的整个半径,大圆锥和小圆锥的胶带长度比是多少?为了保持 4 : 1 的重量比,你应该如何运用胶带?

题 4.16　越来越大的圆锥

进一步检验标度关系 $v \propto r^0$(最终速度与尺寸无关),将小圆锥的模板放大 4 倍后制作一个巨型圆锥。然后将小圆锥,大圆锥和巨型圆锥进行比较。

题 4.17　四个圆锥和一个圆锥

利用 3.5.2 节的圆锥模板(放大 200%)制作五个小圆锥。然后将其中四个圆锥叠在一起构成一个重的小圆锥。则四个叠在一起的圆锥下降时比单个小圆锥会快多少?给出最终速度比

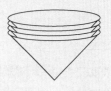

$$\frac{v_{四个圆锥}}{v_{一个圆锥}}, \qquad (4.48)$$

然后通过实验验证你的结果。

4.3.2　一架 747 的燃料消耗

在 3.5.4 节，我们估算了汽车的燃料消耗。在下一个例子中，我们来估算一架波音 747 大型喷气式飞机的燃料消耗。我们不打算只是将汽车的参数改成飞机的参数来重复在 3.5.4 节使用过的对汽车的估算方式——这是一种硬算的方式——我们将再次使用汽车的估算方法但辅之以正比分析方法。

飞机使用燃料来产生能量以抵抗阻力并产生升力。但是，对于目前的估算，先忽略升力。以飞机的巡航速度，升力和阻力是相当的（我们将在 4.6 节证明）。忽略升力实际上仅仅略去了一个 2 倍的因子，因为升力加阻力是升力的 2 倍，这使我们可以在不考虑升力的情况下有个合理的估算。分而治之法的精髓是：不要一口吞下所有的复杂性！

克服阻力的能量消耗正比于阻力：

$$E \propto \rho_{空气} A_{CS} v^2. \tag{4.49}$$

这个标度关系是下面飞机和汽车之间的对比的缩写：

$$\frac{E_{飞机}}{E_{汽车}} = \frac{\rho_{空气}^{巡航高度}}{\rho_{空气}^{海平面}} \times \frac{A_{CS}^{飞机}}{A_{CS}^{汽车}} \times \left(\frac{v_{飞机}}{v_{汽车}}\right)^2. \tag{4.50}$$

于是，能量消耗的比分解为对三个比值的估算。

▶ **什么是对三个比值的合理的估算？**

1. 空气密度。飞机的巡航高度通常是 35 000 英尺或 10 000 米，比珠穆朗玛峰稍微高一点。在这个高度，登山者需要氧气瓶，所以空气和氧气密度要显著低于海平面。（一旦学过团块化的分析工具后，你就能给出这个密度——见题 6.36。）因此密度比大约就是 3：

$$\frac{\rho_{空气}^{巡航高度}}{\rho_{空气}^{海平面}} \approx \frac{1}{3}. \tag{4.51}$$

较稀薄的空气让飞机赢得了 3 倍的燃料效率。

2. 截面积。为了估算飞机的截面积,我们需要估算机身的宽度和高度。机翼是非常好的流线型,所以对阻力的贡献可以忽略。在估算长度的时候,我们来制作一人身长的测量棒(我们的单位)。使用这个测量棒有两个好处。首先,这个测量棒让我们更容易有直观的图像,因

截面积

为我们对自己的身长有直观的感受。其次,我们要测量的长度只是数倍于人的身长。这个量的数值部分(比如,1.5 身长中的 1.5)是一个和 1 相近的数字,因此容易刻画。作为一个经验法则,1/3 到 3 之间的值容易刻画,直觉容易感知,因为我们大脑中的数字硬件对 1,2,3 这些量的感知是精确的。所以我们应该使用我们的身长测量棒。

在用身长测量棒去测量机身宽度时,我想起了过去常常乘飞机旅行的惬意时光。作为一个孩子,我会在飞机客舱后部找到三个相邻的空座位并在整个航程中睡觉(这是为什么我父母坚持说带小孩子旅行是轻松的)。大型喷气式飞机通常是三个或四个这样的座位连成一组——可以叫作三个身长——截面差不多是圆形的。一个圆差不多相当于正方形,所以截面积大约就是 10 个身长^2:

$$（3 身长）^2 \approx 10（身长）^2. \tag{4.52}$$

尽管我们可能会担心在估算中使用了过多的近似,但我们还是应该这么做下去——这样可以给我们一个粗略但可用的数值,并使我们可以继续取得进展。我们的目标是今天就能吃的果酱,而不是明天的美味果酱!

现在我们来估算汽车的截面积。用标准单位,按照我们在 3.5.4 节估算的,这大约是 3 米^2。但现在让我们来使用身长测量棒。根据夜间在车内的活动,你可能已经体会到,车内不太舒适,差不多就是一个身长。汽车的截面积大约就是其平方,所以截面积粗略地为 1 个身长^2。

汽车截面积

题 4.18　比较截面积

1 个身长^2 和 3 米^2 符合得有多好?

截面积的比值差不多是 10；因此飞机较大的截面积在燃料效率上要多消耗 10 倍。

3. 速度。坐飞机而不开车的理由就是飞机旅行比开车要快得多。飞机几乎是以声速飞行：1 000 千米/小时或 600 英里/小时。一辆汽车的速度在 100 千米/小时或 60 英里/小时上下。速度之比大约是 10，所以

$$\left(\frac{v_{飞机}}{v_{汽车}}\right)^2 \approx 100. \tag{4.53}$$

飞机较大的速度在燃料效率上要多消耗大约 100 倍。

现在我们可以将三个估算的比值合在一起来估算能量消耗的比值：

$$\frac{E_{飞机}}{E_{汽车}} \sim \underbrace{\frac{1}{3}}_{密度} \times \underbrace{10}_{面积} \times \underbrace{100}_{(速度)^2} \approx 300. \tag{4.54}$$

飞机的燃料效率比汽车要低差不多 300 倍——对任何想坐飞机旅行的人来说都是可怕的消息！

▶ 你应该从此不再坐飞机吗？

我们的良心会觉得飞机是节能的，因为飞机大约有 300 名乘客，而一辆汽车通常只能载一个人上下班。因此，考虑到个人，一架飞机和一辆汽车的燃料效率就相近了：按照我们在 3.5.4 节估算的，汽车的燃料效率为 30 乘客·英里/加仑。

按照波音公司关于 747 - 400 型号的技术数据，飞机最大航程为 13 450 千米，油箱可装 216 840 升燃油，搭载 416 名乘客。这些数据相当于 4 升/(100 乘客·千米) 的燃料消耗：

$$\frac{216\,840\,\text{L}}{13\,450\,\text{km}} \times \frac{1}{416\,乘客} \approx \frac{4\,\text{L}}{100\,乘客\cdot\text{km}}. \tag{4.55}$$

如果考虑到这是比完整的流体动力学分析更为简单的方法，我们用正比分析估算的 4 升/(100 乘客·千米) 的结果是相当合理的。

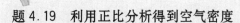

题4.19　利用正比分析得到空气密度

对你自己最高的游泳和骑车速度做个粗略的估算,或使用这个记录,5 千米游泳费时 56∶16.6(将近 1 个小时)。由此解释为什么水的密度差不多是空气密度的 1 000 倍。为什么基于骑车的估算要比基于跑步速度的估算更精确?

题4.20　雨滴的速度与尺寸

雨滴的最终速度是如何取决于其半径的?

题4.21　从燃料成本估算机票价格

估算长途飞行的燃料成本——比如,伦敦到波士顿,伦敦到开普敦,或者洛杉矶到悉尼。燃料成本和机票价格相比如何?(民航飞机并不会支付通常机动车需要支付的许多燃油税,所以飞机的燃料成本要比机动车的燃料成本低。)

题4.22　骑行的相对燃料效率

估算一个依靠花生奶油提供能量并以较低速度(比如说,10 米/秒或 20 英里/小时)骑行的骑行者相对汽车的燃料效率。将你的结果和题 3.34 的估算相比较。

4.4　数学中的标度指数

到目前为止我们的标度关系都是有关物理量的。但正比分析在数学中也能赐予我们以直觉。一个典型的例子就是生日悖论。

> ▶ 一个房间里必须有多少人才能使两个人有相同生日(比如,两个人都出生于 7 月 18 日)的概率至少有 50%?

几乎所有人,包括我,都会这样推理:一年有 365 天,我们需要 365 的

50%，即 183 人。让我们来验证一下这个猜想。至少两人生日相同的实际概率为：

$$1-\left(1-\frac{1}{365}\right)\left(1-\frac{2}{365}\right)\left(1-\frac{3}{365}\right)\cdots\left(1-\frac{n-1}{365}\right). \quad (4.56)$$

（可参见参考文献[19]和[20]，或尝试题 4.23。）对 $n=183$，概率为 $1-4.8\times10^{-25}$，几乎就是 1。

题 4.23　解释至少两人生日相同的概率

解释至少两人生日相同的概率公式：乘式之前的 $1-$ 是出于什么理由？为什么乘式中的每个因子都有 $1-$？为什么最后一个因子是 $(n-1)/365$ 而不是 $n/365$？

为了使这个高得令人惊讶的概率看起来合情合理，我让 183 个模拟对象具有随机的生日。结果两人生日相同的有 14 天，3 人生日相同的有 3 天。按照这个模拟和严格计算，一开始猜测的似乎合理的 183 人远远高出实际结果。这个令人惊讶的结果称为生日悖论。

尽管我们可以用严格的概率算出生日相同概率大于 50% 的临界人数，我们还是想知道为什么：为什么直观的讨论结果 $n\approx0.5\times365$ 错得如此离谱？对这个问题的洞察来自标度分析。

▶ **n 大约为多少时生日相同的概率超过 50%？**

一个图像常常帮助我把一个问题翻译成数学。假设一个房间里的许多人通过互相握手来问候其他所有人，每次握一次手，并通过每次握手来确定彼此是否生日相同。

▶ **一共握多少次手？**

每个人都与另外 $n-1$ 个人握手，共有 $n(n-1)$ 个箭头将所有人两两相连。但每次握手是两个人所共有。为了避免每次握手计数 2 次，我们需要将 $n(n-1)$ 除以 2。因此，共有 $n(n-1)/2$ 或大约 $n^2/2$ 次握手。

365 个可能的生日，每次握手生日相同的概率为 $1/365$。一共 $n^2/2$ 次握手，则任意两个人都没有相同生日的概率近似为

$$\left(1-\frac{1}{365}\right)^{n^2/2}.\tag{4.57}$$

为了对这个概率作近似，取自然对数

$$\ln\left(1-\frac{1}{365}\right)^{n^2/2}=\frac{n^2}{2}\ln\left(1-\frac{1}{365}\right),\tag{4.58}$$

然后利用 $\ln(1+x)\approx x$（当 $x\ll 1$ 时）取对数近似为

$$\ln\left(1-\frac{1}{365}\right)\approx-\frac{1}{365}.\tag{4.59}$$

（你可以用计算器验证这个有用的近似公式。）利用这个近似，

$$\ln(\text{无相同生日的概率})\approx-\frac{n^2}{2}\times\frac{1}{365}.\tag{4.60}$$

当无相同生日的概率降低到 0.5 以下时，具有相同生日的概率就上升为 0.5 以上了。因此，人数足够的条件是

$$\ln(\text{无相同生日的概率})<\ln\frac{1}{2}.\tag{4.61}$$

因为 $\ln(1/2)=-\ln 2$，条件简化为

$$\frac{n^2}{2\times 365}>\ln 2.\tag{4.62}$$

利用近似 $\ln 2\approx 0.7$，临界值 n 约为 22.6：

$$n>\sqrt{\ln 2\times 2\times 365}\approx 22.6.\tag{4.63}$$

人数不能是小数，所以我们需要 23 人。的确，严格的计算给出，当 $n=23$ 时，具有相同生日的概率为 0.507！

通过标度分析，我们可以简要地解释为什么直觉的猜测会出错。因

为假设生日相同的概率 p 正比于人数 n，当 $n = 0.5 \times 365$ 时达到 $p = 0.5$。而握手的图像表明这个概率与握手次数相关，正比于 n^2。标度指数的一个简单变化造成了多大的差别啊！

题 4.24　三个人具有相同生日

将标度分析推广到 3 人生日问题：一个房间内必须要有多少人才能使三个人具有相同生日的概率大于 0.5？（精确计算结果以及各种近似，见参考文献[21]。）

题 4.25　冒泡排序的标度

排序的最简单算法——例如，按照相关度给 n 个网页排序——是冒泡排序。你重复访问要排序的序列，比较相邻的两项，如果顺序错误就将其交换。

a. 你需要访问这个序列多少次，才能保证完成排序？

b. 运行时间（排序的时间）t 正比于比较的次数。标度关系 $t \propto n^\beta$ 中的标度指数 β 是多少？

题 4.26　归并排序的标度

冒泡排序（题 4.25）容易描述，但还有另一种几乎同样容易的方法：归并排序。这是一种递归的，分而治之的算法。你将 n 个项目分成两个等量的部分（假定 n 是 2 的幂次），按照递归排序分别对两个部分排序。为了得到整个排序，只要将已经排序好的两个部分合并就行了。

a. 这里有 8 个随机产生的数的序列，98,33,34,62,31,58,61 和 15。画出树图说明对这个序列如何进行归并排序。每个内部节点对应两条线，一条表示原来的序列，一条表示排序完成的序列。

b. 运行时间 t 正比于比较操作的次数。下面标度关系中的标度指数 α 和 β 是多少？

$$t \propto n^\alpha (\log n)^\beta \tag{4.64}$$

c. 如果你是税务局官员，需要对国家内所有居民的纳税记录排序，你会使用哪种排序方法，归并排序还是冒泡排序？

题 4.27 标准乘法运算的标度

对于 n 位数乘法,按标准计算方式,所用时间 $t \propto n^\beta$,求标度因子 β。

题 4.28 卡拉祖巴(Karatsuba)乘法的标度

用于两个 n 位数相乘的卡拉祖巴算法,是卡拉祖巴* 在 1960 年[22] 提出并在 1962 年[23] 发表的,这是几个世纪以来乘法理论的第一个发展。与归并排序类似,你首先将每个数分解为相同长度的两半。例如,你可以将 2 743 分解为 27 和 43。反复运用卡拉祖巴乘法,你可以用这些半个数巧妙构造三个乘积,然后将这三个乘积合并成原来的乘积。数的分解一旦到计算机硬件能力(典型地,32 位或 64 位)足以进行计算时就停止。

重复很多次的硬件乘法是昂贵的一步,所以运行时间 t 正比于硬件乘法的次数。找出 $t \propto n^\beta$ 中的标度指数 β。(你将发现一个在物理的标度关系中不会出现的标度指数,即无理数。)这个 β 与中学算术乘法中的指数相比如何(题 4.27)?

4.5 二维中的对数标度

对于理解物理和数学世界非常有帮助的标度关系,在使用对数标度时可以被自然地表示出来,这种表示我们在 3.1.3 节已经介绍过,其中间隔对应的是比例而不是差。

作为例子,这是距离行星中心 r 处的引力场强度 g。在行星外部,$g \propto r^{-2}$(引力的平方反

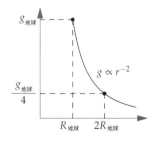

---

* 俄罗斯数学家。卡拉祖巴乘法是其提出的一种用于两个大数相乘的快速算法。——译者注

比定律）。在线性的坐标轴上，g 关于 r 的图形看起来是条曲线，类似双曲线。但其准确的形状难以确定；这个图形并没有使 g 和 r 的关系变得显然。例如，让我们来尝试下我们偏爱的标度分析：当 r 加倍，比如说，从 $R_{\text{地球}}$ 到 $2R_{\text{地球}}$，重力加速度从 $g_{\text{地球}}$ 下降到 $g_{\text{地球}}/4$。图上显示 $g(2R)$ 要比 $g(R)$ 小；不幸的是，很难从这些点或曲线得出标度关系。

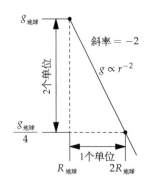

但是，对 g 和 r 都使用对数标度的话——称为对数-对数坐标轴——就会使关系变得清晰。让我们再次来看看当 r 加倍，则重力加速度下降到 $1/4$。将对数坐标轴上相差 2 倍的间隔称为一个单位。r 增大 2 倍对应向右移动 1 个单位。而 g 减少了 4 倍对应向下移动 2 个单位。因此，g 关于 r 的图形是直线——其斜率为 -2。使用对数标度，标度关系变成直线，其斜率就是标度指数。

题 4.29　画出引力场强度图形

按照题 4.13 想象一个半径为 R 的均匀球状行星。用对数-对数坐标，画出引力场强度 g 关于 r 的图形，r 是到行星中心的距离。包括区域 $r<R$ 和 $r\geqslant R$。

许多自然过程常常因为尚不清楚的原因而满足标度关系。一个典型的例子是齐普夫（Zipf）* 定律。用最简单的形式，这个定律说的是在一种语言中第 k 个最常见的单词出现的频率正比于 $1/k$。表格给出了三个最常见的英语单词出现的频率。对英语而言，齐普夫定律直到 $k\sim 1\,000$ 都很灵。

---

　　* 语言学家。齐普夫定律广泛应用于语言学、信息学、经济学、社会学等领域。——译者注

单　词	排　序	频　率
the	1	7.0%
of	2	3.5
and	3	2.9

　　齐普夫定律对于估算很有用。例如，假定你需要估算美国最小的州（题 4.30）：特拉华州的政府预算。其中关键的一步在于估算人口。特拉华州可能是最小的州，至少从面积上来说是这样，很可能在人口上几乎也是最小的。为了利用齐普夫定律，我们需要人口最多的州的数据。而这个信息我恰好记得（有关最大项目的信息常常比最小的更容易记住）：人口最多的州是加利福尼亚，具有大约 4 000 万人口。因为美国共有 50 个州，齐普夫定律指出，最小的州将具有加州的 1/50 的人口，或大约 100 万人口。这个估算与特拉华州的实际人口 917 000 非常接近。

> **题 4.30　特拉华州的政府预算**
>
> 　　根据特拉华州的人口，估算政府的年度预算。然后查阅数据来验证你的估算。

4.6　优化飞行速度

　　有了正比分析的技巧，让我们再回到向前飞行的能量和功率消耗问题（3.6.2 节）。在那一节的分析中，我们把飞行速度作为给定值，基于这个速度我们估算了产生升力所需要的功率。现在我们可以来估算飞行速度本身。我们将考虑使能量消耗达到最小的速度。

4.6.1　找出优化速度

　　飞行需要产生升力并抵抗阻力。为了得到最优飞行速度，我们需要

估算每个过程的能量消耗。升力是 3.6.2 节的主题，在那里我们已经估算了所需的功率为

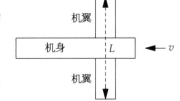

$$P_{升力} \sim \frac{(mg)^2}{\rho_{空气} v L^2}. \qquad (4.65)$$

其中 m 是飞机质量，v 是向前速度，L 是翼展。飞行一段距离 d 所需的能量即为这个功率乘以飞行时间 d/v：

$$E_{升力} = P_{升力} \frac{d}{v} \sim \frac{(mg)^2 d}{\rho_{空气} v^2 L^2}. \qquad (4.66)$$

克服阻力的能量消耗为阻力乘以距离。而阻力为

$$F_{阻力} = \frac{1}{2} c_d \rho_{空气} v^2 A_{CS}, \qquad (4.67)$$

其中 c_d 是阻力系数。为了简化升力和阻力所需能量的比较，我们将阻力写成

$$F_{阻力} = C \rho_{空气} v^2 L^2, \qquad (4.68)$$

其中 C 是修正的阻力系数：不使用通常的组合形式 $c_d/2$ 前的 $1/2$，并且是根据 L^2 而不是截面积 A_{CS} 来衡量的值。

▶ 对一架 747 飞机，c_d 或 C 哪个阻力系数更小？

阻力可以写成两种等价的形式

$$F_{阻力} = \rho_{空气} v^2 \times \begin{cases} CL^2 \\ \dfrac{1}{2} c_d A_{CS} \end{cases}. \qquad (4.69)$$

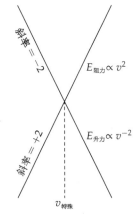

于是，$CL^2 = c_d A_{CS}/2$。对于飞机，翼展平方 L^2 要比截面积大得多，所以 C 要比 c_d 小得多。

利用 $F_{阻力}$ 的新形式，阻力消耗的能量为

$$E_{阻力} = C \rho_{空气} v^2 L^2 d. \qquad (4.70)$$

飞行所需要的总能量为

$$E_{总} \sim \underbrace{\frac{(mg)^2}{\rho_{空气} v^2 L^2} d}_{E_{升力}} + \underbrace{C \rho_{空气} v^2 L^2 d}_{E_{阻力}}. \qquad (4.71)$$

这个公式由于包含了许多参数如 m，g，L 和 $\rho_{空气}$，看起来有点令人生畏。因为我们的兴趣是飞行速度（目的是得到总能量），我们来利用正比分析方法找出能量的本质关系：$E_{阻力} \propto v^2$ 及 $E_{升力} \propto v^{-2}$。用对数-对数坐标，每个关系都是直线且斜率对阻力是 $+2$ 而对升力是 -2。因为这些关系具有不同的斜率，对应了不同的标度指数，它们的图形一定相交。

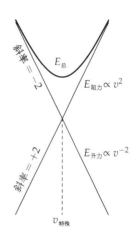

为了解释交点，我们来画出总能量 $E_{总} = E_{阻力} + E_{升力}$。 速度较低时，能量消耗主要是由于升力——因为其对 v^{-2} 的依赖关系，所以 $E_{总}$ 的图形接近 $E_{升力}$。 当速度较大时，能量的消耗主要是由于阻力——因为其对 v^2 的依赖关系，因此 $E_{总}$ 的图形接近 $E_{阻力}$。 在两种极端情况之间，是可以最小化能量消耗的最优速度。〔因为坐标是对数的，而 $\log(a+b) \neq \log a + \log b$，两条直线的和不是直线！〕这个最优速度，记为 $v_{特殊}$，正是 $E_{阻力}$ 和 $E_{升力}$ 交叉的速度。

▶ **为什么最优速度正好是交叉点的速度，而不是比交叉点速度高或低的速度？**

这就是对称性！尝试题 4.31 然后再重温 3.2.3 节，在那一节我们没用对数-对数坐标来最小化 $E_{总}$。

比最优速度飞得更快或更慢意味着消耗更多的能量。额外的能量消耗并不是总能避免的。设计飞机的时候总是会将它的巡航速度设为能耗最小的速度。在起飞和降落时，当飞行速度远低于能耗最小速度时，飞机需要做更多的功以保持悬浮在空中，这也是起飞和降落时引擎声如此巨大的原因（另一个原因是引擎的噪声通过地面又反射回飞机）。

当飞机以能耗最小速度飞行时，最优化条件可以让我们把速度 v 从总能量中除去。正如在图中所见，在能耗最小速度，阻力和升力的能量相等：

$$\underbrace{\frac{(mg)^2 d}{\rho_{空气} v^2 L^2}}_{E_{升力}} \sim \underbrace{C\rho_{空气} v^2 L^2 d}_{E_{阻力}} \tag{4.72}$$

或将 mg 解出（很高兴看到 d 被消掉了），

$$mg \sim \sqrt{C}\rho_{空气} v^2 L^2. \tag{4.73}$$

现在我们可以将 v 明确解出（你可以解出后在题 4.35 和题 4.36 中使用这个结果）。但是，我们现在感兴趣的是总能量，而不是速度本身。为了在不算出速度的情况下得到能量，注意到在 mg 的方程右边有一个可重复的概念，一种抽象——否则看起来有点杂乱。

也就是说，这些杂乱的东西包括 $\rho_{空气} v^2 L^2$，其实就是 $F_{阻力}/C$。因此，当飞机以能耗最小速度飞行时，有

$$mg \sim \sqrt{C}\,\frac{F_{阻力}}{C}. \tag{4.74}$$

所以

$$F_{阻力} \sim \sqrt{C}\,mg. \tag{4.75}$$

归功于我们的抽象以及所有相关的近似，我们学到了一个阻力和飞机重量之间令人惊讶的简单关系，二者通过修正的阻力系数的平方根联系在一起。

阻力产生的能量消耗——以相差不到 2 倍的估计标准，这也是总能量——等于阻力乘以距离 d。因此，

$$E_{总} \sim \underbrace{E_{阻力}}_{F_{阻力}d} \sim \sqrt{C}\,mgd. \tag{4.76}$$

通过找到最优飞行速度，我们已经将飞行速度 v 从总能量中除去了。

> **总能量对 m，g，C 和 d 的依赖关系是合理的吗?**

是的! 首先,升力要克服重量 mg;因此,能量应该随 mg 而增加。其次,流线型的飞机(低 C)应该比直线的块状的飞机(高 C)消耗更少的能量;能量应该,实际上也确实是随着修正的阻力系数 C 而增加。最后,因为飞机以恒定速度飞行,能量消耗应该也是正比于飞行距离 d。

4.6.2　航程

从总能量,我们可以估算 747 飞机的航程——装满燃油后能飞行的最大距离。能量是 $\sqrt{C}mgd$,所以航程 d 就是

$$d \sim \frac{E_{燃料}}{\sqrt{C}mg}, \tag{4.77}$$

其中 $E_{燃料}$ 是装满油箱的燃料能量。为了估算航程,我们需要估算 $E_{燃料}$,修正的阻力系数 C,或许还要估算飞机质量 m。

> **满油箱的燃油具有多少能量?**

燃料的能量等于燃料质量乘以能量密度(按单位质量的能量)。我们来描述一下对应于飞机质量 m 的燃料质量,将其看成飞机质量的一个比例:$m_{燃料}=\beta m$。 用 $\mathscr{E}_{燃料}$ 表示燃料的能量密度,

$$E_{燃料}=\beta m \mathscr{E}_{燃料}. \tag{4.78}$$

当我们将这个表达式代入航程 d,则分子 $E_{燃料}$ 中的飞机质量 m 就和分母 $\sqrt{C}mg$ 中的 m 消去了。然后航程就简化为与质量无关的表达式

$$d \sim \frac{\beta \mathscr{E}_{燃料}}{\sqrt{C}g}. \tag{4.79}$$

关于燃料比 β,对于大航程飞行而言,合理的猜测是 $\beta \approx 0.4$:很大一部分负载是燃料。对于能量密度 $\mathscr{E}_{燃料}$,我们在 2.1 节知道,$\mathscr{E}_{燃料}$ 大约是 4×10^7

焦/千克(9 千卡/克)。这个能量是一个完美的引擎所能提取的能量。对于通常 1/4 的引擎效率，$\mathscr{E}_{燃料}$ 变成大约 10^7 焦/千克。

> ▶ **我们如何才能得到修正的阻力系数 C?**

这个估算是航程估算中最需要技巧的部分，因为需要将 C 转换为更容易获取的数据。据 747 飞机的制造商波音公司所记，747 飞机的阻力系数为 $C'\approx0.022$。正如符号带撇所表明的，C' 是另一个阻力系数。它是用机翼面积 $A_{机翼}$ 测出的，并使用了传统的 1/2：

$$F_{阻力}=\frac{1}{2}C'A_{机翼}\,\rho_{空气}\,v^2. \tag{4.80}$$

所以我们有三种阻力系数，取决于该系数对应的是截面积 A_{CS}（通常 c_d 的定义），还是机翼面积 $A_{机翼}$（波音公司 C' 的定义），或者是翼展的平方 L^2（我们对 C 的定义，这个定义也比其他定义少了因子 1/2）。

为了在这些定义之间切换，比照阻力的三种表达式：

$$F_{阻力}=\rho_{空气}v^2\times\begin{cases}\dfrac{1}{2}C'A_{机翼}（波音公司的定义）\\[2mm]CL^2（我们的定义）\\[2mm]\dfrac{1}{2}c_dA_{CS}（通常的定义）\end{cases}. \tag{4.81}$$

通过这组比照，

$$\frac{1}{2}C'A_{机翼}=CL^2=\frac{1}{2}c_dA_{CS}. \tag{4.82}$$

从 C' 到 C 因此就是

$$C=\frac{1}{2}C'\,\frac{A_{机翼}}{L^2}. \tag{4.83}$$

用 l 表示机翼从前到后的长度，则机翼面积变成 $A_{机翼}=Ll$。而面积比 $A_{机翼}/L^2$ 简化

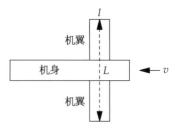

为 l/L(机翼比的倒数),阻力系数 C 简化为

$$C = \frac{1}{2}C'\frac{l}{L}. \tag{4.84}$$

对于 747 飞机,$l \approx 10$ 米,$L \approx 60$ 米,$C' \approx 0.022$,所以 $C \approx 1/600$:

$$C \sim \frac{1}{2} \times 0.022 \times \frac{10\ \text{m}}{60\ \text{m}} \approx \frac{1}{600}. \tag{4.85}$$

得到的航程大约是 10 000 千米:

$$d \sim \frac{\overbrace{0.4}^{\beta} \times \overbrace{10^7\ \text{J/kg}}^{\varepsilon_{燃料}}}{\underbrace{\sqrt{1/600}}_{\sqrt{C}} \times \underbrace{10\ \text{m/s}^2}_{g}} \approx 10^7\ \text{m} = 10^4\ \text{km}. \tag{4.86}$$

747 - 400 的实际最大航程是 13 450 千米(我们在 4.3.2 节中使用的数据):我们的近似分析精确得不可思议。

题 4.31 利用对称性以最小化的图像解释

在 3.2.3 节,我们从总能量的一般形式出发

$$E \sim \underbrace{\frac{A}{v^2}}_{E_{升力}} + \underbrace{Bv^2}_{E_{阻力}}, \tag{4.87}$$

然后通过构造下列对称操作得到了最优(能量最小)速度:

$$v \leftrightarrow \frac{\sqrt{A/B}}{v}. \tag{4.88}$$

在能量关于 v 的对数-对数函数图像中,这个对称操作的几何解释是什么?

题 4.32 功率最小的速度

我们估算了能量消耗最小的飞行速度 v_E。我们也可以来估算功率消耗最小的速度 v_P。比值 v_P/v_E 是多大?在进行严格计算之前,画出 $P_{升力}$,$P_{阻力}$ 和 $P_{升力} + P_{阻力}$(用对数-对数坐标),并将 v_P 置于 v_E

正确的一边。然后用严格计算来检验你的结果。

题 4.33 升力系数

正如我们定义的无量纲的阻力系数 c_d，对应

$$F_{阻力} = \frac{1}{2} c_d \rho_{空气} A v^2. \tag{4.89}$$

我们也可以定义一个无量纲的升力系数 c_L，对应

$$F_{升力} = \frac{1}{2} c_L \rho_{空气} A v^2, \tag{4.90}$$

其中面积 A 通常指机翼面积。（阻力和升力的公式显示了同样的结构——抽象！）对于处于巡航速度的 747 飞机，估算 c_L。

4.6.3 飞行航程与飞机尺寸

在正比分析中，我们会问，"当改变一个自变量时，某个量会怎么改变（例如，如果我们将自变量加倍）？"由于飞行物体的大小千差万别，一个正常的自变量就是尺寸。

▶ **飞机的航程是如何取决于飞机的尺寸的？**

我们假定所有飞机在几何结构上都是相似的——也就是说，它们具有相同的形状而仅仅在尺寸上不同。现在让我们来看看改变飞机的尺寸是如何改变飞机的航程的：

$$d \sim \frac{\beta \mathcal{E}_{燃料}}{\sqrt{C} g}. \tag{4.91}$$

重力加速度 g 是固定的。燃料能量密度 $\mathcal{E}_{燃料}$ 和燃料比 β 也是固定的——这再次证明了使用强度量的好处，正如我们在 4.2.4 节构造行星表面引力的标度关系时讨论的那样。最后，阻力系数 C 只跟飞机的形状有关（即

有多完美的流线型），和大小无关，所以也是常量。因此，飞机航程与飞机大小无关！

　　下一个惊喜来自飞机航程和候鸟飞行距离的对比。正比关系 $d \propto \beta \mathcal{E}_{燃料}/\sqrt{C}\,g$ 是下列比例关系的简写：

$$\frac{d_{飞机}}{d_{鸟}} = \frac{\beta_{飞机}}{\beta_{鸟}}\,\frac{\mathcal{E}_{飞机}^{燃料}}{\mathcal{E}_{鸟}^{燃料}}\left(\frac{C_{飞机}}{C_{鸟}}\right)^{-1/2}. \tag{4.92}$$

燃料比的值差不多是 1。对于飞机，$\beta \approx 0.4$；而鸟整个夏天都在吃，差不多有 40％ 的脂肪（鸟的燃料）。喷气式飞机燃料的能量密度和脂肪是类似的，引擎的效率和动物代谢率（大约 25％）也差不多。因此，能量密度的比也差不多是 1。最后，鸟具有和飞机相似的形状，所以阻力系数的比也差不多是 1。因此，飞机和脂肪储存充分的候鸟应该具有相同的最大航程，约 10 000 千米。

　　让我们来验证一下。已知动物不停顿飞行的最长距离是 11 680 千米：这是由斑尾塍鹬完成的，罗伯特·吉尔和同事利用卫星追踪的鸟从阿拉斯加不停顿地飞到新西兰[24]！

4.7　小结及进一步的问题

　　正比分析将我们的注意力集中在一个量如何决定另一个量上。（若要进一步了解，见参考文献[25]。）通过引导我们接近一个问题最重要的特征，标度指数帮助我们舍去了令人迷惑的复杂性。

题 4.34　削土豆
　　你是乐意削一个 500 克的土豆，还是 10 个 50 克的土豆，或者 5 个 100 克的土豆？利用标度关系解释你的答案。

题 4.35　巡航速度与质量
　　对于形状相似的动物（同样的形状和结构但不同的大小），动物

能耗最小飞行速度 v 如何取决于其质量 m？换言之，标度关系 $v \propto m^\beta$ 中的标度指数 β 是多少？

题4.36　巡航速度与空气密度

飞机(或鸟)的能耗最小速度 v 如何取决于 $\rho_{空气}$？换言之，标度关系 $v \propto \rho_{空气}^\gamma$ 中的标度指数 γ 是多少？

题4.37　斑尾塍鹬的速度

利用题4.35和题4.36的结果将速度比 $v_{747}/v_{斑尾塍鹬}$ 写成无量纲因子的乘积，其中 v_{747} 是波音747飞机能耗最小(巡航)速度，而 $v_{斑尾塍鹬}$ 是斑尾塍鹬能耗最小(巡航)速度。利用 $m_{斑尾塍鹬} \sim 400$ 克，估算斑尾塍鹬的巡航速度。将你的结果与罗伯特·吉尔和同事研究的创纪录的斑尾塍鹬平均速度[24]相比较，这个速度使斑尾塍鹬用8.1天完成了 11 680 千米的旅程。

题4.38　房子和茶杯的热阻

我们在构造低通电路和热滤波之间的类比时(2.4.5节)——不论 RC 电路，茶杯，或者房子——引入了热阻 $R_热$ 这一抽象。在本题中，你估算一下热阻的比 $R_热^{房子}/R_热^{茶杯}$。

墙壁要比茶杯壁厚。像电阻一样，热阻抗正比于热阻的长度，房子较厚的墙增大了热阻。但是，房子较大的表面积就像有很多电阻并联一样又降低了房子的热阻。估算这两种效应的规模并给出两种热阻的比。

题4.39　一般的生日问题

将题4.24的分析推广到 k 个人具有相同生日的问题。

题4.40　家蝇的飞行

估算一只普通家蝇(约12毫克)悬停时所需的功率。根据日常生活经验，估算其典型的飞行速度。以此速度飞行时，比较向前飞行和悬停所需的功率。

第5章

量 纲

洛杉矶在 1906 年的降水量是 540 毫米（含雨、雪、雨夹雪和冰雹带来的降水）。

> ▶ **这样的降雨量是大还是小呢？**

一方面，540 是一个大数字，所以我们可以说降雨量是大的。从另一方面来说，降雨量也可以表述为 0.000 54 千米，而 0.000 54 是一个小数字，所以我们可以说降雨量又是小的。这两个论点互相矛盾，所以至少有一个必定是错误的。而在这里，这两个论点都是无意义的。

一个有效的论点通常出自一组有意义的比较——举例来说，将每年 540 毫米的降雨量和世界平均降雨量（我们在 3.4.3 节中已预测其为 1 米/年）进行比较。在这组比较中，1906 年的洛杉矶是干旱少雨的。而另一组有意义的比较则是将 1906 年的洛杉矶降雨量和洛杉矶的平均年降雨量（大概每年 350 毫米）相比较。这样一比较，1906 年却是洛杉矶雨水相对充沛的年份。

在无意义的论点中，改变单位长度就能改变比较的结果。相较而言，有意义的比较是独立于单位制的：无论我们选择哪种长度或时间作为单位，降雨量的比都不会改变。用对称性的观点（我们在第 3 章研究过）来看，改变单位是一种对称操作，而有意义的比较是不变量。而不变量之所以被称为不变量，是因为它们没有量纲。每当有变化发生时，就去寻找那些不变的部分，即只进行无量纲的比较。

这个准则对于避免产生无意义论点来说是不可或缺的；但是，仅凭这个论点还不够。为了说明它的不足之处，让我们先将降水量和地球的轨道速度进行比较。这两个量都有速度的量纲，所以它们的比不随单位而变。然而，如果为了判断洛杉矶是潮湿还是干旱而比较它的降雨量和地球轨道速度，这本身无疑就是无意义的。

在之前的比较中，我们可以得到这样一个教训：一个含有量纲的量，就它自身而言是无意义的。只有当它和一个有着相同量纲的相关量进行比较的时候，它才获得意义。这个原则强调了我们接下来要用到的工具：量纲分析。

题 5.1 装满书的箱子很重

在题 1.1 中，你已经估算了一个装满书的、可移动的小箱子的质量。现在改变你的估算方式：你将使用一个中等的、体积大概是 0.1 米^3 的可移动的箱子。你能想出一个比较方式（有意义的比较方式！）来使人们相信这个箱子的质量很大吗？

题 5.2 使能源消耗这个量有意义

美国每年的能源消耗大概是 10^{20} 焦。想出两种比较方式来使这个量有意义。（你可以寻找你需要的任何量来进行估算，但是不能使用能源消耗这个量本身！）

题 5.3 使太阳能功率这个量有意义

在题 3.31 中，你应该已经发现入射到地球的太阳总功率大概是 10^{17} 瓦。想出一个比较方式使得这个量有意义。

题 5.4 大脑的能量消耗

人脑的消耗大约是 20 瓦，它的质量大约是 1～2 千克。

a. 通过估算大脑能量消耗在人体能耗中的占比来使大脑能耗这个量有意义。

$$\frac{脑力}{基础代谢} \tag{5.1}$$

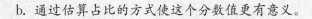

b. 通过估算占比的方式使这个分数值更有意义。

$$\frac{\text{大脑消耗在整个人体消耗中的占比}}{\text{大脑质量在人体总质量的占比}} \tag{5.2}$$

题 5.5　使石油进口量有意义

在 1.4 节中,我们估算出美国每年的石油进口量大概是 3×10^9 桶。这个量需要一种比较来使它有意义。作为一种可能性,我们来估算这个比:

$$\frac{\text{进口石油的成本}}{\text{美国为了“保护”富石油产区的军事开支}}. \tag{5.3}$$

如果这个比值小于 1,试想为什么美国政府不去取消那些军事预算从而用这些省下来的支出为美国消费者提供免费的进口石油呢。

题 5.6　使一节 9 伏电池里的能量有意义

对于一节 9 伏电池里的能量,用你在题 1.11 里的估算值来估算以下比值:

$$\frac{\text{电池的内能}}{\text{电池的成本}}, \tag{5.4}$$

将以上比值与从墙上插座取电时的类似比值进行比较。

5.1　无 量 纲 量

因为无量纲的量都是有意义的量,所以用无量纲量来描述世界能够使我们更好地了解世界。而首先我们需要找到这些无量纲量。

5.1.1　寻找无量纲量

为了说明寻找无量纲量的过程,让我们先试着以一个常见物理现象为例。当我们学习一个新概念时，将它套用在一个常见例子上将会对我们的理解十分有益。我们发现，列车在曲线轨道上运行时会产生向心加速度。加速度越大，轨道或者列车倾斜的程度就会越大，从而使乘客们不会感觉到不舒适并且（如果轨道倾斜程度不是太大的话）列车不会侧翻。

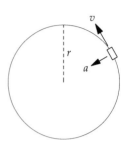

我们的目标是研究出列车的加速度 a，速度 v 和列车的曲率半径 r 之间的关系。以我们现在的知识水平，这个关系可以是任何一种情况。以下是一些可能的关系式：

$$\frac{a+v^2}{r}=\frac{v^3}{a}; \qquad \frac{r+a^2}{v}=\frac{a^2}{v+r}; \qquad \frac{v}{ra+v^3}=\frac{a+v}{r^2}.$$

(5.5)

虽然这些可能的关系都是错的，但是在可能关系式的浩瀚海洋中，总有一种关系是正确的。为了寻找能使这茫茫大海缩成小水滴的限制条件，首先我们应该发散思维，并且将所有的选择可能性浓缩在一个通式里：

$$\underbrace{\boxed{\text{函数}A}}_{a,v\text{和}r\text{的某个函数}} = \underbrace{\diamond\text{函数}B\diamond}_{a,v\text{和}r\text{的另一个函数}}.$$

(5.6)

尽管函数 A 和函数 B 可能是复杂的函数，但是它们一定有着相同的量纲。将式子左右两边同除 B 项，我们可以得到一个更简单的式子：

$$\frac{\boxed{\text{函数}A}}{\diamond\text{函数}B\diamond} = 1.$$

(5.7)

现在式子两边都是无量纲的。因此，无论 a，v 和 r 之间的关系是什么，我们都可以用无量纲形式来表示它。

上面的处理方式并不局限于这一个问题。在任何有效方程中,所有项都具有相同的量纲。举例来说,以下是弹簧-质点系统中的总能量公式:

$$E_{总} = \frac{1}{2}mv^2 + \frac{1}{2}kx^2. \tag{5.8}$$

动能项($mv^2/2$)和势能项($kx^2/2$)有着相同的量纲。两边同除其中一项的方式能够使任何一个方程转化为一个无量纲方程。最终,任何方程都可以写成无量纲形式。因为无量纲的形式只占了所有可能形式中的一小部分,所以这个限制为我们大大降低了问题的复杂度。

为了利用这一简化带来的好处,我们必须简洁地对所有这种形式作出概括性的描述:任何无量纲形式都可以通过无量纲量的构造而得到。一个无量纲量包含一些量的幂次,使其乘积不再有量纲。在我们的例子中,我们的量是 a,v 和 r,而任何一个无量纲量 G 都具有以下形式:

$$G \equiv a^x v^y r^z, \tag{5.9}$$

其中 G 没有量纲,指数 x,y 和 z 都是实数(可能是负数或 0)。

任何用来描述世界的方程都可以写成无量纲形式,而任何无量纲形式都可以用无量纲量来表述,因此任何用来描述世界的方程都可以用无量纲量来表述。

▶ **这个认知是可喜的,但是我们该如何寻找这些无量纲量呢?**

首先要做的是根据关于量的描述和它们的量纲将这些量列成表。按照惯例,这些量的量纲用大写字母来表示。可能用到的量纲有长度(L)、质量(M)和时间(T)。举例来说,v 的量纲是单位时间的长度,或者更简洁地描述为,LT^{-1}。

a	LT^{-2}	加速度
v	LT^{-1}	速度
r	L	半径

接着,让我们仔细观察所得的表,我们可以找出所有可能的无量纲量。每个无量纲量都不包含长度量纲、质量量纲或者时间量纲。在我们的例子中,让我们先去掉时间量纲。时间量纲以 T^{-2} 的形式出现在 a 中,以 T^{-1} 的形式出现在 v 中。基于此,任何无量纲量的组合都必须包含 a/v^2。这个商仍含有 L^{-1} 这个量纲。为了使其无量纲,再乘仅有的只包含一个长度量纲 L 的物理量,即半径 r。最终结果 ar/v^2,就是一个无量纲量。写成 $a^x v^y r^z$ 的形式,就是 $a^1 v^{-2} r^1$。

▶ **还有别的无量纲量吗?**　

为了去掉时间量纲,我们从 a/v^2 出发,然后不可避免地得到无量纲量 ar/v^2。为了寻找其他的无量纲量,我们必须要选择另一个出发点。然而,仅有的能去除时间量纲的出发点都是 a/v^2 的幂次——比如 v^2/a 或者 a^2/v^4——无论选择这些中的哪一个,最后得到的结果都是 ar/v^2 的相应幂次。因此,任何无量纲量都可以由组合 ar/v^2 构成。我们的三个物理量 a、r 和 v 正好构造出了一个独立的无量纲量。

结果是,任何有关向心加速度的陈述都可以仅用 ar/v^2 来表述。所有仅用 ar/v^2 来表述的、无量纲的关系都有一个一般形式:

$$\frac{ar}{v^2} = 无量纲常量, \tag{5.10}$$

因为在等式右边没有其他独立的无量纲量来匹配。

▶ **为什么等式右边不能用 ar/v^2 呢?**　

我们可以这样做,但不会得到新的东西。举例来说,我们来试一下以下这个无量纲等式:

$$\frac{ar}{v^2} = 3\left(\frac{ar}{v^2}\right) - 1. \tag{5.11}$$

这个方程的解是 $ar/v^2 = 1/2$,也就是我们已得到的一般形式:

$$\frac{ar}{v^2} = \text{无量纲常量} \qquad\qquad (5.12)$$

的一个特殊情况。

▶ **但是如果我们使用一个更加复杂的函数呢?**   🔍

让我们来尝试一种情况

$$\frac{ar}{v^2} = \left(\frac{ar}{v^2}\right)^2 - 1. \qquad\qquad (5.13)$$

这个式子的解是:

$$\frac{ar}{v^2} = \begin{cases} \phi, \\ -1/\phi, \end{cases} \qquad\qquad (5.14)$$

其中 ϕ 是黄金分割比例(1.618…)。在这些解中进行筛选就需要附加说明和条件,比如加速度的符号约定。即便如此,每一种解,也只不过是我们之前得到的一般形式

$$\frac{ar}{v^2} = \text{无量纲常量} \qquad\qquad (5.15)$$

的某一种情况而已。如果用上面这个式子,火车的加速度就是

$$a \sim \frac{v^2}{r}, \qquad\qquad (5.16)$$

上式中"$\sim$"包含了(未知的)无量纲常量。在这种情况下,无量纲常量就是 1。但是量纲分析这个过程本身,并没有告诉我们这条信息——它来自进一步使用微积分的分析。

使用式子 $a \sim v^2/r$,我们能估算出一列火车过弯道时的向心加速度。请想象一列普通高速列车正以 $v \approx 60$ 米/秒(大约每小时 220 千米或者 135 英里)的速度行驶。在以此速度行驶的情况下,轨道工程师制定铁轨的曲率半径至少应为 2 或 3 千米。如果用较小的曲率半径,那么向心加速度就是

$$a \sim \frac{(60 \text{ m/s})^2}{2 \times 10^3 \text{ m}} = 1.8 \text{ m/s}^2. \tag{5.17}$$

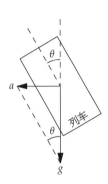

由于没有一个有量纲的量能就其本身看出大小，所以这个加速度本身是没有意义的。当它和一个相关的加速度进行比较时它就被赋予意义：重力加速度 g。对于这列列车来说，无量纲比值 a/g 大约是 0.18。这个比值也可以表示成 $\tan\theta$，其中的 θ 是指列车能使乘客感受到的合力相对于竖直方向的倾斜角度。$a/g \approx 0.18$ 时，令乘客感到舒适的倾斜度大约是 $10°$。实际上，列车的倾斜度可以达到 $8°$。（这个范围通常已经足够了，达到最大的倾斜反而会让乘客感到安定：乘客虽然会看到一个倾斜的地面，但是同时他们会感到重力仍然像在正常情况下一样沿着他们的脊椎轴线作用在其身上。）

使用向心加速度的公式，我们也可以估算最大步行速度。在步行的过程中，一只脚始终和地面接触。用一个粗略的模型来看，整个人体可以看成一个处于其质心（CM）的、绕着和地面接触的脚摆动的质点——就好像人体是一个倒立的钟摆一样。如果你以速度 v 行走，而且你的腿长是 l，那么你的最终向心加速度（对于脚来说的加速度）就是

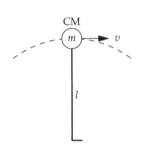

v^2/l。如果你走得够快以致加速度超过了 g，那么引力就不能提供足够的加速度。

当 $v \sim \sqrt{gl}$ 时，这个变化就会发生。接着你的脚离开地面，走路就变成跑步。因此，跑步时的速度就取决于无量纲比值 v^2/gl。这个比值同时也决定了汽艇和水波的速度（题 5.15），被称为弗劳德数（Froude number），简称为 Fr。

这里有三种方式来检验钟摆式走路模型是否合理。

首先，所得的公式

$$v_{\max} \sim \sqrt{gl} \tag{5.18}$$

阐释了为什么高个子长腿的人普遍地比长得较矮的人走得快。

其次，它估测出一个合理的最大步行速度。当腿的长度 $l \sim 1$ 米时，步行速度最大是 3 米/秒或者 7 英里/小时：

$$v_{\max} \sim \sqrt{10 \text{ m/s}^2 \times 1 \text{ m}} \approx 3 \text{ m/s}. \tag{5.19}$$

这个估测和创世界纪录的竞走速度是一致的，竞走的要求是当前脚跟碰到地面时后脚趾才能离开地面。女子 20 千米竞走的世界纪录是 1 小时 24 分 50 秒，男子 20 千米竞走的世界纪录是 1 小时 17 分 16 秒。速度分别是 3.9 米/秒和 4.3 米/秒。

最后的测试方法是和步态有关的。在一项有趣的实验里，罗杰·克拉姆和他的同事们降低了有效重力加速度 g[26]。有效 g 的减少改变了由行走到跑步的转变速度，但是这个速度仍然满足 $v^2/gl \sim 0.5$。这个宇宙只关注无量纲量！

从对无量纲分析的介绍中还能看出，每个无量纲量都是一个抽象。比如，ar/v^2 告诉我们，宇宙通过 ar/v^2 这个组合而与 a，r 或者 v 相关。我们可以通过树图来描述这个关系（边上的标签 -2 指的是 v^{-2} 中的指数）。因

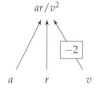

为这里只有一个独立的无量纲量，所以宇宙就只关注 ar/v^2。宇宙对 a，r 和 v 这些量的关注仅仅是通过这些量的组合 ar/v^2 来实现的。这种不需要考虑个别量的自由使我们对这个世界的描绘得以简化。

5.1.2 无量纲量的计数

得到向心加速度需要找到所有可能的无量纲量，我们还证明了所有的无量纲量都能由一个组合得到——比如，ar/v^2。这个分析带来了一连串的约束条件：为了去掉时间量纲，无量纲量必须包含 a/v^2 这个商；为了去掉长度量纲，就必须使这个商和 r 的相应幂次相乘。

▶ **对每个问题，为了得出无量纲量的数量，我们是否都必须构造出一个相似的分析链呢？**

通过这些约束条件确实有助于找到无量纲量，但是要想知道有多少

独立的无量纲量也是有捷径的。独立的无量纲量的个数,大致等于量的个数减去量纲的个数。之后还会有更加精确的表述,但是这个说法也足以开始我们的研究了。

让我们用加速度的例子来检验一下这个理论。现在有三个量:a、v 和 r,有两个量纲:长度(L)和时间(T)。那就应该有——事实上也确实有一个独立的无量纲量。

W	MLT^{-2}	重量
m	M	质量
g	LT^{-2}	加速度

让我们再用一个熟悉的物理公式来检验一下我们刚才的理论:$W = mg$。这个公式里 W 是一个物体的重量,m 是物体的质量,g 是重力加速度。式子中共有 W, m 和 g 这三个量,分别由 M,L 和 T 这三个量纲构成。我们的捷径所给出的预测是根本没有无量纲量。然而,W/mg 是无量纲的,这就与我们的分析相矛盾!

► **哪里出错了呢?**

尽管这三个量表面上包含了三个量纲,三个最终被使用到的量纲组合——力(MLT^{-2}),质量(M)和加速度(LT^{-2})——实际上可以仅由两个量纲构成。举例来说,我们可以仅用质量和加速度来构造它们。

► **但是加速度不是基本量纲,我们应该怎么使用它呢?**

基本量纲的概念是人类约定俗成的,是单位制的一部分。然而,量纲分析是一个精确的数学过程。它既不关心宇宙本身,也不关心我们描述宇宙的习惯性说法。这可能显得很无情,或者可以说是一种缺点。但是这恰恰说明了,量纲分析是独立于我们的主观选择的。这就赋予了量纲分析的权威性和一般性。

在进行量纲分析时,我们可以选择任意一组量纲作为我们的基本量纲。唯一的要求是我们所选的量纲足以描述所需的物理量。在我们所举的例子中,质量和加速度这两个量纲就足够了,这可以从改写的量纲表中看出:用记号$[a]$来表示"a的量纲",用$M \times [a]$来表示W的量纲,而g的量纲就直接用$[a]$来表示。

W	$M \times [a]$	重量
m	M	质量
g	$[a]$	加速度

归纳起来,这三个量实际上包含两个独立的量纲。三个量减去两个量纲结果是一个独立的无量纲量。因此,修正过的快捷计算就是:

$$\frac{物理量的数量 - 独立量纲的数量}{独立的无量纲量的数量}. \qquad (5.20)$$

这种快捷计算,就是人们熟知的白金汉 Π 定理,它用埃德加·白金汉的名字来命名并用他给无量纲量的记号大写希腊字母 Π 表示[27]。(它也是线性代数中的秩-零化度定理[28]。)

题 5.7 独立无量纲量的限制

为什么独立的无量纲量的数量不超过物理量的数量呢?

题 5.8 计算无量纲量的数量

下面的几组物理量一共得出多少组独立的无量纲量?

a. 在引力场中一个周期为 T 的弹簧-质点系统:T, k(弹性系数)$, m, x_0$(振幅)和 g。

b. 一个做自由落体运动物体的碰撞速度:v, g 和 h(初始高度)。

c. 一个做竖直下抛运动物体的碰撞速度:v, g, h 和 $v_{抛出}$。

题 5.9 用角频率代替速度

将半径 r 和 ω 作为自变量，重新用无量纲分析推导出向心加速度。利用 $a = v^2/r$，在无量纲的一般形式中找到无量纲常量：

$$\text{与} a \text{成正比的无量纲量} = \text{无量纲常量} \qquad (5.21)$$

v	LT^{-1}		波速
g	LT^{-2}		加速度
ω	T^{-1}		角频率
ρ	ML^{-3}		水密度

题 5.10 一个下落物体的碰撞速度

用量纲分析来估算一个从高度为 h 的地方自由下落的石头的碰撞速度。

题 5.11 深层水中重力波的速度

在这个问题中，你可以用量纲分析得出远洋中水波的速度。你可以在飞机上看到这些波，它们是由引力驱动的。它们的速度取决于引力 g、它们的角速度 ω 及水的密度 ρ。请完成下面的分析。

a. 解释为什么由这些物理量可以得出一个无量纲量。

b. 与 v 成正比的无量纲量是什么？

c. 根据进一步得到的信息：无量纲常量是 1，估算以 17 秒为周期的波的速度（你可以通过计算浪到岸的间隔时长算出周期长度）。这个速度同时也是产生这些浪的风速。这个风速合理吗？

d. 如果物理量表格中，角速度 ω 被换为周期 T，无量纲常量等于多少？

题 5.12 用周期替代速度

在找出向心加速度公式的过程中（5.1.1 节），我们的自变量是半径 r 和速度 v。将半径 r 和周期 T 当作自变量，重新用量纲分析进行推导。

a. 解释为什么仍然只有一个独立的无量纲量。

b. 与 a 成正比的独立的无量纲量是什么？

c. 与这个无量纲量相等的无量纲常量是什么？

5.2 一个独立的无量纲量

一个独立的无量纲量是在量纲分析中使用得最频繁的内容——比如在我们对向心加速度分析中的无量纲量 ar/v^2（5.1.1 节）。让我们对这个例子作进一步观察，它将会为之后更复杂的问题提供经验。

5.2.1 普适常量

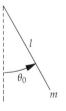

我们会发现无量纲分析降低了复杂程度，因为它的分析结果有普适性。也就是说，在通式：

$$一个独立的无量纲量＝无量纲常量 \qquad (5.22)$$

中，无量纲常量是普适的。让我们通过一个例子来理解这里的"普适"的含义——一个小振幅单摆的分析。让我们来想象一下，从一个比较小的角度 θ 释放单摆。

▶ **这个单摆的振荡周期是什么？**

进行量纲分析的第一步是列出所有相关的物理量。列表的第一项是目标物理量——在这里，就是周期 T。它取决于 g，绳子长度 l，也许还有摆球的质量 m，以及振幅 θ_0。好在当振幅很小的时候，比如说本例的情况，振幅大小是无关紧要的。因此我们没有将它列在表里。

T	T	周期
g	LT^{-2}	加速度
l	L	弹簧长度
m	M	摆球质量

▶ 无量纲量是什么？

这四个物理量包含了三个独立的量纲（M、L 和 T）。根据白金汉 Π 定理（5.1.2 节），由此可以得出一个独立的无量纲量。这个无量纲量不能包含 m，因为 m 是唯一有质量量纲的物理量。一个简单的无量纲量是 gT^2/l。然而，由于我们的最终目标是周期 T，所以让我们来寻找和 T 本身成正比的无量纲量，而不是和 T^2 成比例的。这个无量纲量就是 $T\sqrt{g/l}$。则最一般的无量纲表述是：

$$T\sqrt{\frac{g}{l}} = C. \tag{5.23}$$

这里的 C 是无量纲常量。尽管它的值现在看来是未知的，但它确实是普适的。这个常量同样适用于一个短绳单摆或者，更异想天开一点，同样适用于一个有着不同引力场强度的火星上的单摆。如果我们能够找到某个星球上一个单摆的无量纲常量，那么我们就能知道所有星球上所有单摆的无量纲常量。

一共有三种方式来找到这个无量纲常量 C。第一种方法是解一个单摆的微分方程，这是有一定难度的。第二种方式是解一个经过巧妙设计的、相对简单的问题（题 3.4）。尽管这个方法更巧妙，但是它不像第三种方法那样普遍适用。

第三种方法是用一个简单的可在家操作的实验来测算出 C。为了达到目的，我把自己的钥匙圈挂在一根绳子上使它成为一个单摆。绳子的长度大概是美国信纸长度的 2 倍（即 2×11 英寸），周期大概是 1.5 秒。因此：

l

钥匙环

$$C = T\sqrt{\frac{g}{l}} \approx 1.5 \text{ s} \times \sqrt{\frac{32 \text{ ft/s}^2}{2 \text{ ft}}} \approx 6. \tag{5.24}$$

▶ **这个常量在现代单位制下是否会发生变化?**

在公制中,$g = 9.8$ 米 / 秒^2,$l \approx 0.6$ 米,C 在不精确的计算下仍然是 6:

$$C \approx 1.5 \text{ s} \times \sqrt{\frac{9.8 \text{ m/s}^2}{0.6 \text{ m}}} \approx 6. \tag{5.25}$$

单位制并不会对此产生影响——这也是我们使用无量纲量的原因:在单位发生变化时,它们是不变的。即便如此,当我们老老实实地解出单摆的微分方程后,6 这个明显的因子也许并不会出现。但是对于 C 的更精确的测量也许会给出这个无量纲常量的严格形式。

单摆的长度,从我手拿的那个结点一直到钥匙圈的中心,一共是 0.65 米(比粗略估算的数值 0.6 米略长了些)。同时,十个周期一共 15.97 秒。则 C 值接近于 6.20:

$$C \approx 1.597 \text{ s} \times \sqrt{\frac{9.81 \text{ m/s}^2}{0.65 \text{ m}}} \approx 6.20. \tag{5.26}$$

▶ **什么样的无量纲数可以得出 6.20 呢?**

6.20 这个值接近于 2π,2π 接近于 6.28。这个估算有些跳跃了,但是请大胆些。如果你记得单摆的振动或振动周期常常包含 2π,或者我们关注它的周期而不是角频率,因为周期往往会得出 2π 这个数值[就像在题 5.11(d)里出现的],那你就会觉得这个估算还是有些眉目的。最终得到的周期 T 是:

$$T = C\sqrt{\frac{l}{g}} = 2\pi\sqrt{\frac{l}{g}}. \tag{5.27}$$

（若想知道 2π 的物理解释，尝试题 3.4。）

这个例子表现了量纲分析这样一种数学方法是如何结合两种物理方法进行分析的。首先我们运用物理知识列举出相关的物理量。接着我们用量纲分析筛除了一些可能的关系式。最后，为了找到普适常量 C，也就是量纲分析不能告诉我们的内容，我们再次使用了物理知识（那个在家即可完成的实验）。

题 5.13　你自己进行的测量

自己制作一个单摆，并且测量出它的普适常量 $T\sqrt{g/l}$。

题 5.14　一个弹簧-质点系统的周期

用量纲分析得出无量纲常量的同时，找出一个弹性系数为 k，质量为 m，振幅为 x_0 的弹簧-质点系统的周期 T。用最一般的无量纲表述找到无量纲常量：

$$\text{和 } T \text{ 成比例的无量纲量} = \text{无量纲常量.} \tag{5.28}$$

题 5.15　浅水中水波的速度

在浅水区，水的波长远大于水深，在引力的驱动下，水波的速度依赖于 g、水深 h 以及水的密度 ρ。

a. 找到和 v^2 成正比的独立的无量纲量，这里的 v 指的是水波速度。将这个无量纲量和弗劳德数相比较，弗劳德数就是我们在研究步行时涉及的无量纲比值（5.1.1 节）。

b. 标度关系 $v \propto h^{\beta}$ 中的标度指数 β 是多少？请分别测量 v（$h=1$ 厘米）和 v（$h=4$ 厘米）来检验你的估算。为了完成这个测量，你可以找一个烤盘，将它装满水，轻轻举起盘的一端再快速地放下，以此激起水波。

c. 运用你的数据来估算下列关系中的普适（无量纲）常量：

$$\text{a 步骤中的无量纲量} = \text{无量纲常量.} \tag{5.29}$$

d. 预测由水下地震激起的潮汐波（浅水波）
的速率。潮汐波穿过一片海洋需要多长时间？

5.2.2 核爆炸的能量

只有一个无量纲量的问题并不一定简单。一个经典的例子就是估算 1945 年在新墨西哥沙漠引爆的世界上第一颗原子弹爆炸时释放的能量。原子弹的爆炸能量,或者说爆炸当量,在过去是绝对机密。与此同时,一些带有比例尺的解密图片也在那次爆炸后多次提供了火球半径的数据。

t(ms)	R(m)	t(ms)	R(m)
3.26	59.0	15.0	106.5
4.61	67.3	62.0	185.0

根据这些数据,剑桥大学的泰勒估算出了爆炸当量[29]。其分析过程就像流体力学中的运算一样冗长而复杂。因而我们要使用量纲分析来代替它找

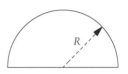

到爆炸半径 R、爆炸后经过的时间 t、爆炸产生的能量 E 以及空气密度 ρ 之间的关系。然后我们就用 $R(t)$ 的数据来预测 E。

这四个量包含了三个独立的量纲。因此,这些量构成一个独立的无量纲量。为了能找到这个无量纲量,我们需要一次消除一个量纲。不过,凭借一些好运气我们能简化这个过程,因为我们可以找到一些容易消除的量纲。

▶ **会有某些量纲只出现在一个或两个物理量中吗?**

E	ML^2T^{-2}	爆炸能量
R	L	爆炸半径
t	T	爆炸后持续时间
$\rho_{空气}$	ML^{-3}	空气密度

答案是肯定的:质量以 M^1 出现在 E 中,也以 M^1 出现在 $\rho_{空气}$ 中;时间分别以 T^{-2} 和 T^1 出现在 E 和 t 中。因此,要消除质量,该无量纲量就必

须含有 $E/\rho_{空气}$。要消除时间,该无量纲量就必须含有 Et^2。所以,$Et^2/\rho_{空气}$ 消除了质量和时间这两个量纲。由于这个量具有 L^5 的量纲,因此要消除这些量纲而又不引入任何时间或质量的幂次的唯一方法就是除以 R^5。得到的结果 $Et^2/\rho_{空气}R^5$ 就是一个独立的无量纲量,它也是唯一和我们的目标参量：爆炸能量 E 成正比的无量纲量。

在仅有一个独立的无量纲量的情况下,和爆炸能量相关的最一般的无量纲表述就是：

$$\frac{Et^2}{\rho_{空气}R^5} \sim 1. \tag{5.30}$$

对一个确定的爆炸,E 是固定的(尽管并不知道确切值),$\rho_{空气}$ 也是这样。因此,这些物理量不必出现在相应的标度关系中,于是标度关系现在表现为 $R^5 \propto t^2$ 或者可写为 $R \propto t^{2/5}$。在对数-对数坐标轴中,有关爆炸半径的数据点应该落在一条斜率为 2/5 的直线上——这些点几乎是完全落在这条直线上的。

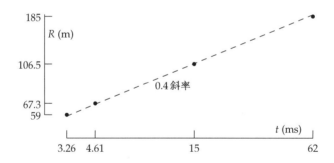

已知量纲分析的结果 $Et^2/\rho_{空气}R^5 \sim 1$,因此在每个点可根据式子 $E \sim \rho_{空气}R^5/t^2$ 预测出爆炸能量 E。若这里 $\rho_{空气}$ 的单位是 1 千克/米^3,那么 E 大致是 $5.6 \sim 6.7 \times 10^{13}$ 焦。但不幸的是要想判断预测结果的精确性,焦并不是炸弹爆炸后计算能量的常用单位。TNT 的吨数才是常用单位。

> ▶ **所预测的爆炸能量换算成 TNT 是多少?**

1 克 TNT 可以释放出 1 千卡或者大概 4 千焦的能量。它的能量密度大概是糖的 1/4,但是它的能量释放要快得多! 1 千吨是 10^9 克,可释放出 4×10^{12} 焦的能量。我们预测的能量当量是 6×10^{13} 焦,大概相当于 15 000 吨 TNT 释放的能量。

　　纯粹为了好玩,如果我们用更精确的空气密度 $\rho_{空气} = 1.2$ 千克/米^3 来重新计算爆炸能量当量,那么结果大概是 18 000 吨。在做了这么多近似的情况下,这个结果已经相当精确了:解密的爆炸当量是 20 000 吨。(未包括的冲击波爆炸的普适常量应该非常接近于 1)。

　　量纲分析是非常有效的!

5.3　更多的无量纲量

　　量纲分析过程中的最大变化就是第二个独立的无量纲量的出现。只有一个无量纲量的时候,这个体系最一般的表述是:

$$无量纲量 \sim 1. \tag{5.31}$$

有了第二个无量纲量后,关系式的右边就有了自由度:

$$无量纲量 1 \sim f(无量纲量 2). \tag{5.32}$$

在上述表述中 f 是一个无量纲函数:它将一个无量纲量作为输入,得出另一个无量纲量作为输出。

　　让我们推广一下对题 5.10 的分析,以此作为两个独立的无量纲量的例子,在对题 5.10 的分析中,你已经预测了一块岩石从高度为 h 的地方掉落下来时的撞击速度。该撞击速度的大小取决于 g 和 h,所以对于这个独立的无量纲量的一个合理的选择是 $v/\sqrt{gh}$。因而,其值就是一个普适的无量纲常量(最后得出该常量为 $\sqrt{2}$)。为了得出第二个独立的无量纲量,我们让这个问题更加一般化些:石头是以 v_0 为初速度向下抛的(之前的问题中该初速度 $v_0 = 0$)。

▶ **增加了这一复杂性,独立的无量纲量是什么?**

　　仅添加一个物理量而不添加新的独立量纲就能创造出一个新的独立

的无量纲量。因而，就会出现两个独立的无量纲量了——比如说，$v/\sqrt{gh}$ 和 $v_0/\sqrt{gh}$。最一般的无量纲表述，具有"无量纲量 1＝f（无量纲量 2）"的形式，即：

$$\frac{v}{\sqrt{gh}} = f\left(\frac{v_0}{\sqrt{gh}}\right). \tag{5.33}$$

这就是量纲分析所能带我们走到的最远处了。想要探究更多内容就需要了解更多的物理知识（题 5.16）。但是量纲分析已经告诉我们函数 f 是一个普适函数：它描述了宇宙中具有不同初速度，不同下落高度，或者是不同引力场强度情况下，所有被抛物体的撞击速度。

题 5.16　一块被抛岩石的撞击速度

一块岩石被抛时初速度为 v_0，请运用能量守恒找到 $v/\sqrt{gh} = f(v_0/\sqrt{gh})$ 这个关系式中无量纲函数 f 的表达形式。

题 5.17　非理想弹簧

假设一个物体连接在一根弹簧上，且力的规律满足 $F \propto x^3$（并非理想弹簧的特性 $F \propto x$），因此相应的势能 $V \sim Cx^4$（其中 C 是常量）。图中哪条曲线表明系统的振动周期 T 是如何取决于振幅 x_0 的？

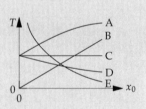

题 5.18　沿斜面滚落

在本题中，使用量纲分析来简化计算过程，找出一个环形物从斜面滚落时（无滑动）的加速度。

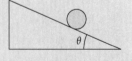

a. 列出决定圆环加速度的物理量。

提示：考虑圆环的转动惯量和圆环半径。试问是否还需要考虑圆环质量？

b. 构造独立的无量纲量，并写出以下无量纲表达式：

$$与 a 成正比的无量纲量 = f(不含 a 的无量纲量). \quad (5.34)$$

c. 大环是否滚得比小环快？

d. 相同半径下，密度大的环滚得是否比密度小的环快？

5.3.1 星光经过太阳时的偏折

我们下一个具有两个独立无量纲量的例子——由于太阳而偏折的星光——将阐述如何从量纲分析的角度将物理知识与数学演算结果相结合。

石头、鸟和人类都能感受到引力的作用。光又何尝不是如此？对光线偏折的分析是爱因斯坦广义相对论的一个巨大成就。然而，这一理论建立在 10 个耦合的非线性偏微分方程的基础上。与求解这些艰深方程的做法相反，让我们来利用量纲分析。

这一问题比之前的例子更加复杂，因此让我们梳理清楚各个步骤，同时也包含物理知识的应用。

1. 列出相关的物理量。

2. 构造出独立的无量纲量。

3. 使用无量纲量对偏折做出最一般的表述。

4. 通过物理知识的应用缩小可能的范围。

▶ **第一步：列出相关的物理量**

首先，我们要考虑并列出决定偏折的物理量。为了找出这些量，我常常会画出一张示意图并且用文字而非数量标签。当图表迫切需要数量标签时，就暗示着要把这个量列到清单上。

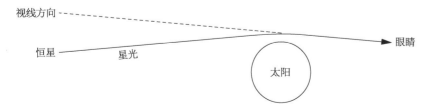

弯曲的路线表明恒星移动了它的视位置。然而对于这一位置的改变，最自然的描述并不是用绝对距离的改变，而是用偏折角 θ。举例来说，如果 $\theta=180°$，即 π 弧度(rad)，这个角度远大于可能发生的偏折，则恒星会围绕天空偏转半圈。

θ	1	角　度
Gm	$L^3 T^{-2}$	太阳引力相关
r	L	最近距离

标签和清单上必须包括我们的计算目标，即偏折角 θ。由于偏折是由引力造成的，我们还应该把引力常量 G 和太阳质量 m 包括在内（我们使用更普遍的符号 m 而不是 $M_{太阳}$，因为我们将会把这个公式同样运用于其他星体周围的光线）。这些物理量可以作为两个独立的物理量列在清单上。然而，引力的物理作用——比如说引力——只是按照乘积 Gm 的方式与 G 和 m 这两个物理量相关。因此，我们只需要将 Gm 列入清单即可。（题 5.19 告诉你如何寻找它的量纲。）

列表上最后一个量基于我们已知的引力随距离增大而变弱。因此，我们把从太阳到光线的距离包括在内。但是"太阳到光线的距离"这样的说法太模糊了，因为光线上各点都有不同的距离。我们的物理量 r 是指从太阳中心到光线的最小距离（即最靠近太阳的距离）。

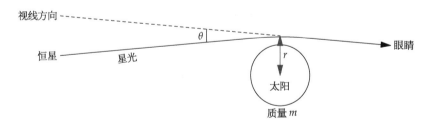

题 5.19 Gm 和 G 的量纲

用牛顿的引力定律：$F = Gm_1m_2/r^2$，分别找出 Gm 和 G 的量纲。

▶ 第二步,构建独立的无量纲量

第二个步骤是构建独立的无量纲量。构造一个无量纲量是相对简单的,角度 θ 本身就是无量纲量。然而难点在于,三个物理量和两个独立的量纲(L 和 T)只产生了一个独立的无量纲量。由于只有这一个无量纲量,之前最一般的关系只能表述为 $\theta =$ 常数。

这一预测是荒谬的。如果偏折是由引力产生的,那么它肯定会与 Gm 和 r 有关。这些物理量必会出现在第二个无量纲量中。

根据白金汉 Π 定理,我们知道,要想构造出第二个无量纲量至少再需要一个物理量。而我们缺少这个量,这表明我们的分析遗漏了某些基本的物理学知识。

▶ 我们忽视了什么物理知识?

至今为止,没有一个物理量可以区别光传播的路径和行星运动的轨道。而一个至关重要的区别在于光的传播速度远大于行星的运动速度。让我们引入 c 来代表光的这一重要特征。

θ	1	角 度
Gm	$L^3 T^{-2}$	太阳引力相关
r	L	最近距离
c	LT^{-1}	光 速

速度这个物理量并没有引入新的独立量纲(速度用长度和时间作为量纲)。所以,它增加了一个独立的无量纲量,即无量纲量的数量增加到二。要找到这个新的无量纲量,首先检验所有量纲是否都仅出现在两个物理量中。如果答案是肯定的,那么研究就相对简单了。时间量纲仅出现在两个物理量中:以 T^{-2} 的形式出现在 Gm 中,并以 T^{-1} 的形式出现在 c 中。为了抵消时间量纲,新的无量纲量必须包含 Gm/c^2。这个商包含长度的一次幂,因此我们的无量纲量为 Gm/rc^2。

正如我们所希望的,新的无量纲量含有 Gm 和 r。它又一次阐释了含有量纲的物理量本身是没有意义的。因此要想确定引力的大小,仅仅知道 Gm 是不够的。作为一个含有量纲的物理量,Gm 必须与另一个有相同量纲的相关物理量进行比较。在这里,那个相关物理量就是 rc^2,由此,最终得出无量纲比值 Gm/rc^2。

▶ **我们是否可以选择其他的无量纲量?**

答案是肯定的。举例来说,θ 和 $Gm\theta/rc^2$ 也构成一系列的无量纲量。从数学的角度看,所有配对的独立的无量纲量都是等价的,这是因为其中任何一对都可对光线偏折进行定量描述。

然而,展望我们的目标:我们希望能解出 θ。若 θ 同时存在于两个量里,我们将得出关于 θ 的隐函数方程,此时 θ 出现在等号两边。尽管这样的等式在数学上是成立的,但这比考虑并解出那些只在等号左边包含 θ 的方程要复杂多了。

所以,在选择独立的无量纲量时,只能把目标量放在一个无量纲量中。这个经验法则并不会完全消除我们选择无量纲量时的自由,但是会大大限制我们的选择。

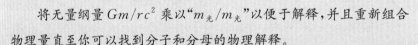

题5.20 新的无量纲量的物理解释

将无量纲量 Gm/rc^2 乘以"$m_光/m_光$"以便于解释,并且重新组合物理量直至你可以找到分子和分母的物理解释。

▶ **第三步：给出最一般的无量纲表示**

第三步就是利用无量纲量对偏折角做出最一般的表示。它的形式为无量纲量 $1=f$(无量纲量 2),或者:

$$\theta = f\left(\frac{Gm}{rc^2}\right),$$

(5.35)

这里的 f 是一个无量纲函数。量纲分析并不能得出 f 的表达式,但却能告诉我们 f 只是 Gm/rc^2 的函数而不是分别与 G,m,r 和 c 这四个物理量有关的函数。这个信息是极大的简化。

▶ 第四步:运用物理知识减少可能性

可能出现的函数——在这里是指所有单变量的非奇异函数——是非常多的。因此第四步或最后一步就是通过物理知识来筛选这些可能性。首先想象一下,通过增加质量 m 的方法来增大引力的影响——这个方法增大了 Gm/rc^2。

这个改变应是建立在我们对于引力的物理直觉上,它改变了偏折角。因此,f 应该是含有 Gm/rc^2 的单调递增的函数。其次,想象出一个反引力的世界,在这个世界里,引力常量 G 是负的。太阳会使光偏折,使偏折角变为负的。利用 $x \equiv Gm/rc^2$,这个条件限制甚至排除了 x 的偶函数,比如 $f(x) \sim x^2$,这会使得偏折角的表达方式可以不依赖于 x 的符号。

能够同时满足单调性和符号限制的最简单的函数是 $f(x) \sim x$。利用第二个无量纲量 GM/rc^2,函数 $f(x) \sim x$ 就是有关偏折角的无量纲表述:

$$\theta \sim \frac{GM}{rc^2}. \tag{5.36}$$

所有合理的引力理论都会给出这个关系,因为这几乎完全是数学的要求。这些理论的不同之处就只在于隐藏在近似符号 $\sim$ 中的无量纲因子的不同:

$$\theta = \frac{Gm}{rc^2} \times \begin{cases} 1(\text{最简单的猜测}) \\ 2(\text{牛顿引力理论}). \\ 4(\text{广义相对论}) \end{cases} \tag{5.37}$$

牛顿引力中的无量纲因子 2 来自求解一个以速度 c 掠过太阳的石头的运行轨迹;广义相对论中的无量纲因子 4,是牛顿引力中的 2 倍,来自在引力场比较弱的情况下求解 10 个偏微分方程。

▶ 这些角度有多大？

首先让我们预测一下离我们比较近的偏折角——由地球引力产生的偏角。对于一条刚掠过地球表面的光线来说，它的偏折角（弧度制！）大概是 10^{-9}：

$$\theta_{地球} \sim \frac{\overbrace{6.7 \times 10^{-11}\ \mathrm{kg^{-1} \cdot m^3 \cdot s^{-2}}}^{G} \times \overbrace{6 \times 10^{24}\ \mathrm{kg}}^{m_{地球}}}{\underbrace{6.4 \times 10^6\ \mathrm{m}}_{R_{地球}} \times \underbrace{10^{17}\ \mathrm{m^2 \cdot s^{-2}}}_{c^2}} \approx 0.7 \times 10^{-9}.$$

(5.38)

▶ 我们能观察到这个角度吗？

这个偏折角是发出星光的星体位置的角偏移。为了观察到这些偏折，宇航员们分别比较了有偏折和无偏折情况下望远镜拍到的星体和周围天空的情况。一架口径为 D 的望远镜可以大致分辨出小如 λ/D 的角度，这里的 λ 是指光的波长。因此，能够分辨 0.7×10^{-9} 弧度的望远镜口径至少为 700 米：

$$D \sim \frac{\lambda}{\theta_{地球}} \sim \frac{0.5 \times 10^{-6}\ \mathrm{m}}{0.7 \times 10^{-9}} \approx 700\ \mathrm{m}.$$

(5.39)

这长度本身并无太多意义。但是，最大的望远镜透镜直径约为 1 米；最大的望远镜的反射镜，即使以一种不同的望远镜设计方式，其直径也只不过能达到 10 米。实际的望远镜透镜和反射镜的直径是不可能达到 700 米的。因此，是没有办法看到地球引力场引起的偏折的。

于是物理学家们就开始寻找强度更大的使光线发生弯曲的源。光的偏折角度和 m/r 成正比。太阳系中质量最大的是太阳。假设有一条光线掠过太阳表面，$r = R_{太阳}$，且 $m = M_{太阳}$。于是偏折角的比例就是：

$$\frac{\theta_{太阳}}{\theta_{地球}} = \frac{M_{太阳}}{m_{地球}} \times \left(\frac{R_{太阳}}{R_{地球}} \right)^{-1}.$$

(5.40)

该质量比约为 3×10^5；半径比约为 100，因此偏折角的比约为 3 000。相应地，所需的透镜的直径——该直径与 θ 成反比，是 700 米的 1/3 000，即大约 25 厘米或者 10 英寸。这个镜头尺寸看起来很合理，进而也许就能测量偏折角了。

1909 至 1916 年期间，爱因斯坦相信，正确的引力理论将能算出 4.2×10^{-6} 弧度或者 0.87 弧秒这个牛顿的结果：

$$\underbrace{0.7 \times 10^{-9}\ \text{rad}}_{\sim\theta_{\text{地球}}} \times \underbrace{2}_{\text{来自牛顿理论}} \times \underbrace{3\,000}_{\theta_{\text{太阳}}/\theta_{\text{地球}}} \sim 4.2 \times 10^{-6}\ \text{rad}.$$

$$(5.41)$$

德国天文学家索德纳在 1803 年就推导出了相同的结果。用来检验爱因斯坦（和索德纳）预言的日食观测队因为下雨或是乌云而延期。直到 1919 年，一个观测队幸运地遇到了合适的天气，那时候爱因斯坦已经建立了引力的新理论——广义相对论——该理论预言的偏折角是原来预测结果的 2 倍，即 1.75 弧秒。

那支由剑桥大学的爱丁顿领导的 1919 年日食观测队，用了 13 英寸的望远镜来测量偏角。测量过程非常艰辛，而且测量的结果也不能精确到足以确定哪个理论是正确的。但是 1919 年是第一次世界大战后的第一年——一战期间英德两国打得两败俱伤。一位德国人创立了一个理论，而一位（还是从牛顿就读的大学毕业的）英国人验证了这一理论——这样的情景在一战后很受欢迎。因而世界媒体和科学界宣布爱因斯坦的理论是成立的。

严格意义上的对爱因斯坦理论的验证是随着射电天文学的产生才出现的，射电天文学使得微小的偏转也能被精确测量出（题 5.21）。与 Gm/rc^2 相乘的无量纲因子的结果大约是 4 ± 0.2——和牛顿预言的 2 完全不同，但是和爱因斯坦的广义相对论是一致的。

题 5.21 射电望远镜测量结果的精度

一架望远镜的角分辨率是 λ/D，其中 λ 是波长，D 是望远镜的直径。然而，无线电波的波长远大于光的波长，如何能使射电望远镜测量出的偏折角比光学望远镜测出的偏折角还要精确得多呢?

题 5.22　关于引力的另一个理论

牛顿引力理论和爱因斯坦的广义相对论之外还有一种理论,就是布兰斯-迪克引力理论[30]。找出这个理论所预测的太阳能够使星光偏折的角度。将你的答案表示为关系 $\theta \sim Gm/rc^2$ 中的无量纲因子。

5.3.2　阻力

比广义相对论方程更复杂的是纳维-斯托克斯的流体力学方程,至少广义相对论方程已经根据实际问题被求解出了。我们首次遇见这些方程是在 3.5 节中,在那儿,它们的复杂性迫使我们寻找别的方式,而不是直接解方程。我们利用了守恒量的讨论,并用一个下落的圆锥进行了验证,最后得出一个结论,作用于一个在流体中移动的物体的阻力大小是:

$$F_{阻力} \sim \rho v^2 A_{CS}, \tag{5.42}$$

其中 ρ 是流体的密度,v 是物体的速度,而 A_{CS} 是横截面积。这个计算结果就是我们无量纲分析的起点。

$F_{阻力}$ 取决于 ρ, v 和 A_{CS},共有四个物理量和三个独立的量纲。因此,由白金汉 Π 定理可知,一共只有一个独立的无量纲量。我们关于阻力的表达式已经给出了这样一个量:

$$\frac{F_{阻力}}{\rho v^2 A_{CS}}. \tag{5.43}$$

由于分母上的 ρv^2 和动能表达式中的 $m v^2$ 看上去相似,因此分母中习惯上将二分之一这个因子包含在内:

$$无量纲量 1 \equiv \frac{F_{阻力}}{\frac{1}{2}\rho v^2 A_{CS}}. \tag{5.44}$$

得到的无量纲量被称为阻力系数 c_d：

$$c_d \equiv \frac{F_{\text{阻力}}}{\frac{1}{2}\rho v^2 A_{\text{CS}}}. \tag{5.45}$$

这个唯一的无量纲量必须是一个无量纲常量：它不依赖于其他任何量了。因此，

$$\frac{F_{\text{阻力}}}{\frac{1}{2}\rho v^2 A_{\text{CS}}} = \text{无量纲常量}. \tag{5.46}$$

这个结果和我们之前关于守恒量的讨论结果是一样的，即 $F_{\text{阻力}} \sim \rho v^2 A_{\text{CS}}$。但是，我们在考虑无量纲常量的值时碰到了难题。

量纲分析，作为一种数学手段来说，不足以估算出无量纲常量的值。要想得出常量值，还需要物理的分析，即首先要观察阻力消耗的能量。在这里，决定 $F_{\text{阻力}}$ 的几个物理量——ρ,v 或者 A_{CS}——均不能代表能量损失机制。因此，阻力系数应该是零。尽管这个值满足了我们之前"是个常数"的预测，但是它和我们所有关于流体的经验认知是完全相悖的！

我们的分析中必须考虑能量损失机制。在流体中，能量的损失来自黏度（对于一个在流体中匀速运动并且没有激起波动的物体来说）。它的物理学原理就是 7.3.2 节要探讨的主要内容，在那一节中它是作为一个有关扩散系数的例子。而在这里，为了把黏度纳入无量纲量中我们只需要它的量纲：运动黏度 ν 的量纲是 $L^2 T^{-1}$。（麻烦的是，几乎在每种字体中，速度的符号 v 和运动黏度的符号 ν 看上去都太相似了；但是如果挑选新的符号又会引出更多的麻烦。）

于是，运动黏度就被纳入我们的列表之中。新增一个物理量却不新增独立的量纲会构造出一个新的独立的无量纲量。同理，在我们对星光的偏折进行研究时（5.3.1 节），加入光速 c 产生了第二个独立的无量纲量。

▶ **含有黏度的新的无量纲量是什么？**

在找到这个新的无量纲量之前，让我们先来看看它的用途。有了这

第二个量后，最一般的表述具有如下形式：

$$\underbrace{\text{无量纲量}1}_{c_d} = f(\text{无量纲量}2).\qquad(5.47)$$

我们的目标量是 $F_{\text{阻力}}$，这个量已是无量纲量 1 的组成部分。将 $F_{\text{阻力}}$ 这个量同时纳入无量纲量 2 可不是一个明智的选择，因为这将构造出一个等号两边都有 $F_{\text{阻力}}$ 的方程，更麻烦的是，等号右边含有 $F_{\text{阻力}}$ 的方程的表达式未知。所以 $F_{\text{阻力}}$ 这个量不能纳入无量纲量 2 中。

v	LT^{-1}	速	度
A_{cs}	L^2	面	积
ρ	ML^{-3}	流体密度	
ν	L^2T^{-1}	黏	度

为了得出这个除黏度外还含有 v, A_{cs} 和 ρ 这些物理量的无量纲量，我们需要找出只出现在一个或两个物理量中的量纲。质量只出现在密度中；因此密度不可能出现在无量纲量 2 中：假设密度出现在无量纲量 2 中，那就没有办法消去质量的量纲，也就是说，无量纲量 2 就无法达到无量纲这个要求。

时间出现在两个物理量中：速度 v 和黏度 ν。由于这两个物理量都含有时间的相同幂次（T^{-1}），所以无量纲量 2 必须含有比例形式 v/ν——否则时间的量纲就无法消去。

这就是我们到目前为止得到的关于这个无量纲量的信息：质量这个物理量不能存在，也即无量纲量中不能含有 ρ；时间这个物理量也不能存在，所以无量纲量中必含有以 v/ν 形式出现的 v 和 ν 这两个物理量。接下来的任务就是消去长度这个物理量——这也是我们使用物体的横截面积 A_{cs} 的目的。而比例 v/ν 又恰恰含有 L^{-1}，因此 $\sqrt{A_{\text{cs}}}\,v/\nu$ 就是新的独立的无量纲量。

人们通常用直径 D 来代替 $\sqrt{A_{\text{cs}}}$。此时，我们称无量纲量 2 为雷诺数 Re：

$$\mathrm{Re} \equiv \frac{vD}{\nu}. \tag{5.48}$$

再根据量纲分析,我们可以得出这样一个结论:

$$\underset{c_d}{\underline{阻力系数}} = f(\underset{\mathrm{Re}}{\underline{雷诺数}}). \tag{5.49}$$

对每一种形状来说,它的无量纲函数都是一个普适函数;这个函数取决于物体的形状,而不是物体的大小。举例来说,一个球体、一个圆柱体和一个圆锥体,对应的函数分别是: $f_{球体}$, $f_{圆柱体}$ 和 $f_{圆锥体}$。同理,一个窄角圆锥和一个广角圆锥也对应不同的函数。

但是大球和小球是由同样的函数描述的,具有相同张角的大圆锥和小圆锥也是如此。对形状相同而大小不同的物体来说,它们的阻力系数的不同来自雷诺数的不同(不同的原因是大小的差异)。

现在我们来见识一下量纲分析的威力。它向我们展示了世界并不会分别关注大小,速度或是黏度这几个物理量。只有通过雷诺数这样的抽象出来的数,世界才会对这些物理量给予关注。对于一个已给定形状的物体

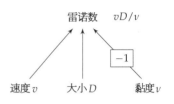

来说,这也是我们要测定其阻力系数的唯一所需的信息。

现在我们利用这个无量纲框架来分析这个圆锥实验:实验数据表明,大圆锥和小圆锥是以相同的速度下落的——大约是 1 米/秒。

▶ **相应的雷诺数是多少呢?**

这个小圆锥的直径为 0.75×7 厘米(0.75 是因为原来的圆周被移除了 $1/4$),约等于 5.3 厘米。而空气的黏度大约是 1.5×10^{-5} 米²/秒——我们将在 7.3.2 节中再细讲这个估算结果。最终得出的雷诺数大约是 3 500。

$$\mathrm{Re} = \frac{\overset{v}{\overbrace{1\,\mathrm{m/s}}} \times \overset{D}{\overbrace{0.053\,\mathrm{m}}}}{\underset{\nu}{\underbrace{1.5 \times 10^{-5}\,\mathrm{m^2/s}}}} \approx 3\,500. \tag{5.50}$$

▶ **大圆锥的雷诺数是多少？**

　　如果能利用正比分析，就不需要再从头开始计算了。两个圆锥都有相同的黏度和相同的下落速度。因此我们可以把 ν 和 v 都看成是常量，这样雷诺数 vD/ν 就只与直径 D 成正比了。

　　因为大圆锥的直径是小圆锥直径的 2 倍，所以其雷诺数也是小圆锥体雷诺数的 2 倍：

$$\mathrm{Re}_{\text{大}} = 2 \times \mathrm{Re}_{\text{小}} \approx 7\,000. \tag{5.51}$$

▶ **以所得的雷诺数计算，圆锥的阻力系数是多少？**

阻力系数是：

$$c_d \equiv \frac{F_{\text{阻力}}}{\dfrac{1}{2}\rho_{\text{空气}} v^2 A_{\mathrm{CS}}}. \tag{5.52}$$

这个圆锥以最终速度下落，因此阻力就等于它受到的引力 W：

$$F_{\text{阻力}} = W = A_{\text{纸}}\, \sigma_{\text{纸}}\, g, \tag{5.53}$$

这里的 $\sigma_{\text{纸}}$ 指的是纸的面密度（单位面积的质量），$A_{\text{纸}}$ 指的是圆锥体模型的面积。则其阻力系数即为：

$$c_d = \frac{\overbrace{A_{\text{纸}}\, \sigma_{\text{纸}}\, g}^{F_{\text{阻力}}}}{\dfrac{1}{2}\rho_{\text{空气}} A_{\mathrm{CS}} v^2}. \tag{5.54}$$

正如我们在 3.5.2 节说明的：

$$A_{\mathrm{CS}} = \frac{3}{4} A_{\text{纸}}. \tag{5.55}$$

这个正比关系表示阻力系数中面积正好消去：

$$c_d = \frac{\sigma_{纸}\, g}{\frac{1}{2}\rho_{空气} \times \frac{3}{4} v^2}. \tag{5.56}$$

为了计算出 c_d,我们将面密度 $\sigma_{纸} \approx 80$ 克 / 米^2 和所测速度 $v \approx 1$ 米 / 秒代入式子:

$$c_d \approx \frac{\overbrace{8 \times 10^{-2}\ \text{kg/m}^2}^{\sigma_{纸}} \times \overbrace{10\ \text{m/s}^2}^{g}}{\frac{1}{2} \times \underbrace{1.2\ \text{kg/m}^3}_{\rho_{空气}} \times \frac{3}{4} \times \underbrace{1\ \text{m}^2/\text{s}^2}_{v^2}} \approx 1.8. \tag{5.57}$$

因为这个计算过程中没有什么量依赖于圆锥的大小,所以两个圆锥有相同的阻力系数。(我们所估算的阻力系数要远大于实心圆锥约为 0.7 的标准阻力系数,而近似等于一个楔形体的阻力系数。)

所以,阻力系数是与雷诺数无关的——至少在雷诺数处于 3 500~7 000 时是这样的。题 4.16 中对超大圆锥的实验表明:甚至在雷诺数接近 14 000 时阻力系数依旧与其无关。在这一范围内,

$$阻力系数 = f_{圆锥}(雷诺数), \tag{5.58}$$

其中无量纲函数 f 是一个常量。这相对于流体的复杂性来说是多么简单的一种描述!

关于 $f_{圆锥}$ 的这个结论对多数形状来说同样适用。最为广泛的阻力数据来自球体——数据绘制在下面对数-对数轴的图上[31]。

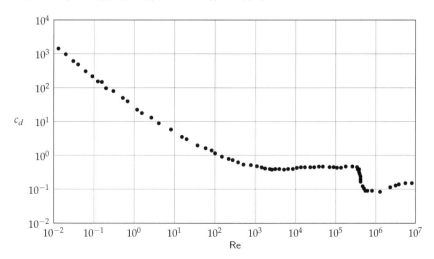

和圆锥的阻力系数相似，当雷诺数介于 3 500～7 000 之间时，球体的阻力系数几乎是不变的。甚至在更大的范围 2 000～3×10^5 时，阻力系数仍保持不变。当雷诺数 $\mathrm{Re}\approx3\times10^5$ 时，阻力系数降了 5 倍，从 0.5 下降到 0.1 左右。阻力系数的这个减小过程可以解释高尔夫球的球身为什么凹凸不平。（你将会在题 7.24 中解释这其中的联系）。

雷诺数低，阻力系数就会变大。8.3.1.2 节中关于一个小物体逐渐从蜂蜜中渗出的简单案例法将解释这种现象。这里的要点是，对生活中遇到的流体来说，当雷诺数控制在"几千至几十万"的范围内时，其阻力系数是一个只取决于物体形状的常量。

题 5.23　大圆锥

一个纸圆锥横截面的直径多大时，会在下落的时候具有约为 3×10^5 的雷诺数（雷诺数等于 3×10^5 时一个球体的阻力系数有明显下降）？

题 5.24　雷诺数

分别估算出（a）一滴正在下落的雨滴，（b）一只正在飞行的蜻蜓，（c）一个正在行走的人和（d）一架正以巡航速度飞行的大型喷气式客机的雷诺数。

题 5.25　复摆

用量纲分析尽你所能推导出一个复摆的周期 T——这个复摆的摆锤不再被看作一个质点，而是一个质量为 m 的延展体。长度为 l 的轻杆（不再是一根绳子）被固定在这个物体的质心，物体相对于连接点的转动惯量为 I_{CM}。（假设振幅很小，因此不会影响周期）。

题 5.26　雨滴的最终速度

在题 3.37 中，你已经用

$$F_{\text{阻力}}\sim\rho_{\text{空气}}A_{\mathrm{CS}}v^2 \tag{5.59}$$

估算了雨滴的临界速度。用更精确的数据 $c_d\approx0.5$ 重新计算，并保留球形水滴体积中的因子 $4\pi/3$。

5.4 温度和电荷

之前量纲分析的例子都是力学的,只使用了长度,质量和时间这三个量纲。温度和电荷也同样是描述世界的过程中必不可少的物理量,并且对量纲分析同样适用。让我们先从温度开始。

5.4.1 温度

▶ 为了处理温度,我们是否要新增一个基本量纲?

将温度表示为一个新的基本量纲是一种方法,这个量纲可以用符号 Θ 来代表。然而,还有一种更简单的方法。这个方法使用了另一个基本自然常量:玻尔兹曼常量 k_B。它的量纲是单位温度的能量;因此,它将温度和能量这两个物理量联系起来。在国际单位制中,k_B 大约是 1.6×10^{-23} 焦/开。当温度 T 出现时,将其转换为相应的能量 $k_B T$(就像我们在处理引力问题时,将 G 转换为 Gm 一样)。

作为我们第一个关于温度的例子,让我们首先估算空气分子运动的速度。然后我们将利用得出的结果来估算声速。由于空气分子的速度 v 是出于热能,因此它取决于 $k_B T$。然而 v 和 $k_B T$——由 2 个独立量纲构成的 2 个物理量——不能构造出一个独立的无量纲量。我们还需要一个物理量:一个空气分子的质量 m。

尽管这三个物理量包含三个量纲,但是其中只有两个是独立的——比如 M 和 LT^{-1}。因此,这三个物理量得以构造出一个独立的无量纲量的明智方案是:$mv^2/k_B T$。于是可得:

$$v \sim \sqrt{\frac{k_B T}{m}}. \tag{5.60}$$

v	LT^{-1}	热 速 度
$k_B T$	$ML^2 T^{-2}$	热 能
m	M	分子质量

除了未给出均方根的无量纲因子 $\sqrt{3}$ 和平均速度的无量纲因子 $\sqrt{8/\pi}$，这个结果已是相当精确了。

量纲分析的结果有利于估算出声速。声音在气体中传播是因为气压的作用，气压是热运动的产物。因此，声速 c_S 和热速度相仿也就合情合理了。于是得出：

$$c_S \sim \sqrt{\frac{k_B T}{m}}. \tag{5.61}$$

为了从数值上算出声速，不妨乘以由阿伏伽德罗常量得来的 1：

$$c_S \sim \sqrt{\frac{k_B T}{m} \times \frac{N_A}{N_A}}. \tag{5.62}$$

分子上已包含 $k_B N_A$，也就是普适气体常量 R：

$$R \approx \frac{8\,\text{J}}{\text{mol} \cdot \text{K}}. \tag{5.63}$$

平方根中的分母是 $m N_A$：一个分子的质量乘以阿伏伽德罗常量。因此就是一摩尔空气分子的质量。空气的主要成分是 N_2，含有的 N_2 的原子质量是 28。算上我们所有动物都需要的氧气，空气的摩尔质量大概是 30 克/摩尔。代入 300 开的室内温度，将会得出 300 米/秒的热速度：

$$c_S \sim \sqrt{\frac{8\,\text{J} \cdot \text{mol}^{-1} \cdot \text{K}^{-1} \times 300\,\text{K}}{3 \times 10^{-2}\,\text{kg} \cdot \text{mol}^{-1}}} \approx 300\,\text{m/s}. \tag{5.64}$$

实际的声速是 340 米/秒，和我们根据量纲分析以及一点物理推理所得出的结果相差不远。（存在的差异也是由等温和绝热压缩或膨胀之间的差别造成的。要想了解相关影响，稍后尝试题 8.27。）

在理解了如何处理温度后，让我们使用量纲分析来估算大气层的高度。在这个高度上——也叫大气标高 H——大气性质,例如压强和密度,有显著变化。在高度 H 处,大气密度和压强明显低于海平面处的。

量纲分析的第一步就是列出决定高度的物理量。这个列表需要一个物理模型:大气其实是引力和热运动的竞争产物。引力作用将分子拉向地球;而热运动的作用使分子扩散至整个宇宙。我们的列表中必须包括代表竞争双方的物理量:m 和 g 代表引力,$k_B T$ 代表热能。

H	L	大气高度
g	LT^{-2}	重力加速度
$k_B T$	$ML^2 T^{-2}$	热　能
m	M	分子质量

四个具有三个独立量纲的物理量(包括我们的目标量 H)构造了一个独立的无量纲量。一个合理的无量纲量的选择是比例 $mgH/k_B T$,其合理性在于它与我们的目标量 H 成正比。因此,大气的标高可以由此式得出:

$$H \sim \frac{k_B T}{mg}. \tag{5.65}$$

要算出此高度的数值,通过乘以 N_A/N_A,再次把玻尔兹曼常量 k_B 转变为普适气体常量 R:

$$H \sim \frac{\overbrace{k_B N_A T}^{R}}{\underbrace{m N_A g}_{m_{\text{分子}}}} \approx \frac{\overbrace{8 \text{ mol}^{-1} \cdot \text{K}^{-1} \times 300 \text{ K}}^{R}}{\underbrace{3 \times 10^{-2} \text{ kg} \cdot \text{mol}^{-1}}_{\rho_{\text{空气}}} \times 10 \text{ m} \cdot \text{s}^{-2}} \approx 8 \text{ km}.$$

$$\tag{5.66}$$

所以,在海平面以上 8 千米处,大气压强和密度应该显著低于海平面处的。这个结论是完全合理的:珠穆朗玛峰的海拔高度约为 8.848 千米,山上极为稀薄的空气需要登山者携带氧气罐。

对于大气压强和密度这样随高度上升而降低的递减函数,根据经验准则可知,这个“显著的变化”可以被描述为以 e 的倍数上升,或下降。(想要了解更多关于这个经验准则的知识,在你学过团块化后,可以尝试题 6.36。）实际上，在海拔 8 千米高处，标准的大气参数和海平面处的比为 $\rho/\rho_0 \approx 0.43$ 以及 $p/p_0 \approx 0.35$。作为参照，$1/e$ 大约等于 0.37。

5.4.2 电荷

我们的第二个新量纲就是电荷，用符号 Q 表示。通过引入电荷的概念，我们可以将量纲分析应用于电学现象。让我们从找到电学量的量纲开始。

▶ **电流、电压、电阻的量纲是什么？**

电流就是电荷的流动，它的量纲是单位时间的电荷，利用 I 来表示电流并用 $[I]$ 表示电流的量纲：

$$[I] = QT^{-1}. \tag{5.67}$$

电压的量纲可以通过以下关系式来确定：

$$电压 \times 电流 = 功率, \tag{5.68}$$

相应的量纲方程是：

$$[电压] = \frac{[功率]}{[电流]}. \tag{5.69}$$

因为功率（单位时间的能量）的量纲是 ML^2T^{-3}，而电流的量纲是 QT^{-1}，因此电压的量纲是 $ML^2T^{-2}Q^{-1}$：

$$[电压] = \frac{ML^2T^{-3}}{QT^{-1}} = ML^2T^{-2}Q^{-1}. \tag{5.70}$$

在这个表达式中，量纲组合 ML^2T^{-2} 代表能量。所以，电压也可看作单位电流的能量。所以，1 电子伏（1 个电子的电量乘 1 伏）就是能量。化学键的能量就是几个电子伏。由于化学键反映的是一两个电子的变化，因此原子和分子电压一定是几个伏。（一个生活中的例子就是，典型的电池电压是几个伏。）

为了找到电阻的量纲，我们将写出欧姆定律作为量纲方程：

$$\left[电阻\right]=\frac{\left[电压\right]}{\left[电流\right]}=\frac{\mathrm{ML^{2}T^{-2}Q^{-1}}}{\mathrm{QT^{-1}}}=\mathrm{ML^{2}T^{-1}Q^{-2}}. \qquad (5.71)$$

为了简化这些量纲,我们使用[V]——电压的量纲——来代换量纲组合 $\mathrm{ML^{2}T^{-2}Q^{-1}}$。于是可得:

$$\left[电阻\right]=\left[V\right]\times \mathrm{TQ^{-1}}. \qquad (5.72)$$

当电路的输入和输出都是电压的时候,这种代换是行之有效的。将电压的量纲视为基本量纲来处理大大简化了寻找无量纲量的任务。(若想练习使用电压量纲,尝试题 5.27。)

题 5.27　电容和电感

用 L,M,T 和 Q 表示电容和电感的量纲,然后辅以[V](电压的量纲)和任何所需的基本量纲将它们写出来。

题 5.28　*RC* 电路

在本题中,你将运用量纲分析来研究我们曾在 2.4.4 节引入的低通 *RC* 电路。特别地,在时间 $t<0$ 时,保持输入电压 V_{in} 为 0;时间 $t>0$ 时,将其保持为一个

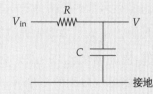

恒定的电压 V_{0}。我们的目标是找出有关输出电压 V 的最一般的无量纲表述形式,这个形式与 V_{0},t,R 和 C 有关。

a. 用[V]代表电压的量纲,列出物理量为 V,V_{0},t,R 和 C 的量纲分析表格。

b. 这五个物理量包含多少独立的量纲?

c. 构造独立的无量纲量,并按照以下格式写出最一般的无量纲表述形式:

$$包含 V 而不包含 t 的无量纲量 = f(包含 t 而不包含 V, \cdots), \qquad (5.73)$$

此处的省略号···代表第三个无量纲量(如果存在的话)。将你得出的表达式与 2.4.4 节对 *RC* 电路的分析进行比较。

题5.29 *LRC* 电路的量纲分析

在 *LRC* 电路中，输入电压 V_in 是复指数函数 $V_0 e^{j\omega t}$ 的实部，其中 V_0 是输入振幅，而 ω 是角频率。同理，输出电压 V_out 就是 $V_1 e^{j\omega t}$ 的实部，V_1 是输出振幅（可能是复数）。而定义为比例 V_1/V_0 的增益 G，是由什么量决定的呢？由 G 和这些物理量构成的一个好的无量纲量是什么呢？

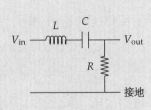

除了电势(或称电压)V，在电磁学中的另一个至关重要的角色是电场。(一旦你理解了如何处理电场问题，你就可以练习着分析磁场——尝试题5.31，题5.32和题5.33。)电场不仅传递力，也具有能量。这个能量十分重要，尤其重要的是正因为这种能量的传递才使得太阳温暖了地球。我们将利用量纲分析估算电场中的能量。这个分析将带给我们的结果也是我们曾在2.4.2节中通过类比用来估算引力场中的能量的。和引力场一样，电场也在整个空间中延伸。因此，我们通常想要了解的不是能量本身，而是单位体积的能量——能量密度。

▶ 电场中的能量密度是指什么？

想要利用量纲分析来回答这一问题，让我们遵循以下步骤，这些步骤曾在估算星光偏折问题中使用过(5.3.1节)：

1. 列出相关物理量。

2. 构造独立的无量纲量。

3. 利用这些无量纲量做出关于能量密度的最一般的表述。

4. 运用物理知识来缩小可能的范围。(在这个问题中，我们可以跳过这一步。)

所以，第一步就是列出与我们的目标量，即能量密度 $\mathscr{E}$ 相关的物理量。它肯定与电场 E 有关，也可能与在库仑定律中出现的真空介电常量

ε_0 有关,因为绝大多数静电学结果中都包含 ε_0。但是 $\mathscr{E}$ 不应与光速有关:
光速意味着辐射,这需要一个时刻变化的电场;然而,即使是恒定的电场
也带有能量。因此,列出这些目标量后,我们的列表也许会更加完整。让
我们通过构造一个独立的无量纲量来检验一下。

$\mathscr{E}$	$ML^{-1}T^{-2}$	能量密度
E	$MLT^{-2}Q^{-1}$	电 场
ε_0	$M^{-1}L^{-3}T^2Q^2$	国际单位制常量

现在,我们列出了这些物理量以及它们各自的量纲,并在列表开头注
明了我们的目标量。能量密度是单位体积中含有的能量,所以它的量纲
是 $ML^{-1}T^{-2}$。电场是单位电荷的力(正如引力场代表的是单位质量的
力——类比法!),因此它的量纲是 $MLT^{-2}Q^{-1}$。

▶ **ε_0 的量纲是什么?**

这个量是最为棘手的,它在库仑定律里出现:

$$静电力 = \frac{q^2}{4\pi\varepsilon_0}\frac{1}{r^2}. \tag{5.74}$$

用量纲方程表示为:

$$[\varepsilon_0] = \frac{Q^2}{[F]L^2}, \tag{5.75}$$

这里的 $[F] = MLT^{-2}$ 代表力的量纲。因此,ε_0 的量纲是 $M^{-1}L^{-3}T^2Q^2$。

第二步要做的就是找到独立的无量纲量。知道需要找出多少目标会
有利于寻找。计数的过程可以辅以白金汉 Π 定理,为了运用好它,我们需
要知道独立量纲的数量。

▶ **这三个物理量包含了多少独立的量纲?**

乍一看,这些物理量包含了四个独立的量纲:M,L,T 和 Q。但是,根

据白金汉 Π 定理，这将会得出"-1"个无量纲量，而这无疑是荒谬的。事实上，独立量纲的数量不可能超过物理量的数量（你在题 5.7 中解释了这个限制条件）。这里，正如你可以在题 5.30 中证明的，只有两个独立的量纲——例如，$\mathrm{MLT}^{-2}\mathrm{Q}^{-1}$（电场的量纲）及 $\mathrm{L}^2\mathrm{Q}^{-1}$。

三个包含两个独立量纲的物理量可以构造出一个独立的无量纲量。它的一个有利的选项是 $\mathscr{E}/\varepsilon_0 E^2$，因为正比于我们的目标量 $\mathscr{E}$。

第三步要做的就是用独立的无量纲量给出关于能量密度的最一般的表述。在只有一个无量纲量的情况下，最一般的表述形式是：

$$\mathscr{E} \sim \varepsilon_0 E^2. \tag{5.76}$$

第四步要做的，就是运用物理知识来缩小可能的范围。由于只有一个独立的无量纲量，各种可能性已经大大减少，唯一没有受到限制的，就是隐藏在近似符号～中的无量纲因子，也就是 $1/2$。在 5.4.3 节中，标度关系 $\mathscr{E} \propto E^2$ 将会帮助我们解释加速电荷所产生的电场的一些令人惊奇的特性——由此还将解释为什么恒星是可见的。

题 5.30 改写量纲形式

用 $[E]$（电场的量纲）和 $\mathrm{L}^2\mathrm{Q}^{-1}$ 来表示 $\mathscr{E}$，E 和 ε_0 的量纲。然后，说明三个物理量只包含两个独立的量纲。

题 5.31 磁场的量纲

磁场 B 对一个运动电荷 q 产生的作用力可由下式得出：

$$F = q(v \times B), \tag{5.77}$$

其中 v 是电荷的速度。请利用这个关系式找出由 M, L, T 和 Q 表示的磁场量纲。由此，给出 1 特斯拉的定义，这是国际单位制中磁场的单位。

题 5.32 磁能密度

正如电场取决于 ε_0，也就是真空的介电常量。磁场取决于常量 μ_0，该常量被称为真空磁导率，其定义式为：

$$\mu_0 \equiv 4\pi \times 10^{-7} \ \mathrm{N/A}^2, \tag{5.78}$$

其中 N 是牛,A 是安,即库/秒(C/s)。利用 M,L,T 和 Q 表示 μ_0 的量纲。

然后使用磁场的量纲(题 5.31)找到磁场 B 的磁能密度。(与电场一样,相应无量纲因子是 1/2。但是量纲分析并没有给我们提供此信息。)你能在静电学和静磁学之间进行怎样的类比呢?

题 5.33　一根导线的磁场

用 B 的量纲(题 5.31)和真空磁导率 μ_0(题 5.32)来找出距一根带有电流 I 的无限长导线 r 处的磁场。量纲分析无法告诉我们其中的无量纲因子是 $1/2\pi$。

用于医疗诊断的磁共振成像(MRI)仪器使用的是 1 特斯拉等级的磁场。如果该磁场是由一根位于 0.5 米远处的带电导线产生的,需要多大的电流? 进而解释为什么这些磁场是由超导磁体产生的。

题 5.34　一块电荷均匀分布的薄板

假设有一个单位面积电荷为 σ 的无限大均匀带电薄板。运用量纲分析找出与该薄板相距 z 处的电场 E。(缺少的无量纲因子原来是 1!)因此,给出标度关系 $E \propto z^n$ 中的标度指数 n。(在题 6.21 中,你将要研究这个惊人的结果的物理解释。)

请用电场和引力场之间的类比关系(2.4.2 节)来找出单位面积质量为 σ 的均匀薄板上方的引力场。

5.4.3　一个运动电荷的辐射功率

在我们接下来的例子中,我们将估算一个运动电荷产生的辐射功率,这也是一个收音机广播天线的工作原理。当我们能综合运用长期以来对通量(3.4.2 节)的理解以及我们对电场(5.4.2 节)能量密度的新理解时,我们就可以运用这个能量来估算出一个令人惊奇的有关电场强度的标度关系。这将大大提高我们考察世界的能力。这个例子也将阐释一种简单的方法来处理电荷的量纲。

▶ **运动电荷的辐射功率是如何取决于电荷的加速度的?**

在这里,让我们先忽略电荷的速度。最有可能的情况是,电荷辐射能量与其加速度满足以下标度关系:

$$\text{辐射功率} \propto (\text{加速度})^n. \tag{5.79}$$

我们可以运用量纲分析确定标度指数 n。

首先,列出我们的目标量,也就是辐射功率 P 与哪些物理量有关。辐射功率当然取决于电荷的运动,这可由加速度 a 表示。辐射功率同样也与电荷 q 有关,因为更多的电荷很可能意味着更多的辐射。所列表格里也应该包括光速 c,因为辐射是以光速传播的。

表格中可能也需要包括真空介电常量 ε_0。然而,我们不是直接将 ε_0 填在表中,而是再次利用在引力研究中走过的捷径,即将质量与引力常量 G 组合在一起(参见 5.3.1 节)。同理,不论是在静电能或静电力中,ε_0 总是以 $q^2/4\pi\varepsilon_0$ 的形式呈现。因此,我们不在表格中单独地列出 q 和 ε_0,而是直接写成 $q^2/4\pi\varepsilon_0$ 的形式。

▶ **电荷速度该如何考虑?**

如果辐射功率与运动速度有关,那么我们就可以运用相对性原理制成永动机:仅仅通过利用一个不同的(惯性)参照系(此参照系中电荷运动得更快),就可以产生能量。我们不相信永动机的存在,因此得出结论:运动速度并不会影响辐射功率。同样地,可以通过改变参照系,使在此参照系中电荷运动速度为 0,我们就可以剔除电荷速度这个物理量。

▶ **为什么有关参照系的讨论不会让我们剔除加速度这个物理量?**

这和转换成另一个惯性参照系相关——一个相对原参照系作匀速运

动的参照系。这种相对运动不影响电荷的加速度,而只影响其速度。

然而,如果我们转而使用非惯性——具有加速度的——参照系,我们必须通过增加科里奥利力、离心力和欧拉力来调整运动方程。(关于参考系的更多内容,见参考文献[32]。)如果我们转换到一个非惯性系,那么关于辐射功率的所有原本确定的东西都不再成立了。总而言之,加速度与速度是完全不同的两个量。

P	ML^2T^{-3}	辐射功率
$q^2/4\pi\varepsilon_0$	ML^3T^{-2}	静电常量
c	LT^{-1}	光　速
a	LT^{-2}	加 速 度

这四个物理量含有三个独立量纲,只能构造出一个独立的无量纲量。因为质量仅出现在 P 和 $q^2/4\pi\varepsilon_0$ 中(包含 M^1),则无量纲量必须包含 $P/(q^2/4\pi\varepsilon_0)$。这一比值含有量纲 $L^{-1}T^{-1}$。将其乘以含有量纲 LT 的 c^3a^2,就可使结果无量纲。因此,正比于 P 的独立的无量纲量是:

$$\frac{P}{q^2/4\pi\varepsilon_0}\frac{c^3}{a^2}. \tag{5.80}$$

作为仅有的无量纲量,它必须是一个无量纲常量,因此可得:

$$P \sim \frac{q^2}{4\pi\varepsilon_0}\frac{a^2}{c^3}. \tag{5.81}$$

而这与严格的结果已经非常接近了:

$$P = \frac{q^2}{6\pi\varepsilon_0}\frac{a^2}{c^3}. \tag{5.82}$$

只要我们使用相对论加速度(四维加速度)作为加速度 a 的推广,即使对于相对论速度,这个结论依然成立。

P 和 a 的标度关系相对简单:$P\propto a^2$。加速度扩大 2 倍,辐射功率就变成原来的 4 倍。对加速度的极度依赖性是天空呈现蓝色的重要原因之一(我们将在 9.4 节中对这个现象进行分析)。

这个功率是由变化的电场引起的。利用电场的能量密度，我们可以估算并解释电场的惊人强度。通过将辐射能量散布到一个半径为 r 的球面上，我们可以估算距离为 r 处的能量通量（单位面积的功率）。球体的表面积与 r^2 成正比，因此可得：

$$能量通量 \sim \frac{P}{r^2} \sim \frac{q^2}{4\pi\varepsilon_0} \frac{a^2}{c^3} \frac{1}{r^2}. \tag{5.83}$$

根据我们在 3.4.2 节中学到的知识可知，能量通量是通过下式和能量密度联系在一起的：

$$能量通量 = 能量密度 \times 传输速度, \tag{5.84}$$

而传输速度就是光速 c，因此可得：

$$\underbrace{\frac{q^2}{4\pi\varepsilon_0} \frac{a^2}{c^3} \frac{1}{r^2}}_{能量通量} \sim \underbrace{\varepsilon_0 E^2}_{能量密度} \times \underbrace{c}_{速度}. \tag{5.85}$$

现在我们可以得到关于电场强度的关系式：

$$E \sim \frac{qa}{\varepsilon_0 c^2} \frac{1}{r}. \tag{5.86}$$

这是一个标度关系，$E \propto r^{-1}$。不妨将它的标度指数与静电场标度关系 $E \propto r^{-2}$（库仑定律）的标度指数 -2 进行比较。辐射场和静电场相比，场强随着距离的增大降低得更慢一些。这个显著差异可以解释为什么我们能够接收到收音机信号，以及能够看到恒星。如果辐射场的场强正比于 $1/r^2$，那么恒星以及世界上的大多数东西都将变得不可见。标度指数能产生多么大的影响啊！

5.5 原子、分子和材料

由于我们使用量纲分析的能力逐渐增加，我们可以对世界上更多的现象进行探索。也许，世界最基本的特性就是它是由原子构成的。费曼在他著名的物理学讲义中强调了原子理论的重要性：

　　　　假如由于某种大灾难，所有的科学知识都被毁灭了，只有一句话能传给下一代，那么怎样才能用最少的词汇来传达最多的信息呢？我相信那就是原子假说（或者说原子事实，无论你愿意怎样称呼都行）：所有的物体都是由原子构成的——原子是一种很小的粒子，一直不停地运动着，当彼此略微相离时，它们会互相吸引；而当彼此互相挤压时，又会彼此排斥。只要稍微想一下，你就会发现，这句话里包含了大量的有关这个世界的信息……

　　原子论最早是由 2 000 多年前古希腊哲学家德谟克利特提出来的。现在我们利用量子力学，可以更精细地研究原子的特性。但是分析过程中包含了过于复杂的数学，以致掩盖了原子理论的核心思想。而利用量纲分析，我们就能始终明确地突显原子理论的核心思想。

5.5.1　氢原子的量纲分析

　　我们将先来研究最简单的原子：氢原子。量纲分析可以解释氢原子的大小，而氢原子的大小又可以进一步用来解释更复杂的原子和分子的大小。量纲分析也将帮助我们估算出解离一个氢原子所需的能量。而这个能量将进而帮助我们得出分子化学键的能量。这些能量将有助于解释材料的刚性、声速以及脂肪和糖的能量。这些研究都是由氢原子开始的！

　　第一步要做的是列出决定原子大小的物理量。这其中需要用到氢的物理模型。一个简单的物理模型就是一个电子在距离质子 a_0 的轨道上运动。它们之间的静电吸引力将提供能够使电子在轨道上运动的力：

$$F = \frac{e^2}{4\pi\varepsilon_0}\frac{1}{a_0^2}, \tag{5.87}$$

其中 e 是电子电荷。我们列出的物理量表中必须包含这个等式中的物理量。这样的话，我们就能运用量纲分析得出是什么力将原子结合在一起。因此，我们还需要设法将 e 和 ε_0 纳入列表中。正如我们在估算一个加速电荷的辐射功率（5.4.3 节）时的做法，我们将 e 和 ε_0 组合成单个量，$e^2/4\pi\varepsilon_0$。

作用在电子上的力本身并不能决定电子的运动情况。决定其运动情况的是电子的加速度。而从已知力中推断出加速度，需要考虑电子的质量 m_e。因此我们的表中必须包括 m_e。

a_0	L	尺　寸
$e^2/4\pi\varepsilon_0$	ML^3T^{-2}	静电常量
m_e	M	电子质量

这三个包含三个独立量纲的物理量并不能构造出无量纲量（这是 5.1.2 节介绍的白金汉 Π 定理的又一次应用）。在没有任何无量纲量的情况下，我们并不能断言任何有关氢原子大小的内容。无量纲量的缺失告诉我们，简单的氢原子模型太过简单了。

接下来有两种可能的解决方案。每一种方法都会涉及新的物理知识来新增一个物理量。第一种可能，通过增加光速 c 来加入狭义相对论。这个方案能够得出一个无量纲量，因此也能得出一个尺寸。但是这个尺寸并不是氢原子的大小。如果将电子看成是一团电荷云的话，这个尺寸就是指电子云的大小（题 5.37）。

这个做法的第二个问题是，电磁辐射是以光速传播的，所以一旦所列的表中包含光速，那么电子就有可能进行辐射。正如我们在 5.4.3 节中所发现的，一个加速电子的辐射功率是：

$$P \sim \frac{q^2}{4\pi\varepsilon_0}\frac{a^2}{c^3}. \tag{5.88}$$

一个轨道电子实际上就是一个加速电子（以向心加速度 $a = v^2/a_0$ 加速运动），因此电子会发生辐射。辐射会带走电子的一部分能量，同时电子将会以螺旋运动的方式和质子相撞，那么氢原子将不复存在——也不会成为任何其他的原子。增加光速这个物理量只会使我们的问题更复杂。

第二种解决方法是加入量子力学的相关知识。它的基本方程是薛定谔方程：

$$\left(-\frac{\hbar^2}{2m}\nabla^2+V\right)\psi=E\psi. \tag{5.89}$$

这个偏微分方程中的大部分符号就量纲分析来说并不重要——量纲分析就是利用这种可忽略性来简化问题的。在量纲分析中，关键之处在于薛定谔方程包含一个新的自然常量 $\hbar$，即普朗克常量 h 除以 2π。我们可以通过在相关量的表格中加入 $\hbar$ 的简单方法将量子力学引入到我们的氢原子模型中。用这一方式，我们要做的就是量子力学的量纲分析。

a_0	L	尺　寸
$e^2/4\pi\varepsilon_0$	$\mathrm{ML}^3\mathrm{T}^{-2}$	静电常量
m_e	M	电子质量
$\hbar$	$\mathrm{ML}^2\mathrm{T}^{-1}$	量　子

新的物理量 $\hbar$ 实际上就是角动量，即由长度（杠杆臂）乘以线动量（mv）得到。因此，它的量纲是：

$$\underbrace{L}_{[r]}\times\underbrace{M}_{[m]}\times\underbrace{\mathrm{LT}^{-1}}_{[v]}=\mathrm{ML}^2\mathrm{T}^{-1}. \tag{5.90}$$

$\hbar$ 的引入也许可以使氢原子模型复活。它提供了第四个物理量，同时并没有引入第四个独立的量纲。因此，这就得以构造出一个独立的无量纲量。

为了找到这个无量纲量，首先找出只出现在两个物理量中的量纲。时间以 T^{-2} 的形式出现在 $e^2/4\pi\varepsilon_0$ 中，并以 T^{-1} 的形式出现在 $\hbar$ 中。因此，这个无量纲量包含比值 $\hbar^2/(e^2/4\pi\varepsilon_0)$。它的量纲是 ML，而 ML 可以通过除以 $m_e a_0$ 的方式被抵消。于是最终得到的无量纲量就是：

$$\frac{\hbar^2}{m_e a_0(e^2/4\pi\varepsilon_0)}. \tag{5.91}$$

作为唯一的独立的无量纲量，它必须是一个无量纲常量。因此氢原子（半径）的大小可由下式得出：

$$a_0 \sim \frac{\hbar^2}{m_e(e^2/4\pi\varepsilon_0)}. \tag{5.92}$$

现在让我们代入常量进行计算。我们的确可以直接查询出各常量的值，但是那种方法将会给指数的处理带来麻烦；10 的幂次会上下波动最后停留在一个似乎是随机的数值上。为了获取洞见，我们将转而利用本书的"有用的量"上的数值，那张表格有意地不单独列入 $\hbar$，及电子质量 m_e 的值。这两处疏漏可以通过对称操作来弥补（题 5.35）。

题 5.35 原子计算的捷径

许多有关原子的问题，比如氢原子的大小或键能，都体现在含 $\hbar$，电子质量 m_e 和 $e^2/4\pi\varepsilon_0$ 的表达式中。你可以不用记住这些常量，记住下面这些常用值即可：

$$\hbar c \approx 200 \text{ eV} \cdot \text{nm} = 2\,000 \text{ eV} \cdot \text{Å}$$

$$m_e c^2 \sim 0.5 \times 10^6 \text{ eV} \quad \text{（电子静能）} \tag{5.93}$$

$$\frac{e^2/4\pi\varepsilon_0}{\hbar c} \equiv \alpha \approx 1/137 \quad \text{（精细结构常数）}.$$

用这些值以及量纲分析找出一个绿光光子（绿光波长大约为 0.5 微米）的能量，将你的答案用电子伏特表示。

在玻尔半径的表达式 $\hbar^2/m_e(e^2 4\pi\varepsilon_0)$ 中，我们可以用 $\hbar c$ 替换 $\hbar$ 并同时用 $m_e c^2$ 替换 m_e：式子左右两边同乘 c^2/c^2 形式的 1，这是一个很方便的对称操作：

$$a_0 \sim \frac{\hbar^2}{m_e(e^2/4\pi\varepsilon_0)} \times \frac{c^2}{c^2} = \frac{(\hbar c)^2}{m_e c^2(e^2/4\pi\varepsilon_0)}. \tag{5.94}$$

现在表格已经提供了 $\hbar c$，$m_e c^2$ 和 $e^2/4\pi\varepsilon_0$ 需要用到的数值。然而，我们还可以进一步简化，因为静电常量 $e^2/4\pi\varepsilon_0$ 和一个无量纲常量有关。为了将二者联系起来，不妨乘以 $\hbar c$ 再除以 $\hbar c$：

$$\frac{e^2}{4\pi\varepsilon_0} = \underbrace{\left(\frac{e^2/4\pi\varepsilon_0}{\hbar c}\right)}_{\alpha}\hbar c, \tag{5.95}$$

括号里的因子就是我们熟知的精细结构常数 α；它是对静电强度的无量纲度量。它的数值大约是 0.7×10^{-2}。于是：

$$\frac{e^2}{4\pi\varepsilon_0} = \alpha\hbar c. \tag{5.96}$$

这个替换进一步简化了氢原子大小的表达式：

$$a_0 \sim \frac{(\hbar c)^2}{m_e c^2 \times e^2/4\pi\varepsilon_0} = \frac{(\hbar c)^2}{m_e c^2 \times \alpha\hbar c} = \frac{\hbar c}{\alpha \times m_e c^2}. \tag{5.97}$$

至此，我们已经将原本复杂的计算简化至一些值得记忆的抽象符号（α，$m_e c^2$ 和 $\hbar c$），接下来我们就可以代入数据了：

$$a_0 \sim \frac{\overbrace{200\ \text{eV}\cdot\text{nm}}^{\hbar c}}{\underbrace{0.7\times10^{-2}}_{\alpha}\times\underbrace{5\times10^{5}\ \text{eV}}_{m_e c^2}}. \tag{5.98}$$

我们可以心算这个式子。式子中的单位电子伏可以抵消，只留下纳米。分子中的 10^2 和分母中的 10^3 抵消一部分，最终得到 10^{-2} 纳米，或者可写为 1 埃（10^{-10} 米），剩余因子的计算结果为 $1/2$：$2/(0.7\times5)\approx1/2$。

因此，原子的大小——玻尔半径——大约为 0.5 埃：

$$a_0 \sim 0.5\times10^{-10}\ \text{m}=0.5\ \text{Å}. \tag{5.99}$$

令人惊讶的是，未包括的无量纲因子就是 1。因此，原子是以埃为单位的。事实上，氢原子的直径就是 1 埃。氢原子之外的所有其他原子，有更多电子，所以有更多电子壳层，也因此比氢原子更大一些。根据一条有用的经验准则，典型的原子直径是 3 埃。

▶ **这么大的氢原子的结合能有多大？**

结合能是指将原子解离并使电子运动到无穷远所需的能量。这个能

量,用 E_0 表示,应该大致等于彼此距离为玻尔半径 a_0 时质子和电子之间的静电能:

$$E_0 \sim \frac{e^2}{4\pi\varepsilon_0} \frac{1}{a_0}. \tag{5.100}$$

代入我们得出的 a_0 的式子,结合能就可表示为:

$$E_0 \sim m_e \left(\frac{e^2}{4\pi\varepsilon_0}\right)^2 \frac{1}{\hbar^2}. \tag{5.101}$$

未显示的无量纲因子就是 1/2:

$$E_0 = \frac{1}{2} m_e \left(\frac{e^2}{4\pi\varepsilon_0}\right)^2 \frac{1}{\hbar^2}. \tag{5.102}$$

题 5.36 计算氢原子结合能的捷径

利用题 5.35 中走过的捷径来证明氢原子的结合能大约是 14 电子伏。根据所得的关于结合能的公式,也是电子的动能,估算其速度是 c 的几分之几。

在题 5.36 中,你已经用 $\hbar c$,$m_e c^2$ 和 α 的值,证明了结合能大约是 14 电子伏。为了取整,让我们将这个结合能看成是约为 10 电子伏。

这个能量确定了化学键的能量标度。在 3.2.1 节中,我们通过单位换算的方式计算出 1 电子伏/分子相当于约 100 千焦/摩尔。因此,打破一个化学键大致需要每摩尔(化学键)1 兆焦能量。作为一种粗略的估算,这个值已和实际值相差不远了。举例来说,假设一个分子是由和生活密切相关的原子组成的(碳原子,氧原子和氢原子),其摩尔质量大约是 50 克——相当于一个小果冻甜甜圈的质量。因此,消化一个甜甜圈(就像我们吃甜甜圈时我们的身体缓慢地消化它那样),会产生大约 1 兆焦的能量——这是一个非常实用的经验准则,并且它也是一种具象化想象出 1 兆焦大小的好方法。

题 5.37　加入光速这个物理量

假设 a_0 与 $e^2/4\pi\varepsilon_0$、m_e 和 c 这几个物理量有关,那么量纲分析得出的氢原子的半径大小是多少? 这个大小称为经典电子半径,并用 r_0 表示。将它与实际的玻尔半径进行比较如何呢?

题 5.38　热膨胀

估算一个典型的热膨胀系数 α。它的定义式是:

$$\alpha \equiv \frac{\text{长度的变化率}}{\text{温度的变化}}. \tag{5.103}$$

热膨胀系数和结合能 E_0 有关。假设 $E_0 \sim 10$ 电子伏,将你估算的 α 值和生活中常见物质的热膨胀系数进行比较。

题 5.39　人眼的衍射

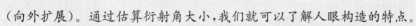

当光线穿过一个小孔,比如望远镜的光圈或是人眼的瞳孔,它就会发生衍射现象(向外扩展)。通过估算衍射角大小,我们就可以了解人眼构造的特点。

a. 将衍射角 θ、光波长 λ 及瞳孔直径 D 联系起来的有效无量纲关系式是什么?

b. 衍射是光束中的光子获得垂直方向动量 Δp_y 的结果。标度关系 $\theta \propto (\Delta p_y)^\beta$ 中的标度指数 β 是多少?

c. 量子力学中的海森堡不确定性原理说明光子垂直动量 Δp_y 的不确定性与瞳孔直径 D 成反比。标度关系 $\theta \propto D^\gamma$ 中的标度指数 γ 是多少?

d. 由此找出 θ 关于 λ 和 D 的函数。

e. 估算瞳孔直径以及相应的衍射角。我们在明亮的光线下使用的视网膜感光细胞是锥形的。在视网膜中央小窝处,感光细胞最为密集——这里是可以完成如阅读等需要敏锐视觉的任务的视网膜中央区。在这个区域,感光细胞的密度大概是 $0.5 \times 10^7/$厘米^2。

题 5.40　非平方反比力规律的开普勒第三定律

在平方反比力的作用下，开普勒第三定律——轨道半径和周期的关系——表现为：$T \propto r^{3/2}$（4.2.2节）。现在将定律推广到形式为 $F \propto r^n$ 的作用力，利用量纲分析确定轨道周期表达式 $T \propto r^\beta$ 中的标度指数 β，将其看成作用力规律中的标度指数 n 的函数。

题 5.41　一般势场中的基态能量

正如我们可以将量纲分析应用于经典轨道的研究（题5.40），我们也可以将它应用于量子轨道的研究。当力的规律满足 $F \propto r^{-2}$（静电学），或者势能满足 $V \propto r^{-1}$ 时，我们就得到氢原子，而对于氢原子我们已经估算了结合能和基态能量。现在我们将势能推广为 $V = Cr^\beta$。

相关的物理量是基态能量 E_0，势能的比例常量 C，普朗克常量 $\hbar$ 和粒子的质量 m。这4个物理量包含3个量纲，因而可以构造出一个独立的无量纲量。但要确定这个无量纲量并不容易。所以要利用线性代数算出使得表达式 $E_0 C^\gamma \hbar^\delta m^\varepsilon$ 无量纲的指数 γ, δ 和 ε。在 $\beta = -1$ 的情况下（静电学），检验你得到的结果是否与我们关于氢原子的结果一致。

5.5.2　黑体辐射

利用量子力学以及新的常量 $\hbar$，我们可以解释行星甚至是恒星的表面温度。其基础就是黑体辐射：炽热的物体——所谓的黑体——会辐射能量。（这里的"热"指的是温度高于绝对零度，所以其实每一个物体都是"热"的。）越热的物体辐射的能量越多，所以辐射的能量通量 F 决定于物体的温度 T。

▶ **能量通量 F 与物体表面温度 T 有什么联系？**

在4.2节中，我已经陈述过它们之间的联系，但现在我们已了解了足够多的有关量纲分析的知识,因而不需要对量子辐射理论的详细研究,就几乎可推导出完整的结论。因此,让我们按照量纲分析的步骤来确定 F,首先从列出相关量开始。

先在表中列出目标量——能量通量 F。通过量子辐射理论——量子力学和经典电磁学的密切结合,我们可以正确理解黑体辐射。(有关它们之间联系的图解参见 8.4.2 节,需要用到后面的简单案例)。为了进行量纲分析,这个理论提供了两个自然常量:量子力学中的 $\hbar$ 和经典电磁学中的光速 c。同样要列出物体的温度 T,以便通过量纲分析知道物体有多热;但是通常情况下,我们将它写成热能的形式:$k_B T$。

F	MT^{-3}	能量通量
$k_B T$	$ML^2 T^{-2}$	热　　能
$\hbar$	$ML^2 T^{-1}$	量子效应
c	LT^{-1}	光　　速

这四个物理量,一共包含三个独立的量纲,因而可以构造出一个独立的无量纲量。通常我们是通过寻找那些仅仅出现在一个或两个变量中的量纲来确定无量纲量的,但现在这一方法行不通,因为质量、长度出现在三个物理量中,而时间更是出现在所有的四个量里。一种解决方案就是和题 5.41 一样,运用线性代数,但是这会很麻烦。

另一种解决方法可以不用硬算,且更具有物理意义,那就是选择一个新的单位制,使得 $c \equiv 1$ 且 $\hbar \equiv 1$。 这两个选择都有其物理意义。在使用这两个选择前,很有必要去理解这些意义,否则我们只是徒劳无功地乱代符号。

第一个选择,$c \equiv 1$,体现了根植在爱因斯坦狭义相对论中的时空内在统一性。在 $c \equiv 1$ 的条件下,长度和时间拥有相同的量纲和单位。然后我们就可以说,太阳到地球是 8.3 分钟的距离。这一时间等同于 8.3 光分的距离(在 8.3 分钟内光传播的距离)。

选择让 $c \equiv 1$ 也表明了质量与能量的一致性。当我们说电子的质量是 5×10^5 电子伏——这其实是个能量单位时,其实我们已经隐含使用了 $c \equiv 1$。 完整说来就是,在默认的单位制中,电子的静能 $m_e c^2$ 是 5×10^5 电子伏。但是当我们选择 $c \equiv 1$ 后,则电子的质量 m_e 也是 5×10^5 电子伏。

第二个选择，$\hbar \equiv 1$，表现出了对量子力学最基本的洞察，那就是能量其实等于（角）频率。能量和频率之间完整的关系式是：

$$E = \hbar\omega \qquad (5.104)$$

当 $\hbar \equiv 1$ 时，E 就是 ω。

这两个单位的选择偷偷地将物理意义加入我们的量纲分析中。与此同时，这两个选择使我们所列的量纲表大大简化，以致我们可以不用线性代数的方法就能得出通量 F 和温度 T 之间的比例关系。

首先，使 $c \equiv 1$，可以让长度和时间的量纲相等：

$$c \equiv 1 \text{ 意味着 } L \equiv T. \qquad (5.105)$$

因此，我们可以将表中的 T 换成 L。

然后加入选择的 $\hbar \equiv 1$，可得出以下量纲等式：

$$\underbrace{ML^2T^{-2}}_{[E]} \equiv \underbrace{T^{-1}}_{[\omega]} \qquad (5.106)$$

这个等式看上去仍然有点乱，但是将 T 换成 L 后（利用 $c \equiv 1$），上式就可以简化为：

$$M \equiv L^{-1}. \qquad (5.107)$$

总而言之，令 $c \equiv 1$ 和 $\hbar \equiv 1$，能使长度和时间的量纲相同，且质量和长度倒数的量纲相同。

已知这些量纲相同的情况后，我们可以重写量纲表，一次重写一个量。

1. 通量 F。在通常的单位制中，通量 F 的量纲是 MT^{-3}。在新的单位制中，T^{-3} 等同于 M^3，因此通量的量纲变成 M^4。

2. 热能 k_BT。它的量纲是 ML^2T^{-2}。在新单位制中，T^{-2} 等同于 L^{-2}，因此热能的量纲就变成 M。而这个变化也是对的：因为 $c \equiv 1$ 使得能量恒等于质量。

3. 量子常量 $\hbar$。根据规定（我们选择 $\hbar \equiv 1$），$\hbar$ 是无量纲的，并且就是 1，因此我们不再将它列在量纲表上。

4. 光速 c。同样根据规定,c 就是 1,因此我们也不把它列在量纲表中。

F	M^4	能量通量
$k_B T$	M	热 能

这样一来我们所列的量纲表就比原来的短了,而且量纲也变简单了。在通常的单位制中,表中包含四个物理量(F,$k_B T$,$\hbar$ 和 c)以及三个独立量纲(M,L 和 T)。现在的表中只包含两个物理量(F 和 $k_B T$)和唯一的独立量纲(M)。在两种单位制情况下,都只有一个独立的无量纲量。

在通常的单位制中,根据白金汉 Π 定理计算的过程如下:

$$\frac{4 \text{ 个物理量} - 3 \text{ 个独立量纲}}{1 \text{ 个独立的无量纲量}}. \tag{5.108}$$

在新的单位制中,根据白金汉 Π 定理计算的过程如下:

$$\frac{2 \text{ 个物理量} - 1 \text{ 个独立量纲}}{1 \text{ 个独立的无量纲量}}. \tag{5.109}$$

(如果无量纲量的数量不相等,那我们就会发现我们在将通常的单位制转换成新单位制的过程中一定出现了错误。)在更简单的单位制中,正比于 F 的独立的无量纲量几乎是显而易见的了。由于 F 包含 M^4 而 $k_B T$ 包含 M^1,因此无量纲量就是 $F/(k_B T)^4$。

但是! 天下没有免费的午餐,而且常会好心没好报。现在我们要为简化付出代价:为了找到通常单位制中等价的无量纲量,我们必须恢复 c 和 $\hbar$。幸运的是,恢复 c 和 $\hbar$ 并不需要任何线性代数计算。

第一步要做的是计算出 $F/(k_B T)^4$ 的量纲:

$$\left[\frac{F}{(k_B T)^4}\right] = M^{-3} L^{-8} T^5. \tag{5.110}$$

我们不需要再选择单位制，就能使这个将比例变成无量纲量的分析进行下去。去除 M^{-3} 的唯一方式就是乘以 $\hbar^3$：只有 $\hbar$ 包含质量的量纲。

最终结果的量纲是 $L^{-2}T^2$：

$$\underbrace{\left[\frac{F}{(k_BT)^4}\hbar^3\right]}_{[F/(k_BT)^4]}=M^{-3}L^{-8}T^5\times\underbrace{(ML^2T^{-1})^3}_{[\hbar]}=L^{-2}T^2. \quad (5.111)$$

为了清除这些量纲，乘以 c^2。正比于 F 的独立无量纲量因此就变为：

$$\frac{F\hbar^3c^2}{(k_BT)^4}. \quad (5.112)$$

作为唯一的独立无量纲量，它是一个常量，因此

$$F\sim\frac{(k_BT)^4}{\hbar^3c^2}. \quad (5.113)$$

将隐含在近似符号 $\sim$ 中的无量纲数值因子包括在内，

$$F=\underbrace{\frac{\pi^2}{60}\frac{k_B^4}{\hbar^3c^2}}_{\sigma}T^4. \quad (5.114)$$

这个结果就是斯特藩-玻尔兹曼定律，所有的常量都包含在 σ（斯特藩-玻尔兹曼常量）中：

$$\sigma\equiv\frac{\pi^2}{60}\frac{k_B^4}{\hbar^3c^2}. \quad (5.115)$$

在 4.2.1 节中，我们用斯特藩-玻尔兹曼定律中的标度指数估算了冥王星的表面温度：我们先是估算了地球的表面温度，再运用正比分析得出冥王星的表面温度。既然我们已经知道了完整的斯特藩-玻尔兹曼定律，我们就可以直接计算星体表面温度。在题 5.43 中，你将要估算地球的表面温度。（接着请试着解释估算值和实际值之间对生命至关重要的差异。）现在，我们将运用斯特藩-玻尔兹曼定律、地球大气层顶端的太阳通量以及正比分析来估算太阳的表面温度。

让我们回头从目标量开始梳理所有我们已知的内容。我们要估算的

是太阳的表面温度 $T_{太阳}$。如果我们已知太阳表面的能量通量 $F_{太阳}$,那么再根据斯特藩-玻尔兹曼定律,我们就能得出太阳的表面温度:

$$T_{太阳} = \left(\frac{F_{太阳}}{\sigma}\right)^{1/4}. \tag{5.116}$$

我们可以利用正比分析的方法,从地球轨道处的太阳通量 F 推出 $F_{太阳}$。正如我们在 4.2.1 节中讨论的那样,通量和距离平方成反比。因为相同的能流(功率)散布在其大小正比于到源距离的平方的表面积上。因此可得:

$$\frac{F_{太阳表面}}{F} = \left(\frac{r_{地球轨道}}{R_{太阳}}\right)^2, \tag{5.117}$$

其中 $R_{太阳}$ 是太阳半径。

一个相关的距离比是:

$$\frac{D_{太阳}}{r_{地球轨道}} = \frac{2R_{太阳}}{r_{地球轨道}}, \tag{5.118}$$

其中 $D_{太阳}$ 是太阳直径。这个比值就是太阳的角直径,用符号 $\theta_{太阳}$ 表示。因此:

$$\frac{r_{地球轨道}}{R_{太阳}} = \frac{2}{\theta_{太阳}}. \tag{5.119}$$

在家里做一个小实验即可测量出月球的角直径,也即太阳的角直径,或者也可参照常量表,可知角直径 $\theta_{太阳}$ 大约是 10^{-2}。因此,距离比大约是 200,而通量比大约为 200^2,或 4×10^4。

继续展开这条分析链,我们就能得出太阳表面的通量了:

$$F_{太阳表面} \approx 4 \times 10^4 \times \underbrace{1\,300\ \mathrm{W/m^2}}_{F} \approx 5 \times 10^7\ \mathrm{W/m^2}. \tag{5.120}$$

这个由斯特藩-玻尔兹曼定律得出的通量,相当于大概 5 400 K 的表面温度:

$$T_{太阳} \approx \left(\frac{5 \times 10^7\ \mathrm{W \cdot m^{-2}}}{6 \times 10^{-8}\ \mathrm{W \cdot m^{-2} \cdot K^{-4}}}\right)^{1/4} \approx 5\,400\ \mathrm{K}. \tag{5.121}$$

这个估算值和权威的数据 5 800 K 是非常接近的。

题5.42　用线性代数重新进行黑体辐射分析

利用线性代数找出能使得组合 $F(k_B T)^y \hbar^z c^w$ 无量纲的指数 y, z 和 w。

题5.43　地球的黑体温度

用斯特藩-玻尔兹曼定律 $F = \sigma T^4$ 来估算地球的表面温度。你估算的结果可能比实际值要稍微低一些。你怎么解释估算值和实际值之间的(对生命至关重要的)差异？

题5.44　和精细结构常数相关的长度

将这些重要的原子物理学长度按照它们的大小升序排列。

a. 电子经典半径(题5.37) $r_0 \equiv (e^2/4\pi\varepsilon_0)/(mc^2)$ (若电子静能完全是静电能,则电子经典半径大致就是电子半径)。

b. 5.5.1 节中的玻尔半径 a_0。

c. 能量为 $2E_0$ 的光子(约化)波长 λ。(这个能量也是氢原子势能的绝对值,被称为里德伯常量)。约化波长定义为 $\lambda/2\pi$,与 $\hbar \equiv h/2\pi$ 或 $f = \omega/2\pi$ 的定义形式类似。

d. 电子(约化)康普顿波长,定义为 $h/m_e c$。

将这些长度用对数标度表示,并用精细结构常数 α 来标记坐标间隔(相邻长度之间的比)。

5.5.3　分子结合能

氢作为元素在地球上是很稀有的,我们研究氢主要是为了理解化学键。化学键是由电子和质子之间的吸引力形成的,氢原子是地球上存在的最简单的化学键。这一模型的主要缺陷就是,氢原子中的电子-质子键长比绝大多数化学键的键长短。典型的化学键长大约是 1.5 埃,比玻尔半径大 3 倍。因为静电能的标度关系为：$E \propto 1/r$,因此典型的结合能应该比氢结合能小 3 倍。氢结合能大约是 14 电子伏,所以典型结合能 $E_{键}$

大概是 4 电子伏——这与 2.1 节的表给出的结合能一致。

另一个重要的化学键是氢键。这些使水分子结合在一起的分子间作用力,却比水分子内的氢氧键弱得多。然而,氢键决定了地球上最重要的液体的重要性质。例如,氢键结合能决定了水的蒸发热,而这在很大程度上决定了我们的天气,包括地球上的平均降雨量(正如我们在 3.4.3 节中发现的)。

用以下正比关系来估算氢键的强度:

$$E_{\text{静电}} \propto \frac{q_1 q_2}{r}. \qquad (5.122)$$

氢键的键长略大于典型键长,大约是 2 埃而非典型的 1.5 埃。键长位于表达式的分母,所以更长的键长反而使其结合能减小为原来的 3/4。

同时,氢原子内的电荷 q_1, q_2,比一般分子内的键含有的电荷要少。通常的键是指完整的质子电荷与完整的电子电荷之间的键。然而,氢键是氧原子的多余电荷和氢原子中相应的缺失电荷间的键。多余的电荷和缺失的电荷要远小于完整的电荷。氧原子多余电荷量可能是 $0.5e$(e 代表电子电荷)。根据守恒定律,每个氢原子缺失的电荷就大约是 $0.25e$。这些减少的电荷量使氢键结合能变为原来的 1/2 和 1/4。最终的能量大约是 0.4 电子伏:

$$4\,\text{eV} \times \frac{3}{4} \times \frac{1}{2} \times \frac{1}{4} \approx 0.4\,\text{eV}. \qquad (5.123)$$

尽管使用的只是大致的数字,这一估算却并没有太大的偏差。根据经验,典型的氢键结合能是 23 千焦/摩尔或约为 0.25 电子伏。每个水分子与四个氢键相邻(两个是氧原子和分子外氢原子之间的键,两个是氢原子和分子外氧原子之间的键)。因此,每个分子都几乎获得了两个氢键——为避免将每个键计算两遍,只考虑了每个分子的氢键总数的一半。得出的结果是每个水分子的结合能为 0.4 电子伏。

因为蒸发水会破坏氢键,而不是分子之间的键,所以水蒸发产生的热能应该大约为每个水分子 0.4 电子伏。用宏观单位表示,这大约是 40 千焦/摩尔水分子——利用 3.2.1 节的换算方式,即 1 电子伏/分子大约等于 100 千焦/摩尔。

因为水的摩尔质量是 1.8×10^{-2} 千克，所以水蒸发产生的热能也是 2.2 兆焦/千克：

$$\frac{40 \text{ kJ}}{\text{mol}} \times \frac{1 \text{ mol}}{1.8 \times 10^{-2} \text{ kg}} \approx \frac{2.2 \times 10^6 \text{ J}}{\text{kg}}. \tag{5.124}$$

并且，在 3.4.4 节中，我们利用这个值相当精确地估算出了全球平均降雨量。雨量以及许多植物生长的速度，都是由氢键的强度决定的。

题 5.45 转动能

量子常量 $\hbar$ 也是旋转系统中可能存在的最小角动量。利用这条信息来估算一个小分子的角动量，例如水分子（以电子伏为单位）。这一能量与多大的电磁波长相对应？对应于电磁光谱的什么位置（例如，无线电波、紫外线或伽马射线）？

5.5.4　刚性和声速

每个原子和每个分子的能量有一个重要的宏观推论就是固体材料的存在：那些抗弯曲、扭转、挤压、延伸的材料。这种抗性与弹性系数类似。

然而，弹性系数并非首先需要估算的量，因为在简单的变化中，它并不是不变的。例如，一根粗棒比细棒更难延伸。类似地，短棒比长棒更难延伸。这个与材料的质量无关的性质——当材料的质量改变时性质保持不变——就称为刚度或弹性模量。有好几种弹性模量，其中应用最为广泛的是杨氏模量。其定义为：

$$\gamma = \frac{\text{作用在物体上的应力 } \sigma}{\text{物体长度变化率}(\Delta l / l)}. \tag{5.125}$$

分母中的比例出现得如此频繁，因此有自己的名称和符号：应变 ϵ。

应力，和与其密切相关的量压强相似，是单位面积所受的力：作用力除以横截面积。分母的长度变化率，是一个无量纲的比（$\Delta l / l$）。所以，刚度的量纲就是压强的量纲——同时也是

能量密度的量纲。若要探求压强与能量密度间的联系,在压强的定义式(单位面积上的力)的分子分母上同乘长度:

$$压强 = \frac{力}{面积} \times \frac{长度}{长度} = \frac{能量}{体积}. \tag{5.126}$$

作为单位体积的能量,我们可以估算出典型的弹性模量 γ。对于分子,合适的能量选项是单位原子的典型结合能——通过打破一个原子与周围原子所成的键从而将一个原子从材料中除去所需的能量 $E_{键}$。对于分母,一个合适的体积选项就是典型的原子体积 a^3,a 是典型的原子间距(3 埃)。所得结果是:

$$\gamma \sim \frac{E_{键}}{a^3}. \tag{5.127}$$

这一推导有些许不完善:在压强的定义式的分子分母上同乘长度时,我们只知道这两个长度有相同的量纲,但并不确定它们是否具有相当的值。如果不是,那么 γ 的估算式中还需要一个可能与 1 相差很大的无量纲因子。因此,在我们估算 γ 之前,先让我们利用另一种方法来验证估算结果,即进行类比——我们在 2.4 节中学到的一种抽象方法。

这种类比,我们在开始讨论刚度的时候也使用过。在这里,它是对弹性系数(k)和杨氏模量(γ)进行类比。在类比中,共有三个相关物理量。

1. 刚度。对一根弹簧来说,我们用 k 衡量其刚度。对一个材料来说,我们用杨氏模量 γ 衡量其刚度。因此,k 和 γ 是类似的。

2. 延展性。对一根弹簧来说,我们用绝对长度变化 Δx 来衡量其伸长度。对于一个材料来说,我们则用长度变化率 $\Delta l/l$(应变 ϵ)来衡量。因此,Δx 和 $\Delta l/l$ 是类似的。

3. 能量。对一根弹簧来说,我们直接用能量 E 描述。对一个材料来说,我们用能量密度 $\mathscr{E} = E/V$ 来描述。因此,E 和 $\mathscr{E}$ 是相似的。

由于弹簧中的能量是:

$$E \sim k(\Delta x)^2. \tag{5.128}$$

由类比可得,材料中的能量密度是:

$$\mathscr{E} \sim \gamma \left(\frac{\Delta l}{l} \right)^2. \tag{5.129}$$

让我们令 $\Delta l \sim l$ 来估算 γ。从物理角度说，这就相当于对这个键拉伸或压缩的程度是其本身的长度。合理设想一下，这种粗暴的方法足以使键断裂。那么等式右边就变成了杨氏模量 γ。

而等式左边的能量密度，就变成了单位体积的结合能。至于体积，如果我们用一个原子的体积，大约是 a^3，那么这个体积含有的结合能就是一个原子的结合能。因此，杨氏模量就等于：

$$\gamma \sim \frac{E_{键}}{a^3}. \tag{5.130}$$

这个结果是我们根据压强的量纲估算出的。然而，基于杨氏模量和弹性系数的类比，我们现在已经有了杨氏模量的物理模型。

既然已经通过量纲和类比得到了这个结论，我们就利用这个结论来估算一个典型的杨氏模量。要估算出分子，也就是结合能，让我们先从典型的每个化学键为 4 电子伏的结合能开始。当每个原子和别的原子连接，比如说和五六个原子连接时，其总能量约为 20 电子伏。因为化学键是原子对之间的连接，这 20 电子伏将每个键算了两次。所以，典型的结合能是每个原子具有 10 电子伏。

利用 $a \sim 3$ 埃，那么一个典型的刚度或杨氏模量就是：

$$\gamma \sim \frac{E_{键}}{a^3} \sim \frac{10\ \text{eV}}{(3 \times 10^{-10}\ \text{m})^3} \times \frac{1.6 \times 10^{-19}\ \text{J}}{\text{eV}} \sim \frac{1}{2} \times 10^{11}\ \text{J/m}^3. \tag{5.131}$$

	$\gamma(10^{11}\ \text{Pa})$		$\gamma(10^{11}\ \text{Pa})$
金刚石	12	花岗岩	0.3
钢	2	铅	0.18
铜	1.2	混凝土	0.17
铝	0.7	橡树	0.1
玻璃	0.6	冰	0.1

在非常粗略的估算情况下,方便记忆的数值是 10^{11} 焦/米^3。由于能量密度和压强有相同的量纲,此能量密度也是 10^{11} 帕(Pa)或者 10^6 个标准大气压。(因为大气压强只有 1 个大气压,比固体的小了 100 万倍,所以大气压强对于固体几乎没有影响。)

选取一个典型的刚度,我们就能估算出固体中的声速。这个速度不仅与固体的刚度有关,还与固体的密度相关:由于其刚性,密度越大的固体对力的反应就越慢,因而声音在密度越大的材料中传播得越慢。根据刚度 γ 和密度 ρ,唯一量纲正确的速度表达式是:$\sqrt{\gamma/\rho}$。如果这个速度就是声速(事实上也确实如此!),那么就可得:

$$c_s \sim \sqrt{\frac{\gamma}{\rho}}. \tag{5.132}$$

基于典型的值为 0.5×10^{11} 的杨氏模量以及值为 2.5×10^3 千克/米^3 的密度(比如说岩石),典型声速为 5 千米/秒:

$$c_s \sim \sqrt{\frac{0.5 \times 10^{11}\ \mathrm{Pa}}{2.5 \times 10^3\ \mathrm{kg/m^3}}} \approx 5\ \mathrm{kg/m}. \tag{5.133}$$

这个估算结果对于大多数固体都是合理的,而对钢来说,这一结果则是严格成立的! 有了这个估算,我们就能结束我们对于材料性质的量纲分析之旅了。看看辅以类比和正比分析方法后的量纲分析让我们了解了哪些知识:原子的大小,化学键键能,材料的刚度,以及声速。

5.6　小结及进一步的问题

一个带有量纲的物理量本身是没有意义的。正如苏格拉底可能说过的,没有比较的量不值得去了解。利用这个原则,我们可以学着将关系式改写成无量纲形式:将物理量进行组合使其没有量纲。由于无量纲关系的空间远远小于所有可能关系的空间,这种改写能使很多问题得到简化。和第二篇中提到的两种方法一样,量纲分析能够在不丢失信息的情况下舍弃复杂性。

题5.46　地球扁率

由于地球是绕地轴旋转的,所以它是一个扁球体。你可以运用量纲分析和少许猜测估算出它的扁率。用 $\Delta R = R_{赤道} - R_{两极}$(两极和赤道半径之差)来衡量扁率。找出两个由 $\Delta R, g, R$(地球的平均半径)和 v(地球在赤道的旋转速度)。试着猜测它们之间的合理的关系来估算出 ΔR,并且将你估算的结果和实际值进行比较(实际值大约为21.4千米)。

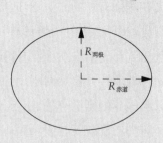

题5.47　深水中的巨大水波

测量到的最高海浪之一是一艘美国海军油船,拉马波号(USS Ramapo)(一艘147米长的油船)在1933年遇到的[33]。此海浪的周期是14.8秒。用题5.11的结论求出它的波长。油船遇到这个波长的海浪会有危险吗?

题5.48　滑冰

根据滑冰的世界纪录,估算出因为滑动摩擦而消耗的功率。在冰上滑行产生的滑动摩擦阻力系数大约是0.005。然后通过以下比值使这个功率产生意义:

$$\frac{\text{滑动摩擦消耗的功率}}{\text{空气阻力消耗的功率}}. \tag{5.134}$$

题5.49　滑冰时的压融作用

水在结冰时发生膨胀。由勒夏特列原理可知,增加冰面所受的压力将会降低其冰点,使冰化成水。已知冰点以及水汽化所需热量的情况下,估算冰刀引起的冰点的变化。这个变化情况是否足以解释为什么冰刀会在摩擦力很小的一个薄层水上打滑?

题5.50　接触半径

一个半径为 R,密度为 ρ 以及弹性模量为 γ 的球静止在地面上。利用量纲分析,推测它

的接触半径 r 是多少?

题 5.51　接触时间

题 5.50 中的球从一定高度下落,以速度 v 撞击一张坚固的桌子,并且反弹。请你运用量纲分析,推测它的接触时间是多长?

题 5.52　在水上漂浮

一些昆虫由于水的表面张力可以浮在水面上。根据昆虫大小 l(长度),找出以下标度关系中的标度指数 α 和 β:

$$F_\gamma \propto l^\alpha$$
$$W \propto l^\beta \tag{5.135}$$

这里的 F_γ 是指水的表面张力,W 是指昆虫的重量(表面张力本身就有单位长度的力的量纲)。由此解释为什么一个体型足够小的昆虫可以漂浮在水面上。

题 5.53　阻尼的无量纲度量

衰减的弹簧-质点系统有 3 个参数:弹性系数 k、质量 m、阻尼系数 γ。阻尼系数 γ 通过关系式 $F_\gamma = -\gamma v$ 决定阻尼力的大小,其中 v 是质点的速度。

a. 用这些物理量构造出和 γ 成正比的无量纲量。机械工程师和结构工程师用以下无量纲量定义阻尼比:

$$\zeta \equiv \frac{1}{2} \times 正比于 \gamma 的无量纲量. \tag{5.136}$$

b. 找出正比于 γ^{-1} 的无量纲量。物理学家和电气工程师们,遵循早期收音机的惯例,称这个量为品质因子 Q。

题 5.54　自身重量下的钢缆

不能将一种材料的刚度和强度混淆起来。强度是指材料在外力作用下发生断裂的应力(一种压强);用 σ_y 表示。和刚度一样,强度也是一种能量密度。无量纲比值 σ_y/σ 被称为屈服应变 ϵ_y,其物理解释为:材料发生断裂时长度变化率所达到的值。对大多数材料,这个无量纲比值的范围是 $10^{-3} \sim 10^{-2}$——脆性材料(比如岩石)的无量纲比值接近最低点。请运用上述知识,估算出钢缆在自身重量下不发生断裂的最大长度。

题 5.55 轨道动力学

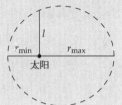

一颗沿椭圆轨道围绕太阳运动的行星可以用离太阳最近距离 $r_{\min}$ 和最远距离 $r_{\max}$ 来描述。长度 l 是它们的调和平均:

$$l = 2\frac{r_{\min}r_{\max}}{r_{\min}+r_{\max}} = 2(r_{\min} \parallel r_{\max}). \tag{5.137}$$

(你将在题 8.22 中再次遇到调和平均这个概念,作为一种更一般的平均的例子。)

表格给出了行星的 $r_{\max}$ 和 $r_{\min}$,以及特殊有效势能 V,即有效势能除以行星质量 m(有效势能本身就已经混合了引力势能和一部分动能)。这个问题的目的是理解普适函数是如何将这个看上去杂乱无章的数据整理好的。

	$r_{\min}$(m)	$r_{\max}$(m)	$V(\mathrm{m^2/s^2})$
水 星	$4.600\,1\times10^{10}$	$6.981\,8\times10^{10}$	$-1.146\,2\times10^{9}$
金 星	$1.074\,8\times10^{11}$	$1.089\,4\times10^{11}$	$-6.133\,9\times10^{8}$
地 球	$1.471\,0\times10^{11}$	$1.521\,0\times10^{11}$	$-4.436\,9\times10^{8}$
火 星	$2.066\,6\times10^{11}$	$2.492\,3\times10^{11}$	$-2.911\,9\times10^{8}$
木 星	$7.406\,7\times10^{11}$	$8.160\,1\times10^{11}$	$-8.527\,7\times10^{7}$
土 星	$1.349\,8\times10^{12}$	$1.503\,6\times10^{12}$	$-4.652\,3\times10^{7}$
天王星	$2.735\,0\times10^{12}$	$3.006\,3\times10^{12}$	$-2.312\,2\times10^{7}$
海王星	$4.459\,8\times10^{12}$	$4.537\,0\times10^{12}$	$-1.475\,5\times10^{7}$

a. 画出 V 关于 r 的曲线,并标出所有的数据。每个行星提供两个数据点,一个是 $r=r_{\max}$,一个是 $r=r_{\min}$。所有的点标记完成后,曲线看上去可能是一团混乱。但是你将会在解决以下问题的过程中,

逐渐将图梳理清楚。

b. 现在用无量纲形式写出 V 和 r 之间的关系。相关物理量是 V、r、$GM_{太阳}$ 和长度 l。构造出你认为合适的无量纲量,使得 V 和 r 都只出现在一个无量纲量中。

c. 现在运用无量纲形式,重新标注这些用无量纲形式表示的数据。所有的点都应该落在一条曲线上。这些步骤完成后,你就找到描述所有行星特性的普适函数啦!

题 5.56 同轴电缆中的信号传播速度

对于题 2.25 中的同轴电缆,请估算出信号在其中的传播速度。

题 5.57 外界压力下的米尺

将钢制米尺置于海洋底部时,请估算钢制米尺将会缩短多少?如果是木制米尺呢?

题 5.58 水中的声速

用水汽化热来衡量它最弱的化学键的能量密度,由此估算水中的声速。

题 5.59 δ 函数势

一个简单的、常作为模型来理解分子的势是一维 δ 函数势 $V(x) = -E_0 L \delta(x)$,其中 E_0 是能量,L 是长度(假设一个深度为 E_0 且有较小宽度 L 的深势阱)。用量纲分析来估算基态能量。

题 5.60 管流

在本题中,你将研究流体通过一个狭窄管道的流动。要估算的物理量是 Q,即体积流速(单位时间的体积)。体积流速和五个物理量相关:

l	管道长度
Δp	管道两端的压强差
r	管道半径
ρ	流体密度
ν	流体的运动黏度

a. 从这 6 个物理量中构造出 3 个无量纲量 G_1、G_2 和 G_3——并按照以下形式写出最一般的表述形式：

$$\text{无量纲量 1} = f(\text{无量纲量 2}, \text{无量纲量 3}). \qquad (5.138)$$

提示：一个物理上合理的无量纲量是 $G_2 = r/l$；为了方便求解 Q，不妨将 Q 只包含在无量纲量 1 中，并使此无量纲量正比于 Q。

b. 现在试想这根管道又细又长（$l \gg r$），并且管道的半径或流速小得足以保持一个较小的雷诺数。接着利用正比分析推断出函数 f 的表达式。首先得出 $Q \propto (\Delta p)^{\beta}$ 中的标度指数 β；接着得出 $Q \propto l^{\gamma}$ 中的标度指数 γ。提示：试试看如果让 Δp 和 l 同时加倍，Q 将会发生什么样的变化。

确定能满足你所要求的所有正比关系的函数 f 的表达式。如果你陷入了瓶颈，不妨试试从正确的结果递推。举例来说，查看泊肃叶流的表达式，并根据这个结果推出之前的正比关系；再思考它们之所以如此的原因。

c. 在以上步骤中运用量纲分析并不能告知你无量纲常量是多少。你可以用一个注射筒和针管来测出这个无量纲常量。将你估算出的数值和通过老老实实解流体力学方程得出的结果（即直接查找出这个无量纲常量值）进行比较。

题 5.61　烧开与烧干

在"有用的量"中查找到水的比热，然后估算

$$\frac{\text{将一壶水烧开所需能量}}{\text{将开水烧干所需能量}}. \qquad (5.139)$$

题 5.62　椭圆轨道的开普勒定律

开普勒第三定律将轨道周期和轨道的最小半径 $r_{\min}$、最大半径 $r_{\max}$ 以及太阳引力强度联系起来：

$$T = 2\pi \frac{a^{3/2}}{\sqrt{GM_{\text{太阳}}}}, \qquad (5.140)$$

其中椭圆的半长轴 a 被定义为：$a \equiv (r_{\min} + r_{\max})/2$。用无量纲形式表达开普勒第三定律，使得其中一个无量纲量正比于 T 而另一个无量纲量正比于 $r_{\min}$。

题 5.63　为什么需要火星的数据？

为什么开普勒需要用火星轨道的相关数据来得出围绕太阳运行的行星轨道是椭圆而不是圆这个结论？

题 5.64　船体速度的弗劳德数

对一艘船来说，它的船体速度定义为：

$$v \equiv 1.34\sqrt{l}, \tag{5.141}$$

其中速度 v 是用节（1 海里/小时）来度量的，而水线长 l 是用英尺来度量的。水线长度，就像你可能想到的那样，是指在水线上测量的船的长度。而船体速度是指在水的阻力不是很大时船的最大航行速度。

将这个特殊单位的公式转换成近似的弗劳德数 Fr，即我们在5.1.1 节中为了测量出最大步行速度而引入的无量纲量。对船体速度而言：

$$\mathrm{Fr} \equiv \frac{v^2}{gl}. \tag{5.142}$$

根据这个近似的弗劳德数，猜测出精确值。

第三篇

忽略复杂性时有信息丢失

你已经组织了复杂性(第一篇);也已经在不丢失信息的情况下舍弃了一些复杂性(第二篇);然而复杂的现象仍然难以理解。艰难之路,唯勇者行。我们可以先做近似,随后再考虑其他的事,否则你将永远无法真正开始,你也永远无法知道近似其实可以达到足够精确的程度——只要你集聚足够的勇气去做近似。帮助你做这些近似是我们最后一组工具的目的。

以下四个工具能帮助我们在有信息丢失的情况下舍弃复杂性。首先,我们对复杂的数字和图形进行取整或团块化(第6章)。其次,我们承认我们的知识是不完备的,我们用概率工具对不确定性进行定量化(第7章)。第三,我们研究复杂问题的简单版本——简单案例的工具(第8章)。第四也是最后一点,利用弹簧模型(第9章),我们对许多现象进行近似处理从而得以理解它们,其中包括烹饪时间,声速以及天空和落日的颜色。

第6章

团 块 化

在 1982 年,美国数千学生被要求估算 3.04×5.3 的值,他们可以在 1.6,16,160,1 600 或"我不知道"这几个选项中选择。只有 21% 的 13 岁学生和 37% 的 17 岁学生选了 16。正如卡朋特和他的同事们所说的那样,大部分学生没有答对并不是因为他们缺少计算技能[34]。在回答用来测试乘法("2.07 乘 9.3")精算能力的题目时,13 岁的学生正确得分率在 57%,17 岁的学生正确得分率在 72%。出现这些现象的原因是,学生的理解不到位;如果你的薪水大概是每小时 5 美元,那工作约 3 小时后你的净财产不可能增加 1 600 美元。学生们需要掌握我们接下来要介绍的方法:取整,或者更一般地说,团块化(合并化,集总化)。

选 项	年龄 13	年龄 17
1.6	28%	21%
16	**21%**	**37%**
160	18%	17%
1 600	23%	11%
不知	9%	12%

6.1 近 似!

幸运的是,取整是我们在感知数量时的固有行为:超过 3 后,我们对

"数量有多少"的感知就会出现固有的不准确。对成人来说，这个令其感觉含糊不清的数目界限是 20%。如果我们观察两个总数差异在 20% 以内的点集，我们不能轻易地分出哪个集合的点数更多。让我们观察下列正方形来检验一下。

在左边这对正方形中，其中一个正方形里的点数比另一个正方形里的多了 10%；在右边这对正方形中，其中一个正方形里的点数比另一个正方形里的多了 30%。在左边这对中，辨别出哪一个包含了更多的点是比较困难的。而在右边这一对，点数多的那个几乎是显而易见的。团块化就这样自然而然地出现了；我们只是需要勇气来进行团块化。我们将首先通过尝试取整来培养勇气，这是团块化最为人熟知的方法。

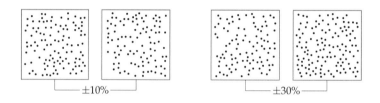

6.2 对数标度的取整

如果我们连去隔壁邻居家拜访都要开车，那么我们的肌肉就会萎缩，我们在物质世界自由运动的能力就会下降。同理，如果非常简单的计算题我们都要用计算器算，那么我们在这个定量的世界中自由探索的能力就会钝化。我们对世界上物体的大小和标度并没有天生的感知。矫正的方法就是通过我们自己的计算，但只是近似的计算——将一些量置于对数标度并不断调整它们，直至"凑"到方便计算的值。

6.2.1 取整至最接近的 10 的幂次

最简单的取整方法是将每个数字凑至和原值最接近的 10 的整数次幂。这种简化方法能够将大多数的原本复杂的计算转换成整数指数的加减（开方除外，开方的指数是分数）。在此处，"最接近"是在对数标度的基础上判断的,即数值之间的距离不是由差值衡量的,而是由比值或者倍数来衡量的。比如说,50——尽管在线性标度上看 50 更接近于 10 而不是 100——但是 50 是 10 的 5 倍,100 是 50 的 2 倍,5 比 2 大。因此 50 更接近 100 而不是 10,因而应将 50 取整至 100。

让我们通过计算一日有多少分钟来进一步练习。

$$1\,\mathrm{d} \times \frac{24\,\mathrm{h}}{\mathrm{d}} \times \frac{60\,\mathrm{min}}{\mathrm{h}} = 24 \times 60\,\mathrm{min}. \tag{6.1}$$

现在让我们把每一个乘数取整至最近的 10 的整数次幂。由于 24 是 10 的 2.4 倍,24 相对于 100 的倍数却大于 4,因此 24 取整为 10。

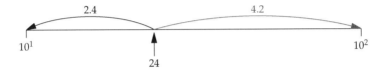

相比之下,60 更接近于 100 而不是 10。

根据以上的近似结果,1 日大约是 1 000 分钟。

$$1\,\mathrm{d} \times \frac{\overbrace{10}^{\text{来自}24}\,\mathrm{h}}{\mathrm{d}} \times \frac{\overbrace{100}^{\text{来自}60}\,\mathrm{min}}{\mathrm{h}} = 1\,000\,\mathrm{min}. \tag{6.2}$$

精确值是 1 440 分钟,因此估算结果只是比精确值小了 30%。这个小错误算是一种合理的代价,因为它能够帮助我们获得一种几乎不费力的计算方法——谁需要用计算器来算 10×100 的值呢? 此外,对很多计算来说,需要的是直觉力而不是精确度,这个精确程度已经足够了。

题 6.1 将数取整成最接近的 10 的整数次幂

将这些数字取整至最近的 10 的整数次幂:200、0.53、0.03 和 7.9。

题6.2 取整的上界或下界

我们已知60是往上取整至100而24是往下取整至10。哪个数正好位于既可往上取整至100和往下取整至10的临界线上？

题6.3 取整至最接近的10的整数次幂

将数字取整至最接近的10的整数次幂从而计算出下列乘积的结果：(a) 27×50,(b) 432×12,(c) 3.04×5.3。

题6.4 计算光的偏折

在5.3.1节中,我们运用量纲分析得知地球使星光偏折的角度大约为：

$$\theta \sim \frac{\overbrace{6.7 \times 10^{-11} \ \mathrm{kg}^{-1} \cdot \mathrm{m}^3 \cdot \mathrm{s}^{-2}}^{G} \times \overbrace{6 \times 10^{24} \ \mathrm{kg}}^{m_{地球}}}{\underbrace{6.4 \times 10^6 \ \mathrm{m}}_{R_{地球}} \times \underbrace{10^{17} \ \mathrm{m}^2 \cdot \mathrm{s}^{-2}}_{c^2}}. \tag{6.3}$$

将每个因数取整为最接近的10的整数次幂并迅速计算出偏折角。估算出结果需要花多长时间？

6.2.2 取整为最接近的10的半整数次幂

将数取整为最近的10的整数次幂就能进行快速的、初步的计算。但是这样的计算结果太粗略,我们可以再精确些。下一步增加精确性的方法就是将数取整为10的半整数次幂。

我们将通过估算1年有多少秒来解释这个方法。数值计算（不带单位）是 $365 \times 24 \times 3\,600$。现在我们对每一个因子取整,即用 10^β 的形式来代替这些因子。在之前的方法中,我们将因子取整为最近的10的 β 次幂,β 是整数。现在 β 也可以是半整数（比如说,2.5）。

▶ **10 的 0.5 次幂的值是多少?**

两个10的0.5次幂相乘得到10,所以10的0.5次幂就是$\sqrt{10}$,或者说,略大于3(正如你在题6.2中发现的)。若你想要计算结果更精确些,那么一个0.5次幂就是3.2或3.16,尽管其实已经很少需要这样的精确性了。

在计算秒数的取整过程中,365 约为 $10^{2.5}$,并且,就像下图表示的那样,3 600 约为 $10^{3.5}$:

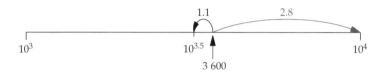

剩下的一个因子是 24。它更接近于 $10^{1.5}$(约为 30)而不是 10^1:

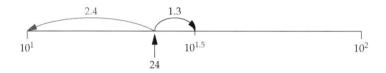

于是,我们就用 $10^{1.5}$ 替换 24。那么这个计算式就可简化为:

$$\underbrace{10^{2.5}}_{365} \times \underbrace{10^{1.5}}_{24} \times \underbrace{10^{3.5}}_{3\,600}. \tag{6.4}$$

接下来的运算将 10 的半整数次幂的指数相加即可:

$$10^{2.5} \times 10^{1.5} \times 10^{3.5} = 10^{7.5}. \tag{6.5}$$

因为指数上的 0.5 可贡献出一个因子 3,因此一年大约有 3×10^7 秒。我将这个值近似记为 $\pi \times 10^7$,这个结果精确到了 0.5%。

题6.5 地球的轨道速度

用我们估算出的一年有 $\pi \times 10^7$ 秒这个答案,来估算地球围绕太阳运动的轨道速度。不要使用计算器!(地球-太阳之间的距离是 1.5×10^{11} 米,这个值是值得我们记住的。)

题6.6 π 是从哪来的?

正确还是错误:一年有 $\pi \times 10^7$ 秒中的 π 之所以会出现,是因为地球围绕太阳运动的轨道是一个圆,而圆的周长中有 π。

题 6.7　仅是约等于 π

正确还是错误：一年有 $\pi \times 10^7$ 秒并不准确，因为地球在一个不怎么偏离圆的椭圆轨道上运行。

题 6.8　估算几何平均

在 2.3 节，我用直觉估算了美国每年的石油进口量。那次讨论引出了几何平均估算法：

$$\sqrt{1\,000\,万 \times 10\,000\,亿} \text{ 桶}/年. \tag{6.6}$$

把这两个量 1 000 万和 10 000 亿放在对数标度上来估算这个平方根的值，并找出它们的中点。

6.3　典型值或特征值

团块化不仅可以简化数字，即取整，它还可以通过创造一个抽象值：典型值或特征值来简化复杂的量。我们已经不加说明地多次运用了这种团块化方法，如今是时候明确地对此方法进行讨论，并发展运用此方法的能力。

6.3.1　估算美国的人口

我们第一个明确的有关典型值或特征值的例子将出现在接下来对人口的估算中。对于一个社会，要想估算一个国家的石油进口量（1.4 节）、能源消耗、人均土地面积（题 1.14）等，知道其人口数量是必不可少的。在这里，我们将通过把美国人口总量分成两个相乘的因子来估算它。

$$美国人口 \sim N_{州} \times 一个典型的美国州的人口数量 \tag{6.7}$$

第一个因子，$N_{州}$，我们每个人都在学校学到过：$N_{州} = 50$。第二个因子包含了团块化近似。对于美国的所有的州，我们都用一个典型的州的人口数量来统一处理，而不是使用 50 个不同的州人口。

▶ **一个典型的州有多少人口？**

美国的大州有加利福尼亚和纽约等,它们都有包含几百万人口的特大城市。美国的小州有特拉华州和罗得岛州等。还有的州规模位于大州和小州之间,比如马萨诸塞州。因为我住在那里,所以,我知道马萨诸塞州的人口数大概是 600 万。就拿马萨诸塞州作为典型州,那么整个美国的人口数大约就是 50×600 万,即 3 亿。这一估算要比我们本应得到的要精确得多：2012 年美国的人口总数是 31 400 万。

从这一例子,我们还可以看出团块化是如何加强对称分析的：在发生变化时,就去寻找不变量(3.1 节)。在这里,每一个州都有其各自的人口数,所以如果考虑每个州的人口数,就会存在很多的变量。而团块化帮助我们找到或是创造出一个不变的量。我们不妨假设出一个典型的州,一个也许甚至不存在的州(就好像没有一个家庭的孩子数量是平均值 2.3),然后令每个州的人口数量都等于这个典型的州的人口。我们通过团块化忽略变化——为了洞察整个国家的人口总数而丢弃某些信息。

题 6.9　德国的联邦州

德国共有 16 个联邦州。随机选出一个州,将它的人口数乘以 16,然后将这一估算值与德国实际人口数进行比较。

6.3.2　将变化的物理量团块化：动物可以跳多高？

典型值或特征值的运用使我们坐在扶手椅上就能分析出看似不可解决的问题。我们可以通过研究动物跳跃所能达到的最大高度和其体型之间有什么关系来进行实践。打个比方,人能跳得比蝗虫高吗？

这里的跳高既可以是助跑跳高,也可以是立定跳高。这两种跳高方式都很有趣,但是立定跳高可以让我们更多地了解团块化。因此,我们不妨假设所有的动物从静止状态开始直接向上跳。

即使是在这一假设之下，这一问题看起来还是条件不足。跳跃所能达到的高度至少会和动物的外形、拥有的肌肉量以及肌肉的效率有关。正是这一类问题让团块化——一个进行假定的工具——起了最重要的作用。我们将利用团块化和正比分析来确定 $h \propto m^{\beta}$ 中的标度指数 β，其中，h 代表跳跃高度，而 m 代表动物的质量（以此衡量其体型大小）。

要确定标度指数，通常需要建立一个物理模型。要想构建物理模型，你可以假设一个极端的、不现实的情况，然后问问自己，是什么物理性质使其不能发生。比如，为何我们不可以跳跃到月球上？这是因为它需要极其巨大的能量，远远超过我们的肌肉可以提供的能量。我们可以从这个思想实验中提取出要点，即跳高所需并由肌肉提供的能量是多少。

正如我们估算波士顿的出租车数量那样（3.4.1 节），供与求的出现意味着我们需要使供给与需求相等。然后我们分别单独地估算出每个部分，即使用分而治之法。

所需的能量是重力势能 mgh。这里的 g 是重力加速度，而跳跃高度 h 是由动物质心（CM）的垂直变化衡量的。因为所有的动物感觉到的引力是相同的，所以 $E_{需求} = mgh$ 可以简化成比例式 $E_{需求} \propto mh$。

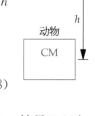

对于供给的能量，我们可以再一次使用分而治之法：

$$E_{供给} \sim 肌肉质量 \times 肌肉能量密度, \qquad (6.8)$$

其中肌肉能量密度是指肌肉可提供的单位质量的能量。这一结果已经包含团块化的思想了：它假设动物体内的所有肌肉提供的能量密度是相同的。这一假设反映在近似符号（$\sim$）中。

即使如此，结果还是不够简洁。每一物种，或是同一个物种内的每一个个体，都拥有各自不同的肌肉质量和能量密度。因此，让我们做进一步的团块化假设：所有的动物，即使其肌肉质量各不相同，其肌肉能量密度是相同的。这一假设貌似是合理的，因为所有的肌肉使用的都是相同的生物学机制（肌动蛋白丝和肌球蛋白丝）。幸运的是，这一假设只是一个近似：团块化舍去一些实际信息，这也是它降低复杂性的方法。假设所有肌肉的能量密度都是相同的，则供给的能量就变成下列更简单的正比关系：

$$E_{供给} \propto 肌肉质量. \tag{6.9}$$

这一结果的简洁性提醒我们，一个近似值可能要比精确值有用得多。

当然，不同的动物，其肌肉的质量也是各不相同的。引入无量纲因子并进行团块化近似可以处理这一复杂性。用无量纲因子 α 表示肌肉质量在整个动物质量中的占比：

$$m_{肌肉} = \alpha m. \tag{6.10}$$

可是，不同物种的 α 各不相同（比较一只非洲猎豹和一只海龟的 α），在物种内部，α 也不相同，个体的一生中，α 会发生变化——比如说，当我坐下来写这本书的时候，我的 α 值一直在下降。如果我们考虑所有这些变量，那我们迟早会被其复杂性压垮。团块化能将我们从这极端复杂性中拯救出来：它准许我们假设 α 对每一个动物来说都是相等的。我们用一个典型的动物来替代多种多样的动物。这个假设并不像它听上去那样疯狂。它不是指假设所有的动物都有相同的肌肉质量，而是指所有动物有相同的肌肉比例；举例来说，对于人类，$\alpha \sim 0.4$。

有了这个团块化假设，$m_{肌肉} = \alpha m$ 就可以变为更简单的正比关系 $m_{肌肉} \propto m$。由于肌肉提供的能量正比于肌肉质量，所以也正比于动物的质量：

$$E_{供给} \propto m_{肌肉} \propto m. \tag{6.11}$$

这个结果和我们所希望的一样简洁，并且它与合适的物理量相关，即动物的质量。现在让我们用这个结论来预测动物的跳跃高度和其质量有什么关系。

由于所需的能量和供给的能量是相等的，且所需的能量——引力势能——正比于 mh：

$$mh \propto m. \tag{6.12}$$

共同的因子 m^1 在等式两边相消，使 h 与 m 无关：

$$h \propto m^0. \tag{6.13}$$

所有(能跳跃的)动物按理都应该能跳到相同的高度!

这个结果总是令我惊讶。在进行计算前,我的直觉并不能判定 h 将会有怎样的作用。一方面,体型小的动物看上去却很强壮:蚂蚁可以举起比它们本身质量高好几倍的物体,然而人类只能举起约等于其自身质量的物体。尽管如此,我的直觉也坚持认为人类应该能跳得比蝗虫高。

	m	h
跳 蚤	0.5 mg	20 cm
扣甲虫	40 mg	30 cm
蝗 虫	3 g	59 cm
人 类	70 kg	60 cm

(数据来自参考文献[35]。)

从这个例子中我们可以得知一个道理,即团块化可以增强正比分析的作用。正比分析通过忽略一些不变的量来降低复杂性。举例来说,当所有的动物都面临相同的引力场时,那么 $E_{需求} = mgh$ 可以简化成 $E_{需求} \propto mh$。 不过,我们身处于"真实"的荒漠中,这里的"相同"也几乎常常只是一种近似——比如说,不同动物肌肉的能量密度就是这种情况。团块化在很大程度上帮助了我们。它允许我们用一个单一的、不变的、典型的值来替换这些不断变化的值,从而使关系式能够用正比分析来表示。

题 6.10 跳蚤

对于一些小型动物来说,我们所预测的不变的跳跃高度看上去就不适用了:大一些的动物能跳到约为 60 厘米的高度,然而跳蚤只能达到 20 厘米的高度。在这个问题中,请你判断空气阻力是否能解释产生这差异的原因。

a. 使用团块化近似法,假设动物是一个边长为 l 的立方体,并设想它能跳到一个和质量 m 无关的高度 h。接着,找出 $E_{阻力}/E_{需求} \propto l^{\beta}$ 中标度指数 β 的值,这里的 $E_{阻力}$ 是指阻力消耗的能量,而 $E_{需求}$ 是指不存在阻力时需要的能量。

b. 对于一个可以跳至 60 厘米高、形状为立方体的人,估算 $E_{阻力}/E_{需求}$ 的值。利用标度关系,估算相应于一只形状为立方体的跳蚤的 $E_{阻力}/E_{需求}$。对于"阻力是跳蚤跳跃高度较低的原因"这句话,你的判断是什么?

6.3.3 理想弹簧的周期

量纲分析所得出的一个惊人的结论就是弹簧的周期,或者一个小振幅单摆的周期并不取决于其振幅(题 5.14)。然而,数学推导并没有告诉我们其中的原因;它没有给我们物理直觉。这种直觉来自团块化,其中用到了特征值。我们一起来尝试找出弹簧的周期;你将通过找出单摆的周期(题 6.11)来进行练习。

要使用这种可以换来物理直觉的团块化方法,就需要我们构建一个物理模型。在这里,一个被拉伸或压缩的弹簧在质点上施加力的作用并使其加速运动。如果弹簧伸长至振幅 x_0,那么施加的力大小是 kx_0,加速度是 kx_0/m。这个加速度在质点运动时会发生变化,因此分析质点的运动需要微分方程。然而,这个加速度同时也是一个特征加速度。它为其他时间的加速度设置了标度。如果我们用这个特征加速度来替代变化着的加速度,那么复杂性就不复存在了。这个问题就会变成一个等加速度的问题,其中 $a\sim kx_0/m$。

在相当于一个周期 T 的时间段里一直保持等加速度 a,质点的移动距离相当于 aT^2,也即 kx_0T^2/m。运用了团块化和特征值后,"相当于"是近似符号 ～ 的文字表述。我们可以写出如下等式:

$$距离 \sim aT^2. \tag{6.14}$$

另一种有用的表述方式是"数量级":距离是 aT^2 的量级。同样地,特征距离是 aT^2。

这个特征距离一定与振幅 x_0 相当。因此有:

$$x_0 \sim \frac{k x_0 T^2}{m}. \tag{6.15}$$

振幅 x_0 就可以抵消了！且周期 $T \sim \sqrt{m/k}$！团块化于是为周期为什么和振幅无关提供了如下解释：当振幅增加因而移动距离也增加时，施加的力和加速度也会增加，正好补偿了这一变化，最后使周期保持不变。

题 6.11 使用团块化分析一个小振幅单摆的周期

用特征值来解释为什么一个小振幅单摆的周期和振幅 θ_0 无关。

题 6.12 非线性弹簧的周期

设想有一根非线性弹簧，力的规律满足 $F \propto x^n$。按如下步骤使用团块化方法来找出周期 T 是如何随着振幅 x_0 变化的。

a. 估算出一个典型或特征加速度。

b. 以这个加速度，质点在一个周期 T 中大约移动了多少距离？

c. 这个距离一定与振幅 x_0 相当。因此，找出 $T \propto x_0^{\alpha}$ 中的标度指数 α（其中 α 是力的规律中标度指数 n 的函数）。然后验证你在题 5.17 中得到的答案。

6.3.4 团块化导数

之前关于弹簧-质点系统周期的分析（6.3.3 节）阐述了一种一般的简化方法：运用特征值，我们可以用代数来代替导数。代数表达式通常能提供一个直观的、物理的模型。作为一个例子，让我们从物理上解释在 5.1.1 节用量纲分析得到的加速度：一个做圆周运动物体的向心加速度。

加速度是速度的导数：$a = dv/dt$。使用导数的定义：

$$\frac{dv}{dt} \equiv \frac{v\ \text{的无穷小变化}}{v\ \text{发生无穷小变化所需的（无穷小）时间}}. \tag{6.16}$$

无穷小的变化和时间很难刻画，因此基于微积分的分析通常并不能够帮助我们看清为什么某个结果是正确的。

团块化近似，通过舍弃复杂性，能帮助我们获得直觉。记住团块化近

似的一种方法是,首先使用 6＝6 来抵消 16/64 中的 6:

$$\frac{1\!\!\!/6}{\!\!\!/64} = \frac{1}{4}. \tag{6.17}$$

这个结果是精确的! 尽管这种特别的抵消方式有些可疑,但是由此可以得到一个类似的做法,即团块化近似 d＝d。抵消的结果将导数转化为代数:

$$\frac{\mathrm{d}v}{\mathrm{d}t} \sim \frac{v}{t}. \tag{6.18}$$

▶ v/t 表示什么?   🔍

团块化用"特征的"来代替"无穷小的":

$$\frac{v}{t} \sim \frac{v \text{ 的特征变化}}{v \text{ 发生此变化所需要的时间}}. \tag{6.19}$$

分子提醒我们观察 v 的变化,并且用特征变化或典型变化来代替这一变化。分母常被简称为特征时间,或时间常数,并表示为 τ。

将这个近似结果代入圆周运动,我们需要区分速度矢量 $\boldsymbol{v}$ 和其大小 v(速率)。这个速度大小至少在匀速圆周运动中是绝不会变的,所以 $\mathrm{d}v/\mathrm{d}t$ 本身等于 0。我们感兴趣的部分在于 $|\mathrm{d}\boldsymbol{v}|/\mathrm{d}t$:矢量的导数大小,而不是矢量大小的导数。团块化后的加速度 a 就是:

$$a \sim \frac{|\, \boldsymbol{v} \text{ 的特征变化} \,|}{\boldsymbol{v} \text{ 发生此变化所需的时间}}. \tag{6.20}$$

$\boldsymbol{v}$ 最大的变化就是反转方向,即从 $+\boldsymbol{v}$ 转换至 $-\boldsymbol{v}$。$\boldsymbol{v}$ 的特征变化就是 v 本身,或者任何相当于它的值。这个范围内的变化都被包含在表示"相当于"的近似符号中。有了这个符号,可以得到:

$$\boldsymbol{v} \text{ 的特征变化} \sim v. \tag{6.21}$$

如图是一个能表示出这种变化的例子,它展现出质点绕圆周转动之前和之后的速度矢量。

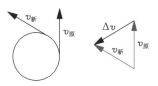

当 v 从 $v_原$ 到 $v_新$ 的变化很显著时，它所造成的 v 的变化与 v 的大小相当。特征时间 τ——发生这一变化所需的时间——是一个旋转周期的一小部分。由于一个完整周期是 $2\pi r/v$，所以特征时间相当于 r/v。用 τ 来表示特征时间，并将无量纲因子包含在符号 $\sim$ 中，由此我们可以写出：$\tau \sim r/v$。

还有另一种方式可以得出关系式 $\tau \sim r/v$。如果 $v_原$，$v_新$ 和 Δv 连成的三角形是等边三角形，那就相当于质点绕圆周旋转了 $60°$ 的角度，这几乎正好等于 1 弧度。又因为 1 弧度对应弧长 r（相同的正比关系告诉我们 2π 弧度对应圆周长 $2\pi r$），所用时间是 r/v。那么加速度就是：

$$a \sim \frac{v}{t} \sim \frac{v}{r/v} = \frac{v^2}{r}. \tag{6.22}$$

这个等式综合了有关 $a = v^2/r$ 的一个物理的、正比分析的解释。也就是说，在圆周运动中，速度矢量在旋转大约 1 弧度的过程中，方向转变比较明显。而相应的运动所需时间为：$\tau \sim r/v$。因此，向心加速度 a 包含和 v 相关的两个因子——一个因子来自 v 本身，而另一个因子来自分母上的时间——且它包含的 $1/r$ 同样来自分母上的时间。

6.3.5 利用特征值进行简化：首次原子弹爆炸的当量

在 5.2.2 节中，我们利用量纲分析估算出了一次原子弹爆炸的当量。我们准确地估算出了爆炸产生的能量 E 与爆炸半径 R 以及空气密度 ρ 相关：

$$E \sim \frac{\rho R^5}{t^2}, \tag{6.23}$$

其中 t 是爆炸后经过的时间。然而，作为一种数学讨论，量纲分析并没有为这个魔法般的结果提供一个物理解释。团块化通过帮助我们分析一个物理模型来解释这种所谓的魔法——否则对于这个物理模型的分析将会具有棘手的复杂性。

这个物理模型就是爆炸增加了空气分子的热能，也因此增加了声波的传播速度——也是爆炸传播的速度。使用这个物理模型需要准确地建立并求解微分方程。团块化,通过将微积分运算转化成代数运算,在保持其物理意义的情况下简化了方程。

第一步要做的就是估算出热能的大小。热能几乎全部来自炽热的火球——也就是说,来自爆炸的能量。这个能量不均匀地分布在爆炸源周围,距离爆炸中心近的地方能量密度较高,离爆炸中心远的地方能量密度较低。在团块化近似下,假设爆炸能量 E 均匀地分布在一个半径为 R 的球体之中。这个球体的体积相当于 R^3,所以这个典型的或者说是特征的能量密度是 $\mathscr{E} \sim E/R^3$。

接下来要做的是用所得的能量密度来估算声速 c_s。正如我们在 5.4.1 节中讨论的那样,声速与热运动速度相当,因此有:

$$c_s \sim \sqrt{\frac{k_B T}{m}}, \tag{6.24}$$

这里的 $k_B T$ 指的是一个空气分子的热能的近似值,而 m 指的是一个空气分子的质量。

为了将这个速度和能量密度 $\mathscr{E}$ 联系起来,让我们通过将 $k_B T$ 乘以数密度 n(单位体积中空气分子的数量)的形式来把单位分子的能量转换为单位体积的能量。结果是 $nk_B T$,即热能密度,因而大约就是爆炸能量密度 $\mathscr{E} \sim E/R^3$。

公平地说,我们也要将分母 m 乘以 n。这个步骤能将单位分子的质量转换成单位体积的质量,这给出密度 ρ:

$$\underset{m}{\underbrace{\frac{质量}{分子}}} \times \underset{n}{\underbrace{\frac{分子}{体积}}} = \underset{\rho}{\underbrace{\frac{质量}{体积}}}. \tag{6.25}$$

因此,声速也就相当于 $\sqrt{E/\rho R^3}$:

$$c_s \sim \sqrt{\frac{nk_B T}{nm}} \sim \sqrt{\frac{E/R^3}{\rho}} = \sqrt{\frac{E}{\rho R^3}}. \tag{6.26}$$

这个速度也是爆炸传播的速度。

> ▶ **根据这个速度,过了时间 t 后爆炸范围将会变得多大?**

由于随着 R 的增长,能量密度不断减少,从而声速也不断减小,所以求爆炸的半径并不是简单地用 t 时刻的传播速度乘以时间。但是我们可以进一步进行团块化近似:典型或特征速度,在整个时间段 t 中,都是 $\sqrt{E/\rho R^3}$。在计算这个速度时,我们将使用时间为 t 时的半径 R 作为特征半径。

$$\underbrace{爆炸半径}_{R} \sim \underbrace{特征速度}_{c_s \sim \sqrt{E/\rho R^3}} \times \underbrace{时间}_{t}. \tag{6.27}$$

爆炸能量 E 的解是 $E \sim \rho R^5/t^2$,这就是我们用量纲分析得出的解。团块化利用物理模型对量纲分析这样的数学论证进行了补充。

6.4 将团块化用于形状

团块化方法是将变化的量用其典型值或特征值来代替,这个值和接下来介绍的另一种团块化方法:形状团块化所得到的值是相近的。我们的第一个例子是解释常见物质的不寻常现象。

6.4.1 液体和固体的密度

在介绍近似艺术的书中,比较经典的一本是《考虑一头球状的牛》(*Consider a Spherical Cow*)[36],之所以这样命名这本书,是因为球体相对于奶牛来说形状简单多了。甚至还可以采用更简单的形状,即立方体。因此,一种有效的团块化方法,就是用一个大小相似的立方体代替形状复杂的物体。采用这种思想,我们就可以解释为什么固体和液体的密度在水密度的 1 倍至 10 倍之间。

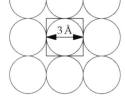

每个原子都有复杂的、难以定义的形状,但我们

不妨假设每个原子都是立方体。因为原子是彼此相切的,因此某种物质的密度近似等于一个近似立方体的密度:

$$\rho \approx \frac{原子的质量}{团块化立方体的体积}. \tag{6.28}$$

为了计算出分子的值,我们以 A 作为原子的原子质量。尽管 A 被称为质量,但是它是无量纲的:它几乎完全等于原子核中质子和中子的总数。因为质子和中子几乎具有相等的质量,所以质子的质量 m_p 也可以用来表示中子的质量。那么一个立方体的质量就是 Am_p。

为了算出分母的值,即立方体的体积,不妨令每个立方体的边长等于典型的原子半径,即 $a\sim 3$ 埃。这个大小是基于我们在 5.5.1 节中计算的最小原子,即氢原子的直径(其直径大约为 1 埃)得出的。那么密度就是:

$$\rho \sim \frac{Am_p}{(3\,\text{Å})^3}. \tag{6.29}$$

为了避免查找质子质量 m_p 所带来的麻烦,我们不妨将这个分式的分子分母同乘 N_A,其中 N_A 是阿伏伽德罗常量:

$$\rho \sim \frac{Am_p N_A}{(3\,\text{Å})^3 \times N_A}. \tag{6.30}$$

分子的值就是 A 克/摩尔,因为 1 摩尔的质子(对于氢原子大致如此)质量为 1 克。而分母大约是 18 厘米^3/摩尔:

$$\underbrace{3\times 10^{-23}\,\text{cm}^3}_{(3\,\text{Å})^3} \times \underbrace{6\times 10^{23}\,\text{mol}^{-1}}_{N_A} = \frac{18\,\text{cm}^3}{\text{mol}}. \tag{6.31}$$

因此固体或液体的典型密度和物质的原子质量 A 之间有以下简单的关系:

$$\rho \sim \frac{A\,\text{g/mol}}{18\,\text{cm}^3/\text{mol}} = \frac{A}{18}\,\frac{\text{g}}{\text{cm}^3}. \tag{6.32}$$

题 6.13　用取整法估算原子体积

使用取整至最接近 10 的二分之一次幂的方法（6.2.2 节）证明，一个边长为 3 埃的立方体的体积大约为 3×10^{-23} 厘米^3。

多数普通元素的原子质量在 18 和 180 之间，所以很多液体和固体的密度应该在 1 克/厘米^3 到 10 克/厘米^3 之间。就像我们在这张表格中展现的那样，我们的预测是完全合理的。这张表格甚至还跟我们开了个玩笑：水不是一种元素！但是它的密度估算结果是精确的。

	A	$\rho(g/cm^3)$	
		估　算	实　际
锂	7	0.4	0.5
水	18	1.0	1.0
硅	28	1.6	2.4
铁	56	3.1	7.9
汞	201	11.2	13.5
铀	238	13.3	18.7
金	197	10.9	19.3

这张表格还说明为什么对于材料物理来说，厘米和克这样的单位比米和千克这样的单位更方便。一个典型的固体密度是几克/厘米^3。这样适中的数字既容易被记住，又方便计算。相比之下，3 000 千克/米^3 这样的密度，虽然在数学上和之前的表示等价，但是主观上看并不便利。每次使用的时候，你都必须考虑，"又涉及 10 的多少次幂？"因此，这张表格采用了便于我们思考的、友善的单位，即克/厘米^3 来表示密度。

题 6.14　解释密度估算中与实际值的偏差

在密度表中，铁（Fe）的密度表现出了实际值和估算值之间存在着的最大差异，大概相差 2.5 倍。用这个因子对铁的原子间距进行修正估算。

题 6.15 传导电子的数密度

估算出一根铜导线中自由(传导)电子的数密度。

题 6.16 一根金属导线中典型的电子漂移速度

a. 使用你估算的一根铜导线中自由(传导)电子的数密度(题 6.15)来估算将一个典型灯泡和壁上插座连接起来的金属导线中的电子漂移速度。

b. 估算电子若按照此漂移速度,从壁上插座到灯泡需要多长时间。并且解释为什么你按下开关灯泡立刻就亮了。

6.4.2 图形团块化:大学本科生的数量

一个尤其重要的形状是曲线图。形状团块化的思想运用于曲线图时,可以简化很多问题,从而使基本特征更加明显。我们将要估算美国大学本科生的数量,以此作为曲线图团块化的一个例子。这种对于现实社会的粗略估算在制定和执行公共政策方面是有价值的。

第一步就是估算美国 18、19、20 和 21 岁的人口数量。至少在美国,绝大多数大学本科生都是位于这个年龄段的。因为并非所有 18 到 21 岁的年轻人都去上大学,所以最后需要将估算出的总数乘以成人中大学毕业生所占的比例。

要想得到这一年龄段的准确的人口数量,我们需要知道每个美国人的出生日期。尽管每 10 年美国人口普查局都会收集一次数据,但这样的海量数据只会使我们感到不知所措。作为庞大数据的近似,美国人口普查局也公布了每个年龄段的人口数。例如,1991 年的数据就是图中扭曲的曲线。图的左侧数据代表的是 1991 年婴儿与儿童数,而右侧代表的是 1991 年老年人数量。而大学本科生的人口数,即所有 18、19、20 和 21 岁的人口数量,是阴影部分的面积。(大约在

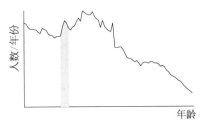

30～35 岁处出现的最高峰表示二战后的时期内出现的婴儿潮。）

不幸的是，尽管这张图来自人口普查局巨大的数据库，但并不适用于我们的粗略估算。它也几乎不能给我们以洞见，或者提供可移植的价值。直觉来源于团块化思想：将复杂的、扭曲的曲线转变成矩形。不需要来自人口普查局的数据，我们就可以确定矩形的尺寸。

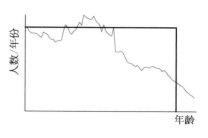

▶ **那么，这个矩形的高与宽是多少呢？**

矩形的宽度代表的是时间，所以它一定是与人口有关的特征时间。一个很好的猜想是预期寿命，因为在这个时间段内，年龄分布有显著的变化。在美国，预期寿命大约是 75 岁，这就是矩形

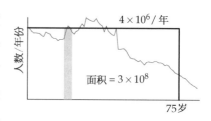

的宽度。在团块化近似下，每个人都快乐地生活着，直到在他或她 75 岁的生日那天突然去世。这种全有或全无的分析是团块化思想的本质特征，使它成为一种有效的近似方法。

而矩形的高可由其面积计算出来，其面积即美国的人口——大约为 3 亿人（我们在 6.3.1 节中估算过）。因此可知，矩形的高是 400 万/年：

$$\text{高} = \frac{\text{面积}}{\text{宽度}} \sim \frac{3\,\text{亿}}{75\,\text{a}} = \frac{400\,\text{万}}{\text{a}}. \tag{6.33}$$

根据这个估算结果，年龄处于大学本科生阶段，即 18、19、20、21 岁的（美国人）大约有 1 600 万人。

并不是所有这个年龄段的人都是大学本科生。因此，我们最终要做的就是算出大学本科生所占的比例。在美国，教育有史以来一直遍及全国人口，因此这一比例（或是调整因子）是很高的——比如说 0.5。那么美国的大学本科生数应该大约是 800 万。

作为比较,2010 年美国人口调查数据表明:536.1 万人录取于 4 年制大学,494.2 万人录取于两年制大学,因此总录取人数几乎是 1 000 万。我们的估算值大约位于四年制大学录取人数和总录取人数的中间,很棒!

即使遇到糟糕的情况,我们的估算值和实际值之间有很大的偏差,我们仍然可以从中了解到关于社会的有用信息。举例来说,让我们使用相同的方法估算 1950 年英国的大学毕业生数。(美式英语中的"学院"与英式英语中的"大学"意义相似。)1950 年英国的人口数是 5 000 万。比方说,在平均寿命是 65 岁的情况下,矩形的高大约是 800 000/年。如果,和美国现在的情况一样,英国 50% 的适龄人口可以上大学,那么每年应该有 400 000 人毕业。然而,在 1950 年,英国毕业生实际的数量大约是 17 000,比估算值小了 20 倍还不止。

如此大的误差并不是源于人口估算的偏差,而是因为 50% 的大学生比例肯定是太高了。实际上,1950 年实际的大学生比例是 3.4%,而非 50%。在 50% 和 3% 的大学录取率之间的差距,使 1950 年的英国成为一个完全不同于 2010 年的美国的社会,甚至与 2010 年的英国也是截然不同的,2010 年英国上大学学生的比例大约是 40%。

6.4.3 圆锥自由落体的时间和距离

作为下一个说明图形团块化的例子,让我们从社会世界转向物理世界,来看看自由下落的圆锥。对 3.5.2 节中的单个圆锥和 4.3.1 节中互相比较的一组圆锥,我们假设圆锥全程以其临界速度运动。但是,这一假设不可能是精确的:圆锥被释放的一瞬间,它们的下降速度是 0。图形团块化思想可以帮助我们评估和完善这一假设。

▶ **圆锥达到临界速度之前,它的下落距离是多少?**

按字面意思,答案是无穷大,因为几乎没有一个物体会达到临界速度。当物体接近临界速度时，锥体所受阻力与其引力越来越接近平衡，即其所受合力与加速度越来越接近于0，且速度变化越来越慢。所以，一个物体只能无限接近其临界速度。因此，让我们重新叙述这一问题：当圆锥几乎达到临界速度时，其下落的距离是多少？在"几乎"一词中，可以看到我们引入团块化思想的门道。

这里是实际下落的速度关于时间的函数图。起初，速度迅速增加。随着速度增加，阻力也增大。而合力与加速度减小，所以速度增长得越来越慢。运用团块

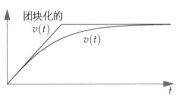

化近似方法，我们用一段斜线和一段水平线来代替平滑的曲线。

一种接近三角形的团块化近似看起来也许和我们在 6.4.2 节中构建的人口团块化矩形不同。然而，这实际上只是一个矩形的积分：等价于用一个代表自

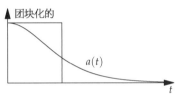

由落体周期的矩形代替实际复杂的加速度。接着，加速度骤然减小到零。

正如我们用长和高来标注人口矩形，在这里我们用速度，时间和斜率来标注速度图形。这条曲线由两段组成。第二段即水平线表示圆锥以临界速度 $v_{临界}$ 下落

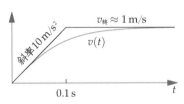

的过程。这一速度，即我们在 3.5.2 节中通过实验得出的值，大约是 1 米/秒。

第一段斜线代表的是：假设不存在空气阻力时的自由落体运动。自由落体加速度是 g，所以自由落体的速度曲线的斜率是 g：速度每经过一秒就增加 10 米/秒。斜线与水平线段在 $g\,t = v_{临界}$ 处相交。也就是说大约在 0.1 秒时，两直线就相交了。基于团块化近似，我们假设圆锥在 0.1 秒时就接近临界速度——这仅是整个下落时间 2 秒的 5%。

▶ **这段时间里锥体下落的距离大约是多少?**

再次利用团块化方法! 下落的距离就是阴影三角形的面积。三角形的底是 0.1 秒,而高是临界速度,大约就是 1 米/秒。所以,其面积是 5 厘米:

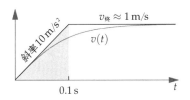

$$\frac{1}{2} \times 0.1\,\mathrm{s} \times 1\,\mathrm{m/s} = 5\,\mathrm{cm}. \tag{6.34}$$

仅经过了整个 2 米路程的 2.5% 后,圆锥就接近于其临界速度了。"总是以临界速度"的近似说法相当精确。幸亏我们采取了团块化,这样我们不需要通过建立和求解微分方程,就能判断这个近似值。

题 6.17　雨滴下落的临界速度

画出一滴大雨滴的下落速度关于时间的函数图像。在它达到(无限接近于)临界速度前经过的时间和路程大约是多少?

题 6.18　实际的圆锥下落速度

建立并解出下落的圆锥在受到正比于 v^2 的阻力且临界速度为 1 米/秒时对应的微分方程。在 a) 下落了 0.1 秒,或者 b) 下落了 5 厘米后,圆锥速度占临界速度 $v_{临界}$ 的几分之几?

6.4.4　黏性是如何消耗能量的?

团块化在获取对于流体的直觉方面尤其有效,描述流体的方程,即纳维-斯托克斯方程极其复杂,以致几乎没有一个问题能有严格解。这些方程曾在 3.5 节中被引入,用以鼓励你分析守恒量。在这里,它们被用来鼓励你使用团块化方法。

在日常生活中,流体的一个重要特征是阻力。正如我们在 5.3.2 节中讨论的那样,阻力(稳定状态的流动)来自流体的黏性:如果没有黏性,就不会产生阻力。从某种程度上说，黏性会消耗能量。

利用图形团块化，我们不需要详细了解关于黏性的物理知识，就能理解能量耗散的机制。而必要的物理概念是黏性力，它来源于周围区域的流体，作用是使流速快的部分的流速减缓，使流速慢的部分流体的流速加快。

举例来说，速度分布图中的箭头表示在平直界面上流体的水平速度——比如，在结冰的湖面上方流动的空气速度。离湖面越远，箭头就越长，表示流体运动得越快。在高黏性的流体，比如蜂蜜中，黏性力很大并且迫使附近区域的流体几乎以相等的速度流动：这种流动是很缓慢的。

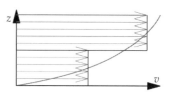

右图是团块化近似下的速度分布图。不同的速度由两个分别与两块流体对应的矩形代替。上部的那部分流体移动得比下部的快；因为流速差异，每一部分流体对另一部分流体都施加黏性力。

让我们来看看这一对力对这两部分流体的总能量有什么影响。为了避免单位代换搅乱分析中的基本思想，我们可以在简单的单位制中，给两部分流体赋以具体流速和质量。在这个单位制中，两部分流体都具有单位质量。顶部流体以速度 6 流动而底部流体以速度 4 流动。

> ▶ **长时间后，流体的黏性会如何影响这两部分流体的速度呢？**

因为动量守恒，最终的速度之和是 10，和开始时一样。由于作用在两部分流体间的黏性力，上方那部分流体减速而下方的加速。一旦黏性发挥作用，那么最终的速度，从字面上和图像上看，分别是 5 和 5。

这两部分流体初始的总动能是 26：

$$0.5 \times 1 \times (6^2 + 4^2) = 26, \tag{6.35}$$

然而,它们最终的动能仅有 25:

$$0.5 \times 1 \times (5^2 + 5^2) = 25. \tag{6.36}$$

仅仅是因为两部分流体速度相等,整体动能就下降了! 不论起始速度是多少(题 6.19),这种减少都会发生。减少的能量转变成了热量。基于团块化近似,我们这个简单的物理模型是:通过使速度达到相等,黏性消耗了能量。

题 6.19 将讨论推广至初始速度不同的情况

令两部分流体的初速度分别为 v_1 和 v_2,且 $v_1 \neq v_2$。 证明其初始的动能大于最终动能。

题 6.20 耗时最短的路径

变分法的经典问题就是找到在无摩擦情况下,质点在两点间滑动耗时最短的路径。这一路径就叫作最速路径。整个分析最令人吃惊的结论是最速路径并不一定是直线。你可以利用图形团块化,使这一结论更加可信:不需要考虑所有可能的路径,只需要考虑有一个拐角的路径。在什么情况下,质点在这样的路径上滑得比在直线路径(零拐角)上快?

6.4.5 平均自由程

团块化可以去除波动以简化问题。在 6.4.2 节中我们已用这一理念来简化时间函数(人口关于年龄的函数),并在 6.4.4 节中简化空间函数(速度分布)。现在,我们将这两种团块化方法结合起来理解并估算平均自由程。平均自由程是指气体分子在与另一个分子碰撞前所经过的平均距离。正如我们将在 7.3.1 节中利用概率分析学到的,平均自由程决定了很多重要的材料属性,包括黏度与热导率。

我们首先估算出在最简单的模型中的平均自由程:一个球状分子在由点状分子组成的气体中运动。球半径为 r,气体分子数密度为 n。在分析完这一简化的情形后,我们将用更加实际的球状分子代替点状分子。

运动的分子横截面积是 $\sigma = \pi r^2$，它可以扫出一个含有相同横截面积的圆管（类似于我们在 3.5.1 节中利用能量守恒分析阻力时用到的圆管）。

平均自由程 λ

▶ **在球状分子与点状分子相撞之前，它在圆管中运动的距离是多少?**

这个距离就是平均自由程 λ。然而想要确定这个距离是很复杂的，因为点状分子总是在不停运动，不断进出圆管。让我们来简化这个情况。首先，对时间进行团块化处理：将分子运动冻结，假设点状分子一直处于其原来的地方。接着将空间团块化：将所有分子置于管道远端，距离近端 λ 处，而不是分布在整个圆管。

这根长度为平均自由程 λ 的圆管，在使用团块化之前，其长度就应该正好使圆管包含一个点状分子。那么在这一个点状分子位于圆管底部的团块化模型中，球形分子将在移动了距离 λ 后和底部的点状分子相撞。

圆管内分子的数量是 $n\sigma\lambda$：

$$\text{分子数} = \underbrace{\text{数密度}}_{n} \times \underbrace{\text{体积}}_{\sigma\lambda} = n\sigma\lambda, \tag{6.37}$$

因此 λ 是由以下条件决定的：

$$n\sigma\lambda \sim 1. \tag{6.38}$$

考虑到这是在点状气体分子中的运动，σ 就是 πr^2，因此：

$$\lambda \sim \frac{1}{n\pi r^2}. \tag{6.39}$$

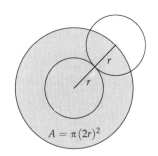

$A = \pi(2r)^2$

为了使这个模型更实际一些，我们用球形分子来代替点状分子。为简单起见，也为了能模拟最常见的情况，这些分子的半径也是 r。

> ▶ **这个变动将如何影响平均自由程?**

现在如果两个分子的中心间的距离在 $d = 2r$ 之内,也就是球体直径之内,那么它们就会发生碰撞。于是,σ——被称为散射截面——变为 $\pi(2r)^2$ 或者 πd^2。那么平均自由程就是原来的 $1/4$,且表达式是:

$$\lambda \sim \frac{1}{n\pi d^2}. \tag{6.40}$$

让我们来估算空气中运动的空气分子的平均自由程 λ。直径 d 就取典型的原子直径 3 埃或者 3×10^{-10} 米,这对小分子(如空气分子和水分子)同样适用。为了估算数密度 n,在标准温度和压强下,即 1 摩尔气体的体积为 22 升的条件下使用理想气体定律。因此:

$$\frac{1}{n} = \frac{22L}{6 \times 10^{23} \, 分子}, \tag{6.41}$$

而平均自由程长度就是:

$$\lambda \sim \frac{2.2 \times 10^{-2} \, \text{m}^3}{6 \times 10^{23}} \times \frac{1}{\pi \times (3 \times 10^{-10} \, \text{m})^2}. \tag{6.42}$$

为了心算这个结果,不妨将计算分为三步——最重要的先做。

1. 单位。分子包含米 ^{3};分母包含米 ^{2}。它们的商是米的一次方——这正是平均自由程的单位。

2. 10 的幂次。分子中有 10 的 -2 次幂。分母中有 10 的 3 次幂:阿伏伽德罗数中的 23 和 $(10^{-10})^2$ 中的 -20。它们的商是 10 的 -5 次幂。加上单位,这个式子目前为止的计算结果是 10^{-5} 米。

3. 其他要处理的数据。剩下的因子是:

$$\frac{2.2}{6 \times \pi \times 3 \times 3}. \tag{6.43}$$

这里的 2.2/6 大约是 $10^{-0.5}$。分母上的三个因子 3 相乘约为 $10^{1.5}$(一个因子 3 来自 π)。因此,剩下的因子相当于 10^{-2}。

将这几个步骤综合起来看，平均自由程就是 10^{-7} 米，也就是 100 纳米——和实际值 68 纳米相当接近。

题 6.21 均匀带电平板的电场

在这个问题中，你将通过研究一个物理模型，来估算电荷密度为 σ 的均匀带电平板上方的电场。

a. 解释为什么电场方向一定是竖直的。

b. 在距离平板高度为 z 的地方，平板的哪一区域对电场的贡献最显著？

c. 将这块带电平板团块化为和那块区域电荷量相同的点电荷，估算出高度为 z 的电场强度，并得出 $E \propto z^n$ 中的标度指数 n。

将你得到的结果和用量纲分析得出的结果（题 5.34）进行比较来确认你的结果的正确性。

题 6.22 球壳中的电场

另一个令人疑惑不解的静电现象是，由一个均匀分布电荷的球壳形成的电场在球壳内的每一处场强都为零。在中心处，场强因为对称性而必须等于零，但是，不在中心处的场强依旧是零。请用物理模型和团块化思想来解释这个现象。

6.4.6 引力作用下光线偏折的路径

正如我们已经看到的，团块化是用一个更简单的、不变的过程来代替原先复杂的、不断变化的过程。在我们接下来的例子中，我们将用这一简化方法来构建并分析一个关于星光受太阳影响而发生偏折的物理模型。在 5.3.1 节中，我们运用量纲分析和合理猜测得出偏折角大约是 Gm/rc^2，其中 m 是太阳质量，r 是最接近太阳的距离（对于掠过太阳的光线来说，这个距离就是太阳半径）。团块化为这个结果提供了一个物理模型；这个模型将在 8.2.2.2 节中让我们预测极强引力场的效应。

再想象由一颗遥远恒星发出的一束光线（或光子），在它的传播过程中掠过太阳的表面并最后到达我们的眼睛。为了用团块化方法估算出偏折角，首先我们要确定不断变化的具体过程——这正是复杂性的来源。光束偏离了原来的直线轨道，来自太阳的引力在光子运动的过程中改变了其大小和方向。因此，计算偏折角需要构建并算出一个积分——还需要仔细检查其中的三角函数因子如余弦和正割等。

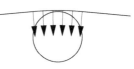

解决复杂积分的方法就是团块化。团块化近似简单地假设光束只在太阳附近发生偏折。在此近似计算中，引力只在太阳附近起作用。我们可以进一步设想，当光子接近太阳时，它的向下加速度（垂直于路径的加速度）是恒量，而不是随着位置的转变而迅速变化。

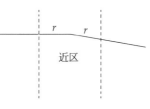

那么这个问题就简化成了估算光线接近太阳时的偏折角度。进一步利用团块化近似，让我们将"近"具体定义为"距最靠近太阳的点为 r 的两条边界线以内"。这个定义是有量纲的：此问题中仅有的长度是最靠近太阳的距离，也就是 r；因此，"近"和"远"的定义是相对于特征距离 r 而言的。

最靠近太阳的点的几何结构是最简单的。因此，让我们进一步运用团块化近似，即无论光线在传播过程中发生了多大的偏折，总的偏折只发生在最靠近太阳的点。

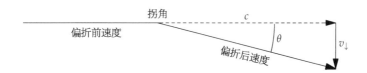

这个团块化的路径在最靠近太阳的点有一个结（拐角），而不是光滑地改变其方向。

在小角度近似中，偏折角就是速度分量的比：

$$\theta \approx \frac{v_\downarrow}{c}, \tag{6.44}$$

其中 c 是光速，即向前速度，而 $v_\downarrow$ 就是累计的向下速度。这个向下速度来自太阳引力产生的向下加速度。

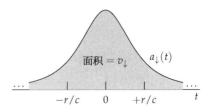

在严格的分析中，向下加速度一直沿着路径变化。作为时间的函数，它看上去是以最近点（标记为 $t=0$，考虑到对称性）为中心的钟形曲线。而向下速度就是整个 $a_\downarrow(t)$ 曲线的积分（曲线下面的面积）。

我们的团块化分析用围绕峰值的矩形面积来代替整个曲线下的面积。这个矩形的高度是 Gm/r^2：典型的（也是最大的）向下加速度。它的宽度相当于 r/c：即光束经过太阳附近的时间。

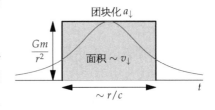

因此，对 $v_\downarrow$ 运用团块化近似后得到的面积大约为 Gm/rc：

$$\underbrace{v_\downarrow}_{Gm/rc} \sim \underbrace{\text{向下特征加速度}}_{Gm/r^2} \times \underbrace{\text{偏折时间}}_{\sim r/c}. \tag{6.45}$$

因此偏折角就相当于 Gm/rc^2：

$$\theta \sim \frac{\overbrace{Gm/rc}^{v_\downarrow}}{c} = \frac{Gm}{rc^2}. \tag{6.46}$$

团块化方法用一个物理模型解释了我们之前运用量纲分析和有根据的猜测（5.3.1 节）所得出的偏折角。团块化方法再一次补充了量纲分析。

题 6.23　画出实际偏折角和团块化的偏折角

在偏折角 θ 随着光束距离 s 累积增加的函数图轴上画出（a）实际曲线，（b）团块化的曲线，其中假设只在太阳附近光线才发生偏折，及（c）团块化的曲线，正如前文中提到的那样，假设光线只在最靠近太阳的点发生偏折。

6.4.7　全有或全无分析：团块化的固体力学

在估算光的偏折角中，团块化分析的要点就是全有或全无分析：将复杂的、不断变化的向下加速度曲线用一条更简单的曲线，即要么是零要么是非零常数来代替。为了实践这个想法，我们将团块化应用于来自固体力学的一个例子，固体力学也是涉及微分方程的学科。特别地，我们将估算出一个静止在地面上的固体球的接触半径。

我们对接触半径已有所了解：在题 5.50 中，你曾用量纲分析得出接触半径 r 由以下关系式给出：

$$\frac{r}{R} = f\left(\frac{\rho g R}{\gamma}\right), \tag{6.47}$$

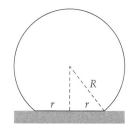

其中 R 是球的半径，ρ 密度，γ 是杨氏模量，而 f 是无量纲函数。函数 f 不能由量纲分析得出，量纲分析只是纯粹的数学讨论。要找到 f 的表达式需要一个物理的模型；最简单的方法就是通过运用团块化近似来建立并分析这样一个模型。

从物理上说，地面将球的底端压缩了一小段距离 δ，使得球和地面的接触部分变成一个半径为 r 的平面圆。而球会抵抗这个压缩，试着恢复至原来自然的、球形的形状。当球静止在桌面上时，它的恢复力等于它的重量。这条限制条件将给予我们足够的信息来找出无量纲函数 f。

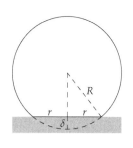

恢复力来源于球的接触面受到的应力（或压强）。为了估算这个应力，让我们来作团块化近似，即应力在整个接触面上是恒定的，且等于典型或特征应力。这个近似类似于用一个常量值（并画一个矩形）来代替变化的人口曲线。在此近似下，

$$\text{力} \sim \text{典型应力} \times \text{接触面积}. \tag{6.48}$$

我们可以估算基于应变（压缩）的应力。应力和应变通过杨氏模量 γ 联系起来，

$$典型应力 \sim \gamma \times 典型应变. \tag{6.49}$$

应变和应力一样在球内因地而异。在团块化或全有-全无近似中，只在接触面附近区域有特征或典型的应变，此区域之外应变为零。典型应变即为长度的变化率，

$$应变 = \frac{长度改变}{长度}. \tag{6.50}$$

分子就是 δ，即球体底端被压缩的部分；分母就是被压缩部分的大小。

▶ 被压缩区域有多大？

由于球体半径或者直径的变化，被压缩的区域可能是整个球体。但这种诱人的分析是错误的。要想知道为什么，可以设想一个极端情况：在一个巨大的、边长 10 米的立方体橡皮上施加压力（橡皮便于你想象压缩的情况）。通过将你的手指按压在橡皮其中一面的中心，你会将这个面积为 1 厘米^2 的区域压缩约 1 毫米的距离。利用我们标记球体的记号，则 $\delta \sim 1$ 毫米，$r \sim 1$ 厘米，且 $R \sim 10$ 米。

有应变的区域并不是整个立方体，也不是立方体的大部分区域！相反，应变区域的半径相当于接触区域的半径——一个指尖的宽度（$r \sim 1$ 厘米）。通过这个思想实验，我们可以得知，只要物体足够大（$R \geqslant r$）那么应变部分的体积就和物体的大小无关，而是和接触区域（r）的大小有关。

因此，在估算典型的应变时，分母的长度是 r。那么典型的应变 ε 就是 δ / r。

因为压缩长度 δ 不像接触半径 r 和球体半径 R 那样易于看出，让我们用 r 和 R 重新写出 δ 的表达式。令人惊奇的是，它们可以通过几何平均联系起来，因为它们的几何结构能重现地平线距离问题的几何结构（2.3 节）。压缩长度 δ 类似于一个人在海平面上的高度。接触半径 r 类似于到地平线的距离。而球体半径 R 就类似于地球的半径。

正如到地平线的距离大致等于两个相关长度的几何平均，接触半径

也大致等于压缩长度和球体半径的几何平均。用对数标度，r 大致处于 δ 和 R 的中点。（类似于到地平线的距离，r 实际上位于 δ 和直径 $2R$ 的中点。然而，因子 2 对团块化分析并不产生影响。）

端点压缩	接触半径	球半径
δ	r	R

因此，δ/r，也就是典型应变，也大致等于 r/R。而恢复力也因此相当于 $\gamma r^3/R$：

$$\underbrace{\text{恢复力}}_{\gamma r^3/R} \sim \overbrace{\gamma \times \text{典型应变}}^{\text{典型应力}} \times \underbrace{\text{接触面积}}_{r^2}. \tag{6.51}$$

恢复力与物体重量相平衡，其重量相当于 $\rho g R^3$：

$$\frac{\gamma r^3}{R} \sim \rho g R^3. \tag{6.52}$$

因此，若用无量纲形式表示，接触半径可由以下表达式得出：

$$\frac{r}{R} \sim \left(\frac{\rho g R}{\gamma}\right)^{1/3}. \tag{6.53}$$

而下式中

$$\frac{r}{R} = f\left(\frac{\rho g R}{\gamma}\right), \tag{6.54}$$

无量纲函数 f 是一个立方根（乘以一个无量纲常量）。

▶ **实际的接触半径 r 有多大？**

让我们将相关数据代入一个静止在地面上的橡皮球（一个小型的、高弹性的橡皮球）。橡皮球的密度大约等于水的密度。橡皮球通常是很小的，比如说，其半径 $R \sim 1$ 厘米。它的弹性模量大约是 $\gamma \sim 3 \times 10^7$ 帕。（这个弹性模量是橡树的 $1/300$，且几乎是钢的 $1/10^4$。）于是，

$$\frac{r}{R} \sim \left(\frac{\overbrace{10^3 \text{ kg/m}^3}^{\rho} \times \overbrace{10 \text{ m/s}^2}^{g} \times \overbrace{10^{-2} \text{ m}}^{R}}{\underbrace{3 \times 10^7 \text{ Pa}}_{\gamma}} \right)^{1/3}. \tag{6.55}$$

括号内的商是 $10^{-5.5}$。它的立方根大约是 10^{-2}，所以 r/R 大约是 10^{-2}，且 r 大约等于 0.1 毫米(一张纸的厚度)。

在这个例子中，我们可以看到团块化是如何在量纲分析的基础上进行的。量纲分析给出了 r/R 与 $\rho g R/\gamma$ 之间关系的形式。团块化提供了可将一般形式具体化的物理模型。

题 6.24 底部的压缩

对于橡皮球，估算 δ 的值，即当它静止于地面时底部的压缩程度。

题 6.25 弹珠的接触半径

估算静止于(十分)坚硬的桌面上的一个小玻璃弹珠的接触半径。

题 6.26 能量的讨论

由于固体形变而产生的势能密度和 $\gamma \epsilon^2$ 成正比。利用这一关系，可以找出 r/R 与 $(\rho g R/\gamma)^{1/3}$ 相当的第二种解释。

题 6.27 山的高度

在地球上，最高的山峰(珠穆朗玛峰)海拔约 9 千米。在火星上，最高的山(奥林匹斯山)有 27 千米高。针对山的高度构造团块化模型，解释为何两座山的高度有 3 倍的差别。如果将相同的分析用于月球，那么月球上最高山峰的高度是多少？为什么那里的山矮了那么多？

题 6.28 小行星的形状

地球上最高的山远小于地球本身。利用题 6.27 中得出的山峰高度数据，估算由岩石(像地球或火星的那样)组成，其上还有和自身大小相近的山体的行星的最大半径。这一大小对小行星的形状造成什么影响？

题 6.29 接触时间

想象一个球从某一高度下落,以冲击速度 v 撞到坚硬桌面上。找出下式中的标度指数 β:

$$\frac{\tau c_{\mathrm{S}}}{R} \sim \left(\frac{v}{c_{\mathrm{S}}}\right)^{\beta},\tag{6.56}$$

其中 τ 是接触时间,而 c_{S} 是球体中的声速。然后将 τ 写成形式 $\tau \sim R/v_{\text{有效}}$。这里的 $v_{\text{有效}}$ 是冲击速度 v 与声速 c_{S} 的加权几何平均。

题 6.30 接触力

对于一个从钢桌上以 1 米/秒的冲击速度弹跳起来的小钢球(题 6.29),和小球的重量相比接触力有多大?

6.5 量子力学

当我们为了估算氢原子大小(5.5.1 节)而引入量子力学时,它是量纲分析的一部分。那时,量子力学仅仅提供了一个新的自然常量 $\hbar$,这是一种纯数学的贡献。利用团块化以引出量子力学,我们可以获取对于量子力学效应的物理直觉。

6.5.1 盒中的粒子:中子星的大小

在力学中,最简单而有用的模型就是匀加速直线运动(也包括匀速运动)。这一模型是建立在大量分析的基础上的——例如,单摆周期的团块化分析(6.3.3 节)。在量子力学中,最简单而有用的模型是限制在盒中的一个粒子。我们不妨假设粒子质量为 m,盒子的宽度是 a。

盒子

$\bullet\, m$

宽度 a

▶ 粒子可能达到的最低能量——基态能量是多少？

因为这个盒子可以作为更多复杂问题的团块化模型，这一能量可以帮助我们解释氢原子的结合能。团块化分析从海森堡不确定性原理开始：

$$\Delta p \Delta x \sim \hbar. \tag{6.57}$$

在这里，Δp 是粒子动量的弥散度（不确定性），而 Δx 代表位置的弥散度，$\hbar$ 是量子常量。如果我们可以精确知道粒子的位置（也就是说，如果不确定度 Δx 很小），那么，为了使最终结果 $\Delta p \Delta x$ 相当于 $\hbar$，动量不确定度 Δp 必定很大。反之，如果我们几乎不知道位置（Δx 很大），那么动量不确定度 Δp 就可能很小。这一关系就是量子力学的物理贡献。

让我们将它应用于盒中的粒子。粒子可以位于盒中任意位置，所以它的位置不确定度 Δx 相当于盒子的宽度 a，

$$\Delta x \sim a. \tag{6.58}$$

根据不确定性原理，将粒子限制于盒中的结果隐含了动量不确定度 $\hbar/a$，

$$\Delta p \sim \frac{\hbar}{\Delta x} \sim \frac{\hbar}{a}. \tag{6.59}$$

这一动量对应于动能 $E \sim (\Delta p)^2/m$。结果，粒子获得一种叫作束缚能的能量：

$$E \sim \frac{\hbar^2}{ma^2}. \tag{6.60}$$

这个简单的结果让我们得以估算中子星的半径：中子星是没有任何核聚变现象（正常情况下用来平衡引力）的恒星，因为很重以致它的自身引力可以将质子和电子压成中子。原子结构不复存在，恒星成为一个巨大的中性原子核（除了它的外壳，那里的引力强度不足以将星体中子化）。

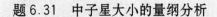

题 6.31 中子星大小的量纲分析

运用量纲分析找出质量为 M 的中子星的半径 R。

两种物理效应互相竞争：引力使恒星坍缩，而量子力学以不确定性原理为武器，通过抵制束缚来和引力抗衡。要想开始定量化这些效应，让我们先假设恒星的半径为 R，且中子的数量为 N，因此它的质量为 $M = N m_n$。

引力对于恒星坍缩的贡献反映在恒星的引力势能中：

$$E_{势能} \sim \frac{GM^2}{R}. \tag{6.61}$$

引力势能是负的：R 越小，引力就越强（能量就越低）。在这里，负号包含在近似符号 ~ 中。

从竞争的另一方来说，我们将每个中子限制于一个盒子中。为了找出盒子的宽度 a，不妨将行星设想为一个三维的立方中子点阵。由于恒星包含的中子数量为 N，所以点阵大小是 $N^{1/3} \times N^{1/3} \times N^{1/3}$。每边的边长与 R 相当，因此可得 $a N^{1/3} \sim R$ 和 $a \sim R/N^{1/3}$。

每个中子都获得束缚能（动能）$\hbar^2/m_n a^2$。若一并考虑所有 N 个中子，并且使用 $a \sim R/N^{1/3}$，可得：

$$E_{动能} \sim N \frac{\hbar^2}{m_n a^2} \sim N^{5/3} \frac{\hbar^2}{m_n R^2}. \tag{6.62}$$

总的束缚能用已知质量 M 和 m_n（而不是 N）来表示，即为：

$$E_{动能} \sim \frac{M^{5/3}}{m_n^{8/3}} \frac{\hbar^2}{R^2}. \tag{6.63}$$

动能正比于 R^{-2}，而势能正比于 R^{-1}。在能量关于半径的双对数坐标轴上，动能表现为斜率为 -2 的直线，而势能表现为斜率为 -1 的直线。因为斜率不同，所以两条直线有交点。交点处对应的半径，大致等于总能量最小时的半径，也大致等于中子星的半径。（我们在 4.6.1 节中运用了相同的分析手法，来找出使飞行所需能量达到最小的速度。）

将所有的常数项包含在内，当 R 满足以下式子时两条直线相交：

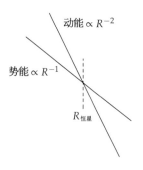

$$\frac{GM^2}{R} \sim \frac{M^{5/3}}{m_n^{8/3}} \frac{\hbar^2}{R^2}. \qquad (6.64)$$

于是中子星的半径就是：

$$R \sim \frac{\hbar^2}{GM^{1/3} m_n^{8/3}}. \qquad (6.65)$$

如果质量为 2×10^{30} 千克的太阳成为一颗中子星，它的半径将大约有 3 千米：

$$R \sim \frac{(10^{-34}\ \text{kg} \cdot \text{m}^2 \cdot \text{s}^{-1})^2}{7 \times 10^{-11}\ \text{kg}^{-1} \cdot \text{m}^3 \cdot \text{s}^{-2} \times (2 \times 10^{30}\ \text{kg})^{1/3} \times (1.6 \times 10^{-27}\ \text{kg})^{8/3}} \sim 3\ \text{km}. \qquad (6.66)$$

将变化的密度和压强这些复杂的物理量考虑在内后，太阳中子星的真实半径大约为 10 千米。（实际上，太阳的引力不会强大到将电子和质子压成中子，太阳最终将演化成一颗白矮星，而不是中子星。然而，题 6.32 中讨论的对象天狼星有足够大的质量。）

下面是纳入了 10 千米这个信息的一个便利的数值公式。它使中子星的半径和质量之间的标度关系变成显式，其中质量以太阳质量作为单位。

$$R \approx 10\ \text{km} \times \left(\frac{M_{太阳}}{M} \right)^{1/3}. \qquad (6.67)$$

我们的分析使用了多种团块化近似，并且忽略了许多无量纲常量，最后估算出的结果是 3 千米而不是 10 千米。但 3 倍因子的误差是一个值得付出的代价。我们避免了对电子、质子和中子这些量子流体的复杂分析，仍然获得了对物理概念本质的洞察：中子星的大小是引力和量子力学竞争的结果。（更多充满洞见的例子，见参考文献[37]。）

题 6.32 作为中子星的天狼星

天狼星,夜空中最亮的恒星,其质量是 4×10^{30} 千克。作为一颗中子星,它的半径是多少?

6.5.2 氢的团块化

我们已经对宏观物体(中子星)进行了量子力学和团块化的分析,现在让我们转向微观物体:用团块化来完善在 5.5.1 节中利用量纲分析估算的氢原子大小。

氢原子的大小是能量最低的轨道半径。因为这个能量是来自静电吸引的势能和来自量子力学的动能之和,所以氢原子类似于一颗中子星,只是对于中子星来说和量子力学竞争的是引力。然而,因为静电力比引力(题 6.34)要强得多,所以氢原子的体型是很微小的!

现在,假设氢原子的半径 r 未知。根据团块化近似,复杂的静电势就变成了宽度为 r 的盒子。那么电子的动量不确定度就是 $\Delta p \sim \hbar/r$,而它的束缚能就是 $\hbar^2/m_e r^2$:

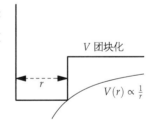

$$E_{动能} \sim \frac{(\Delta p)^2}{m_e} \sim \frac{\hbar^2}{m_e r^2}. \quad (6.68)$$

这个动能和静电能相抗衡,而静电能的估算也需要使用团块化近似。因为在量子力学中,电子并不处于固定的位置。取决于你对量子力学的解释,你可以粗略地说,电子涂抹了整个盒子,或者说它可能在盒子的任何一处地方。不管是哪种理解方式,计算出势能都需要用到积分。然而,我们可以利用团块化算出它的近似值:电子和质子之间的典型距离或特征距离就是 r,即氢原子的半径(也就是团块化盒子的大小)。

那么势能就是质子和相距为 r 的电子之间的静电能:

$$E_{势能} \sim -\frac{e^2}{4\pi\varepsilon_0 r}. \quad (6.69)$$

总能量就是势能和动能的总和：

$$E = E_{势能} + E_{动能} \sim -\frac{e^2}{4\pi\varepsilon_0 r} + \frac{\hbar^2}{m_e r^2}. \qquad (6.70)$$

电子可通过调整 r 使能量达到最小。正如我们在对升力(4.6.1 节)的分析中所学到的,当两个具有不同标度指数的项竞争时,最小值就出现在两项相当的时候。(在 8.3.2.2 节中,我们将用额外的方法,即简单案例来重新研究这个例子,并且在对数-对数坐标轴中画出能量的曲线。)将玻尔半径 a_0 作为最小能量的间距,两项相当就表示:

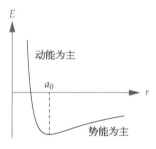

$$\underbrace{\frac{e^2}{4\pi\varepsilon_0 a_0}}_{势能} \sim \underbrace{\frac{\hbar^2}{m_e a_0^2}}_{动能}. \qquad (6.71)$$

因此玻尔半径就是:

$$a_0 \sim \frac{\hbar^2}{m_e(e^2/4\pi\varepsilon_0)}. \qquad (6.72)$$

正如我们在 5.5.1 节中使用量纲分析所发现的那样。现在我们也得到了一个物理模型:氢原子的大小是静电学和量子力学之间竞争的结果。

题 6.33 利用对称性使氢原子的能量达到最小值

用对称性找出氢原子中的最小能量间距,其中总能量具有如下形式:

$$\frac{A}{r^2} - \frac{B}{r}. \qquad (6.73)$$

(见 3.2.3 节中相关的例子。)

题 6.34 静电力与引力

估算氢原子中引力与静电力的比值。这里得出的估算值和你在题 2.15 中得出的估算值有什么相似及不同之处?

6.6　小结及进一步的问题

团块化是第一个在丢失部分信息的情况下舍弃复杂性的工具。这么做,可以简化我们之前很多方法都无能为力的复杂问题。曲线变成直线,微积分变成代数,甚至量子力学都变得易于理解。

题 6.35　岁差

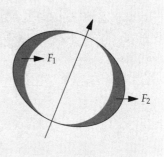

因为地球是扁球(题 5.46),所以在赤道附近有点胖,由于自转轴是相对地球轨道平面倾斜的,所以太阳和月亮都对地球施加了一个很小的力矩。这个力矩使得地球的自转轴发生缓慢的旋转(进动,所以北极星并不会永远都是北极星)。

a. 解释为什么 F_1 和 F_2,即作用于凸出部分的引力,总是方向几乎相同,但大小不等。

b. 用团块化找出以下关系式中的标度指数 x 和 y:

$$力矩 \propto m^x l^y, \tag{6.74}$$

其中 m 是物体(太阳或者月球)质量,而 l 是该物体与地球之间的距离。然后估算下列比值:

$$\frac{太阳施加的力矩}{月球施加的力矩}. \tag{6.75}$$

c. 将比例常数包含在内,估算总力矩和进动率。

题 6.36　反过来做图形团块化

对于恒温(等温)大气,这对于实际的大气来说并不是一个过分的近似,空气密度随着高度按指数下降:

$$\rho = \rho_0 e^{-z/H}, \tag{6.76}$$

其中 z 是海拔高度，ρ_0 是海平面的空气密度，而 H 是大气标高。我们在 5.4.1 节中用量纲分析估算了 H 的值；在本题中，你将反过来用团块化来估算 H 的值。

a. 按以上前提画出 $\rho(z)$ 关于 z 的函数图。在同一个图中，画出另一条团块化的 $\rho(z)$ 曲线，其中 $z < H$ 时为海平面密度，$z \geqslant H$ 时密度为零。确保你的团块化矩形面积和 $\rho(z)$ 的指数衰减曲线下的面积相同。

b. 用你得到的团块化矩形和海平面压强 p_0 来估算 H。然后估算珠穆朗玛峰（大约高 9 千米）顶的相对空气密度。通过查询珠穆朗玛峰的实际空气密度值来检验你的估算结果。

第 7 章
概率分析

我们之前的工具,即团块化,通过丢弃一些不重要的信息来简化问题。我们的下一个工具,概率分析,能够在信息不完备时帮助我们解决问题——我们甚至舍弃了重拾缺失信息的机会,或者意愿。

7.1 作为信念度的概率:贝叶斯概率

用概率来简化这个世界的基本概念是,概率是一种信念度。因此,概率是建立在你所拥有的知识的基础之上的,而且随着知识的变化而变化。

> ▶ **这是我的电话号码吗?**

这是我搬到英国不久后的一个例子。我正在和我的一位朋友通话,所用的电话是那种需要用电话线将其和墙上插口相连的老式电话。我的朋友想要回电话给我。然而,我刚搬到公寓,还没记住我的电话号码;而且对一个习惯于美国电话号码的人来说,英国电话号码的格式既奇怪又难记。我合理地猜了一个号码,就将其告诉了我的朋友,这样他就能回电话给我了。将电话挂上后,为了验证我猜测的号码是否正确,我拿起了我的电话并拨出我刚才猜测的号码——我听到的是忙音。

▶ 对这个实验事实而言，多大程度上我能确定这个号码确实是我的电话号码？定量地说，我的机会有多大？

如果概率被视作长时间内出现的频率，那么这个问题就是没有意义的。从这一观点来看，硬币正面朝上的概率是 1/2，因为在长时间连续抛掷硬币的过程中，1/2 是出现正面朝上的频率极限。然而，要想判断所猜测的电话号码的合理性，以上解释——被称为频率解释——就不再适用了，因为并没有重复的实验。

频率解释陷入了困境，因为它将概率置于物理体系本身。另一种解释——概率反映了我们知识的不完备性——被称为概率的贝叶斯解释。这是一种适用于处理复杂性的解释。用整本书对这个基本观点进行讨论和应用的是杰恩斯的《概率论：科学的逻辑》（*Probability Theory: The Logic of Science*）[38]。

贝叶斯解释建立在一个简单观点的基础上：概率反映了我们对于某种假设的信念度。因此概率是主观的：具有不同知识的人可能拥有不同的概率。因此，通过收集证据，我们的置信度也会发生变化。证据可以改变概率。

▶ 在电话号码这个问题中，假设和证据分别是什么？

假设——通常用 H 来表示——是关于这个世界的陈述，我们将要对其可信度进行判断。于是，

$$H \equiv \text{我猜测的电话号码是正确的,} \tag{7.1}$$

而证据——通常用 E 或者 D（对于数据）来表示——是指我们收集、获取或者学习后用来检验假设的那些信息。它扩充了我们的知识。在这里，E 是实验的结果：

$$E \equiv \text{拨打我猜测的号码得到忙音.} \tag{7.2}$$

任何假设都有一个初始概率 $\Pr(H)$。这个概率被称为先验概率，因为它

指的是在加入证据之前的概率。在学习了证据 E 之后,给出的假设就会有一个新的概率 $\Pr(H|E)$:在给定证据——E——关于假设的证据——的情况下假设 H 的概率。这个概率被称为后验概率,因为它是在加入证据之后的概率或信念度。

用证据来修正概率的做法就是贝叶斯定理:

$$\Pr(H \mid E) \propto \Pr(H) \times \Pr(E \mid H). \tag{7.3}$$

这个新的因子,即概率 $\Pr(E|H)$——给定了假设的前提下证据发生的概率——被称为似然度。它衡量了候选的理论(假设)对证据的解释能力有多大。贝叶斯理论告诉我们:

$$\underbrace{\text{后验概率}}_{\Pr(H|E)} \propto \underbrace{\text{先验概率}}_{\Pr(H)} \times \underbrace{\text{解释能力}}_{\Pr(E|H)} \tag{7.4}$$

(比例常数已经选定以便所有竞争假设的后验概率之和为 1)。正比符号右边的两个概率都是必需的。没有了似然度,我们就不能改变我们的概率。没有了先验概率,我们就总是会倾向于相信有最大似然度的假设,不管它是多么的牵强或者事后诸葛亮。

应用贝叶斯理论时,通常只有两种假设:H 和它的逆 $\bar{H}$。在这个问题中,$\bar{H}$ 代表的是"我猜测的号码是错误的"这个陈述。在只有两个假设的情况下,常使用贝叶斯理论的一种紧致形式,即用发生比来代替概率,从而能够避免使用比例常数:

$$\underbrace{\text{后验发生比}}_{O(H|E)} = \underbrace{\text{先验发生比}}_{O(H)} \times \frac{\Pr(E \mid H)}{\Pr(E \mid \bar{H})}, \tag{7.5}$$

发生比 O 通过关系式 $O = p/(1-p)$ 和概率 p 相联系。举例来说,概率 $p = 2/3$ 就相当于发生比 2——常被写为 2:1,读作"2-比-1 胜率。"

题 7.1 将概率转换为发生比

将以下概率转换为发生比:(a) 0.01,(b) 0.9,(c) 0.75 和 (d) 0.3。

题 7.2 将发生比转换为概率

将以下发生比转换为概率:(a) 3,(b) 1/3,(c) 1:9。

$\Pr(E\,|\,H)/\Pr(E\,|\,\overline{H})$ 这个比值被称为似然比。它的分子衡量了假设 H 对证据 E 的解释力有多大；它的分母衡量了相反的假设 $\overline{H}$ 对相同证据的解释力有多大。它们的比值衡量了两种假设的相对解释力。贝叶斯理论，从发生比角度来看，是很直观的：

$$修正过的发生比 = 初始发生比 \times 相对解释力. \qquad (7.6)$$

让我们用贝叶斯理论来验证我的那个电话号码猜想。在实验之前，我并不十分确定我的电话号码是多少；也就是说，$\Pr(H)$ 大概是 $1/2$，这使得 $O(H)=1$。在似然比中，分子 $\Pr(E\,|\,H)$ 指的是假设（给定的）我的猜想是正确的情况下拨打电话得到忙音的概率。因为我将用自己的电话拨打我自己的号码，所以我必然得到忙音。也就是说，$\Pr(E\,|\,H)=1$：正确猜想 (H) 的假设尽善尽美地解释了实验数据。

而分母 $\Pr(E\,|\,\overline{H})$ 的估算就比较棘手了：这是假设我的猜想错误时拨打电话得到忙音的概率。那么我拨打的可能是某个随机的电话。（由于我没有听到电话公司的录音"您拨打的号码是空号"，所以我拨打的一定是有效号码。）那么 $\Pr(E\,|\,\overline{H})$ 指的就是某个随机（有效）的号码处于占线状态的概率。此概率可能和我的电话一天之内占线的比例是相似的。在我家中，全天 24 小时内我的电话占线的时长是 0.5 小时，也就是说占线比例可能是 0.5/24。

然而，这个估算的分母时间即 24 小时太长了。如果我在半夜 3 点做这个实验且我的猜想是错误的，那么我就可能吵醒一个无辜的局外人。此外，我并不经常在半夜 3 点打电话。比较合理的分母是 10 小时（上午 9 点至下午 7 点），以使得占线比例和似然度 $\Pr(E\,|\,\overline{H})$ 大约等于 0.05。不正确猜想 $(\overline{H})$ 对于数据的解释是比较糟糕的。

H 和 $\overline{H}$ 的相对解释力由似然比来衡量，大约是 20：

$$\frac{\Pr(E\,|\,H)}{\Pr(E\,|\,\overline{H})} \sim \frac{1}{0.05} = 20. \qquad (7.7)$$

由于先前的先验发生比是 1：1，所以修正过的后验发生比是 20：1：

$$\underset{O(H\,|\,E)\sim 20}{\underline{后验发生比}} = \underset{O(H)\sim 1}{\underline{先验发生比}} \times \underset{\Pr(E\,|\,H)/\Pr(E\,|\,\overline{H})\sim 20}{\underline{似然比}} \sim 20. \qquad (7.8)$$

我的猜想变得十分可信——而它最终被证明是正确的。

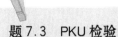

题 7.3　PKU 检验

　　在美国大部分州和许多其他国家中,新生儿都要检查是否患有苯丙酮尿症(PKU)。患有 PKU 的先验机会约为万分之一。当时的检验给出的数据是:0.23‰ 的检测结果为假阳性,而 0.3‰ 的检测结果为假阴性。Pr(PKU|检测结果为阳性)和 Pr(PKU|检测结果为阴性)的值分别是多少?

7.2　合理的范围: 为何分而治之法有效

　　贝叶斯将概率理解为信念度,这种想法将会启示我们为什么分而治之法(第 1 章)是有效的。通过慢镜头分析一种分而治之的估算,我们将会看到它是如何增强我们对于估值的置信度并降低不确定性的。

7.2.1　英国的土地面积

　　我们将要估算的是英国的土地面积,英国是我的出生地,之后我在那里度过了很多年。所以我对它的面积有一些隐约的了解,但并不确定。因此这一估算可以作为一种常见情形的模型,这种情形就是,我们知道的比自认为的要多,且需要取出并利用我们隐约了解的知识。

　　为了给出初步估算,即用来和分而治之法的估算结果相比较的基准线,我像 1.6 节的标题那样,和自己的直觉对话。对于估算的下限,我感觉 10^4 千米^2 较为合理:如果面积比这个小,就会令我感到有些吃惊。对于估算的上限,我感觉 10^7 千米^2 较为合理:如果面积大于这个数,也会令我感到吃惊。结合两个端点,如果面积小于 10^4 千米^2 或大于 10^7 千米^2,都会令我感到相当诧异。这超过 3 个量级的大范围,反映了不使用分而治之法而估算面积的难度。

　　我对于直觉估算的置信度是假设 H 的概率:

$$H \equiv \text{英国土地面积位于 } 10^4 \sim 10^7 \text{ 平方千米范围之间.} \quad (7.9)$$

这个概率隐含，或者说是基于我的背景知识 K：

$$K \equiv \text{在使用分而治之法之前我对英国土地面积的了解.} \quad (7.10)$$

我对猜想的信念度或置信度就是条件概率 $\Pr(H \mid K)$：面积处于根据我在使用分而治之法之前所拥有的知识而得到的范围内的概率。不幸的是，没有哪种我们已知的计算方法能够计算出具有如此复杂的背景信息的概率。我们能做的就是内观：和直觉进行更深层次的讨论。这个讨论不仅要考虑面积本身，还要讨论对于面积范围是 $10^4 \sim 10^7$ 千米^2 的信念度问题。

我的直觉为我选择了这样一种范围，即当得知实际面积在此范围之外时，我不会感到太惊讶。惊讶意味着概率 $\Pr(H \mid K)$ 大于 1/2；如果 $\Pr(H \mid K)$ 小于 1/2 时，还能发现实际面积处于此范围内，我就会感到惊讶。惊讶的轻微程度表明了 $\Pr(H \mid K)$ 并不比 1/2 大多少。这个概率感觉上大约是 2/3。它对应的发生比是 2：1；也就是说，对于面积处于合理的范围内这件事，我给出的发生比是 2：1。进一步假设对称，从而使面积低于或高于这个范围是同等可能的，则合理的范围分别代表了以下概率：

10^4 km^2	合理的范围	10^7 km^2
$p \approx 1/6$	$p \approx 2/3$	$p \approx 1/6$

端点处的波浪线表示左边的下限可向下延伸至 0，而右边的上限可以向上扩展到无穷大。

现在让我们来看看分而治之法是如何改变合理范围的。为了进行这个估算，我们先将此面积团块化为一个面积相同的、和英国土地纵横比相同的矩形。我自己猜到的最佳矩形重叠在英国的略图上。它的面积就是它的宽度和高度的乘积。于是面积的估算就分解为以下两个更为简单的估算。

1. 宽度的团块化。在我向自己的直觉询问宽度的合理范围之前，我

已经通过复习宽度的相关知识做好了准备。开车穿过英国的南部,也就是从伦敦到康沃尔,需要 4 小时。但是英国大部分地区都比较窄,所以平均的,或者团块化的宽度大致需要 3 小时车程。我的直觉对范围在 150～250 英里或者 240～400 千米感到满意:

240 km	合理的范围	400 km
$p \approx 1/6$	$p \approx 2/3$	$p \approx 1/6$

对数标度是对宽度和高度等正值量来说比较合适的标度。在此标度下,范围的中点是 $\sqrt{240 \times 400}$ 或者 310 千米。这是我对宽度做出的最好估算。

2. 高度的团块化。坐火车从英国南部的伦敦到达英国北部地区苏格兰的爱丁堡需要 5 小时,比如说火车的速度是 80 英里/小时。除了这 400 英里,我们还要考虑到,苏格兰南部的爱丁堡比英格兰南部的伦敦纬度更高。所以我的直觉对团块化矩形的高度的估算是 500 英里。这个距离就是我估算出的高度合理范围的中点。

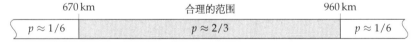

$$\underset{500/1.2}{420} \quad \sim \quad \underset{500 \times 1.2}{600} \quad 英里 \tag{7.11}$$

在正负 20%(约 ±100 英里)的范围内,这个结果感觉上是精确的。在对数(或乘积)标度上,这个范围就是中点两边各 1.2 倍的位置:

670 km	合理的范围	960 km
$p \approx 1/6$	$p \approx 2/3$	$p \approx 1/6$

(500/1.2 的更准确一点的值是 417,但是这些端点值本身就是粗略估算,没有必要要求数据达到如此高的精确度。)用公制表示,这个范围就是 670～960 千米,中点处是 800 千米。以下是它的概率解释:

接下来的步骤就是综合高度和宽度的合理范围来构造面积的合理范围。因为面积是宽度和高度的乘积,所以第一种方式就是简单地将宽度和高度各自范围的端点相乘:

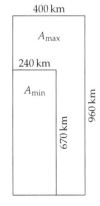

$$A_{min} \approx 240 \text{ km} \times 670 \text{ km} \approx 160\,000 \text{ km}^2$$

$$A_{max} \approx 400 \text{ km} \times 960 \text{ km} \approx 380\,000 \text{ km}^2.$$

(7.12)

这些端点的几何平均(中点)是 250 000 千米²。

尽管很合理,这个方法仍然对合理范围的宽度估算过高——这是一个我们可以立刻改正的错误。然而,即使对这个宽度的估算过高,其跨度也仅有 2.4 倍,而我们一开始给出的面积范围是 $10^4 \sim 10^7$ 千米²,这个跨度达到了 1 000 倍。分而治之法通过用我了解得更准确的知识来代替只有模糊概念的量,也就是面积,显著地缩小了我的合理范围。

第二个好处就是将面积进一步分解为很多量,付出的代价很小,比之前建议的将端点简单相乘付出的代价还要小。将端点相乘得出的范围宽度是两个宽度的乘积。但是这个宽度假设的只是最坏的情况。要想理解为什么,不妨假设一种极端情况:估算一个量,它是 10 个因子的乘积,你知道其中每个因子的误差在 2 倍以内(换句话说,就是每个合理范围都有 4 倍的跨度)。那么对于最终的结果来说,这个合理范围是否要达到 4^{10} (大约为 10^6)倍的跨度? 这个结论无疑让人感到悲观。更有可能出现的情况则是,在对这 10 个因子的估算中,有一些会过大,而有一些则会过小,从而抵消了很多误差。

要正确地计算出面积的合理范围就需要对宽度和高度的合理范围进行完整的概率描述。这样我们就能算出每个可能乘积的概率。给出这个范围的人可以找到这一概率描述。但是没有人知道根据人脑中复杂的、散乱的和看似矛盾的信息怎么推导出一组完整的概率。

我们至多能给出一个合理的概率分布:对数正态分布。而在对数标度上,这个分布是正态分布,也被称为高斯分布。

这是我用直觉估算的英国团块化矩形高度的正态分布。水平轴是对数的。间隔对应的是比例而不是差。因此是 800 千米而不是 815 千米处于 670 千米和 960 千米的中点。这些端点要么是中点的 1.2 倍,要么是中点的1/1.2 倍。在 800 千米处的峰值反映了我确信 800 千米是最好的猜

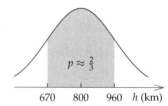

想。阴影部分面积占 2/3 则把我对真实高度在范围 670～960 千米内的置信定量化了。

采用对数正态分布有两个理由。首先,我们的大脑是根据比例而不是绝对差来比较各种量。(对于所提到的"量",我指的是恒正的值,比如距离,而不是像位置这样带正负号的值。)简言之,我们的大脑功能将量置于对数标度上。为了表示我们的想法,我们因此将分布置于对数标度上。

其次,正态分布是约束最少的分布。它不包含除了中点和宽度之外的其他任何信息;选取其他任何一种分布都需要假定附加的知识。因为我们的直觉只告诉了我们上限和下限,相当于只告诉了我们中点和宽度,所以我们可以使用正态分布。这个结论是基于最大熵原理得出的。它推广了被称为拉普拉斯无差别原理的对称性分析。

以下是有关无差别原理的一个例子,设想投掷一个六面骰子。根据对称性,我们赋予 1 到 6 每一面出现的概率为 1/6。任何其他的概率分布都会隐含有关骰子或者如何掷骰子的附加知识。均匀分布有着极大的遗留的不确定性或最大熵。但是当我们有关于某个分布的额外信息,且不再要用对称性时,我们可以选用更一般的最大熵原理来找出最少约束的分布。当额外信息是中点位置和宽度时,最少约束分布即最大熵分布可以被证明是一个正态分布或高斯分布。

综合前面提到的两点理由——我们的大脑功能和最大熵原理——我们的合理范围将会是处于对数标度上的正态分布:对数正态分布。

图示是针对英国团块化矩形宽度的另一个对数正态分布。阴影部分就是所谓的 $1-\sigma$ 范围:$\mu-\sigma$ 至 $\mu+\sigma$,这里的 μ 指的是中点 (在这里,就是指 310 千米处),而 σ 指的是宽度,是用对数标度上的距离来衡量的。在正

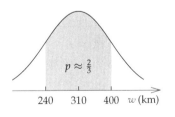

态分布中,$1-\sigma$ 范围覆盖 68% 的概率——接近更方便的值 2/3。当我们要求我们的合理范围覆盖 2/3 概率时,我们就是在估算 $1-\sigma$ 范围。

这两个对数正态分布提供了综合的合理范围所需的概率描述。概率论规则(题 7.5)构造了以下的两步方案:

1. 面积 A 的合理范围的中点是高度 h 和宽度 w 的合理范围中点的

乘积。在这里，高度的中点是 800 千米而宽度的中点则是 310 千米，所以面积的中点大约是 250 000 千米^2：

$$\underbrace{800 \text{ km}}_{h} \times \underbrace{310 \text{ km}}_{w} \approx 250\,000 \text{ km}^2. \tag{7.13}$$

2. 为了计算出合理范围的宽度或是半峰半宽，首先我们要用对数单位表示各自的半峰半宽（即 σ 的值）。方便计算的单位有因子 10，也被称为贝尔，或者更方便的可以用分贝。1 分贝，其缩写为 dB，是因子 10 的十分之一。以下是因子 f 和分贝间的转换：

$$分贝数 = 10\log_{10}f. \tag{7.14}$$

举例来说，因子 3 接近于 5 分贝（因为 3 几乎就是 10 的二分之一次幂），而因子 2 几乎刚好等于 3 分贝。（这里的分贝稍稍比题 3.10 中提到的声学分贝更为一般：声学分贝衡量的是相对于某个参考值，比如说 10^{-12} 瓦/米^2 的能量通量。这两种分贝都能衡量因子 10，但是这里提到的分贝并没有隐含的参考值。）

在分贝、贝尔，或者其他任何对数单位中，乘积范围的半峰半宽（即 σ）就是各自半峰半宽（即 σ 值）的毕达哥拉斯之和。用 σ_x 来代表量 x 的合理范围的半峰半宽：

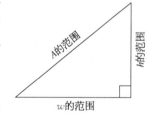

$$\sigma_A = \sqrt{\sigma_h^2 + \sigma_w^2}. \tag{7.15}$$

让我们将这个方法应用到我们的例子中。高度（h）的合理范围是 800 千米乘以或除以 1.2。在对数标度上，间距是由比例或者倍数来衡量的，所以应将范围看作"乘以或除以一个因子"，而不是"加或减一个因子"（这是在线性标度情况下合理的描述）。1.2 倍的因子就相当于 ± 0.8 分贝：

$$10\log_{10}1.2 \approx 0.8. \tag{7.16}$$

因此，$\sigma_h \approx 0.8$ 分贝。

宽度（w）的合理范围大约是 310 千米乘以或除以 1.3 左右。1.3 倍的因子相当于 ± 1.1 分贝：

$$10\log_{10}1.3 \approx 1.1. \tag{7.17}$$

因此, $\sigma_w \approx 1.1$ 分贝。

而 σ_h 和 σ_w 的毕达哥拉斯和就大约是 1.4 分贝:

$$\sqrt{0.8^2 + 1.1^2} \approx 1.4. \qquad (7.18)$$

作为一个倍数,1.4 分贝恰好近似于 1.4 倍:

$$10^{1.4/10} \approx 1.4. \qquad (7.19)$$

由于合理范围的中点是 250 000 千米^2, 所以英国土地面积应为
250 000 千米^2 乘以或除以 1.4。若要求更高的精确度,则是 1.37 倍。

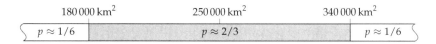

$$\underbrace{180\,000}_{/1.37} \cdots \underbrace{250\,000}_{\text{中点}} \cdots \underbrace{340\,000}_{\times 1.37}\ \text{km}^2 \qquad (7.20)$$

若用概率条表示,范围就是:

180 000 km^2	250 000 km^2	340 000 km^2
$p \approx 1/6$	$p \approx 2/3$	$p \approx 1/6$

实际面积是 243 610 千米^2。这个面积令人满意地位于估算的范围以
内,且和中点惊人地接近。

▶ 估算值的准确度有多惊人？

这个惊人程度可以通过概率来量化:实际值可能比 243 610 千米^2 更
接近中点(最佳估算)的概率。这里,243 610 比 250 000 小 2.6%,或者说
相差 1.026 倍。实际值可能位于中点两边不超过 1.026 倍的概率是对数
正态分布图中的小阴影部分的面积。

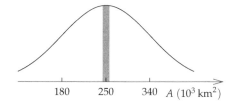

阴影区域几乎就是一个矩形,所以它的面积近似于它的高乘以它的
宽。它的高就是正态分布的最高值。在 $\sigma = 1$ 单位(以无量纲形式)中,这

个高度就是 $1/\sqrt{2\pi}$。

阴影区域的宽，也使用 $\sigma=1$ 单位，是下列比值：

$$2\times\frac{相当于因子\ 1.026\ 的\ dB}{相当于因子\ 1.37\ 的\ dB}.\qquad(7.21)$$

这个值大约是 0.16。（因数 2 之所以会出现，是因为此区域在峰值的两边等量延伸。）因此，阴影区的概率大约是 $0.16/\sqrt{2\pi}$ 或是仅为 0.07。我对英国土地面积的估算结果有如此之高的精度倍感惊讶和鼓舞。

题 7.4　一个房间的体积

估算你最喜欢的一个房间的体积，比较你使用分而治之法之前和之后得出的合理范围。

题 7.5　证明合理范围的综合是合理的

用贝叶斯定理证明合理范围的综合是合理的。

题 7.6　练习合理范围的综合

你正在尝试估算一个矩形场地的面积。此矩形宽度和长度的合理范围分别是 1～10 米和 10～100 米。

a. 这两个合理范围的中点值分别是多少？

b. 其面积的合理范围的中点值是多少？

c. 将相应端点相乘后，过于悲观的面积范围是多少？

d. 考虑对数正态分布后，此面积实际上的合理范围是多少？此范围应该比(c)给出的悲观范围更窄！

e. 如果宽度的范围改为 2～20 米且长度的范围改为 20～200 米，那么结果会如何变化？

题 7.7　A4 纸的面积

如果你手头有一张标准欧洲（A4）纸，不管它是现实中的还是你想象出的，请你通过直觉估算其长度和宽度（不用尺子）来找出其面积 A 的合理范围。接着比较你的最佳估算（你给出的范围中点）和 An 纸的实际面积，即 2^{-n} 米^2。

题7.8 质量的估算

想尝试估算某个物体的质量时,对于其密度你给出的合理范围是 $1\sim5$ 克/厘米^3,对于其体积你给出的合理范围是 $10\sim50$ 厘米^3。那么对于它的质量你给出的合理范围(大约)是多少?

题7.9 哪一个范围更广?

设想你已经根据你对量 a、b 和 c 的知识给出了如下的范围:

$$
\begin{aligned}
a &= 1 \sim 10 \\
b &= 1 \sim 10 \\
c &= 1 \sim 10.
\end{aligned}
\tag{7.22}
$$

哪一个值——abc 还是 $a^2 b$——的合理范围更广?

题7.10 处理除法

如果量 a 的合理范围是 $1\sim4$,且量 b 的合理范围是 $10\sim40$,那么 ab 和 a/b 的合理范围分别是多少?

7.2.2 在寻找中点之前找到 $1\text{-}\sigma$ 端点

在理解了概率之后,我们就可以解释两个属于直觉估算方法(1.6节)的奇妙的、看似随意的特征。

首先,我们没有直接询问直觉的最佳估算。相反,我们询问的是上限和下限,而由此我们可以得到它们的中点作为最佳估算。其次,我们采纳的标准是"略微惊讶":如果实际值超出端点,我们也只是略微惊讶。定量地说,"略微惊讶"现在意味着实际值在端点之间的概率应当是 2/3。

第一个特征,即我们估算的是端点而不是直接估算中点,可由对数正态分布的形状解释。试想通过那些你直觉上认为合适的候选中点来定位要找的中点。这个分布在中点处是平坦的,所以在候选中点发生切换时,概率几乎不发生变化。因而,你的直觉在中

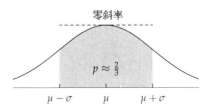

点附近很大范围内都将有同样的感受。结果是，你不能轻松地找出合适的中点估算值。

这个问题的答案解释了第二个奇妙的特征：为什么合理范围应当包含 2/3 的概率。问题的求解就是估算出曲线上最陡的位置。这些位置是斜率最大（指绝对值）的点。在这些点附近，概率的变化是最迅速的，也是最容易感觉到的。

如果我们采用最方便的对数单位，那么中点 μ 就是 0 而半峰半宽 σ 就是 1，而对数正态分布就变成了如下相当简单的形式：

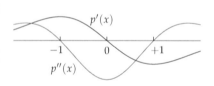

$$p(x) = \frac{1}{\sqrt{2\pi}} e^{-x^2/2}. \tag{7.23}$$

这里的 x 度量的是相对峰值的半峰半宽。当 $p'(x)$ 的导数，也就是 $p''(x)$ 等于 0 的时候，斜率 $p'(x)$ 达到最大值。这些点也被称为拐点或者零曲率点。［当曲率等于 0 时，曲线就是直线，所以切线（虚线）可以穿过它。］

忽略无量纲因子，可以得到：

$$p'(x) \sim -x e^{-x^2/2}$$
$$p''(x) \sim (x^2 - 1) e^{-x^2/2}. \tag{7.24}$$

当 $x = \pm 1$ 时，二阶导数为零。这个值是在 $\mu = 0, \sigma = 1$ 的单位制中给出的。在通常的单位制中，$x = \pm 1$ 表示 $1-\sigma$ 端点 $\mu \pm \sigma$。所以斜率最大处（指绝对值）的点——我们的直觉可以估算得最精确的点——就是 $1-\sigma$ 端点！我们首先找到这些端点，接着再找出它们的中点。

当我们估算一个概率为 2/3 的范围时，我们就几乎完全是在寻找一个 $1-\sigma$ 范围：在正态分布或是对数正态分布中，$1-\sigma$ 覆盖了大约 68% 的概率，几乎就是 2/3。相较而言，$2-\sigma$ 覆盖了大约 95% 的概率，而这正是统计分析中一个非常受欢迎的数字。因此，你可能也想找出你的 $2-\sigma$ 范围（题 7.11）。然而，$1-\sigma$ 端点的斜率比 $2-\sigma$ 端点的斜率要大 2.2 倍，所

以对 $2-\sigma$ 范围的估算比 $1-\sigma$ 的要稍微困难些。为了找出 $2-\sigma$ 范围，首先要估算出 $1-\sigma$ 范围，并接着使其宽度加倍（以对数标度）。

这个对合理范围的分析就结束了我们对概率以及分而治之法的概率基础的介绍。我们已经了解到，概率源自我们知识的不完备性，以及获取知识是如何改变我们的概率的。在下一节中，我们将利用概率来驾驭由大量原子和分子组成的、不可能使我们具备相应完备知识的体系的复杂性。这个分析将从一种特殊的行走，即无规行走开始。

题 7.11　$2-\sigma$ 范围

我对英国土地面积做出的 $1-\sigma$ 范围的估值是 $190\,000 \sim 330\,000$ 千米^2。请问 $2-\sigma$ 范围是多少？

题 7.12　黄金还是纸币？

若你成功闯入某个银行金库，你将会带走黄金还是纸币呢？假设你卷走赃物的能力受到的是质量限制而不是体积限制。

a. 估算出黄金的价值密度（单位质量的货币价值）——举例来说，以美元/克的形式。给出你初步估算的合理范围，并找出价值密度的最终合理范围。

b. 对于你所偏爱的纸币，给出你估算出的价值密度以及以下比值的合理范围：

$$\frac{\text{黄金的价值密度}}{\text{纸币的价值密度}}. \tag{7.25}$$

c. 你应该卷走黄金还是纸币呢？用一个正态分布来证明你的选择是正确的。

7.3　无规行走：黏性与热流

大数学家波利亚，后来是《怎样解题》(*How to Solve It*)[39] 一书的作者,在他移居瑞士后,住在一个提供早餐的旅馆里,每天都要在花园里高大灌木的树篱之间散步。而他每次都会和一对也在散步的新婚夫妇偶遇。这对新婚夫妇是在跟着他呢,还是数学上的必然结果? 由这个问题衍生出了对无规行走的研究。

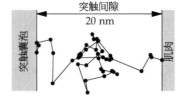

无规行走无处不在。在一个被称为"战争"的纸牌游戏中,牌在两个玩家之间不断来回,直至其中一个玩家得到了整副牌而获胜。平均而言这个游戏会持续多长时间呢? 一个神经递质分子由突触囊泡释放出来。它在 20 纳米的间隙,也就是突触间隙间游移,直到它附着到一个肌肉细胞上;接着你的腿部肌肉就会痉挛。这个分子的运动过程用了多长时间? 在冬日的一天里,你站在屋外,只穿了一层薄薄的衣物,你体内的热量会透过衣服散发出去。你一共散去了多少热量? 为什么大型有机生物会有循环系统? 回答这些问题需要理解无规行走。

7.3.1　无规行走的性质: 团块化和概率分析

至于我们的第一种无规行走,请设想有一个香水分子在房间里以直线运动,直到和空气分子发生碰撞使它转向一个随机的方向。这种随机性反映出我们知识的不完备:如果已知碰撞分子的所有状态信息,我们就能计算出它们相撞后的路径(至少在经典物理学中是这样)。然而,我们并没有那样的信息,而且我们也并不想这么做!

即使没有这些信息,分子的无规运动依旧是复杂难懂的。其复杂性来源于一般性——分子运动的方向以及碰撞分子间的距离可以是任意值。为了简化问题,我们将用几种方式进行团块化。

距离　让我们假定分子在发生碰撞前运动的距离是典型的、固定的。这个距离就是平均自由程 λ。

方向　让我们设想分子仅沿着坐标轴运动。而同时我们也只研究一维运动;于是,分子既可能向左运动也可能向右运动(其概率相等)。

时间　让我们设想分子以一个典型的、固定的速度 v 运动,且每一次碰撞都按照固定间隔的时钟滴答发生。因而这些滴答的间隔为特征时间

$\tau = \lambda / v$。 这个时间就被称为平均自由时间。

在这个过度团块化的一维的模型中,一个分子从初始位置 $(x=0)$ 开始运动,并沿着直线移动。每滴答一次,它向左和向右移动的概率都是 $1/2$。

随着时间的推移,分子就扩散开来。事实上,分子本身并不会发生扩散!它有特定的位置,但是我们并不知道这个特定位置。发生扩散的只是我们对这个位置的信念度。在概率论的表示中,这个信念度表现为一组概率——一种概率分布——基于我们对分子初始位置的了解的概率:

$$\Pr(t \text{ 时刻分子处于位置 } x \text{ 处} \mid \text{分子在 } t=0 \text{ 时处于 } x=0 \text{ 处}).$$

$$(7.26)$$

变化的信念度由概率分布的序列表示,每个时刻一个概率。举例来说,在 2τ(2 次滴答)处,分子处于初始位置的概率是 $1/2$,由于它要么是从左向右运动,要么是从右向左运动。在 3τ 处,分子处于初始位置的概率是 0(为什么?)。但是分子处于 $x=+\lambda$ 的概率是 $3/8$。为了量化这个扩散过程,即由以下图形表示的过程,我们需要一次抽象和一个记号。

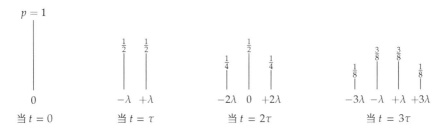

分子的位置是 x。而它的期望位置是 $\langle x \rangle$。这个期望的位置是所有可能位置的加权平均,权重即为其概率。x 和 $\langle x \rangle$ 都是时间的函数,或者可以说是滴答数的函数。然而,因为每个方向的运动都是同等可能的,所以期望的位置并没有发生变化(根据对称性)。于是,$\langle x \rangle$ 开始时是零,以后也始终保持为零。

一种有用的描述方式是采用位置的平方 x^2——其之所以更有用是因为它总是非负的,从而使对导致 $\langle x \rangle = 0$ 的对称性的讨论变得无关紧要。类似于 $\langle x \rangle$,期望的均方位置 $\langle x^2 \rangle$ 是 x^2 的可能值之加权平均,权重为它们的概率。

让我们来看看 $\langle x^2 \rangle$ 是如何随时间变化的。在 $t=0$ 时，唯一的可能就是 $x=0$，所以有 $\langle x^2 \rangle_{t=0}=0$。一次滴答之后，在 $t=\tau$ 时，可能性也是有限的：$x=+\lambda$ 或 $-\lambda$。在每一种情况下都有 $x^2=\lambda^2$。因此，$\langle x^2 \rangle_{t=\tau}=\lambda^2$。

正如波利亚所说的，仅凭借两个数据点就要总结出一个规律来简直是天方夜谭[40]。所以让我们找到 $t=2\tau$ 的点，然后再猜出大概的样子。在 $t=2\tau$ 时，位置 x 可能是 $-2\lambda,0$ 或者 λ，而它们的概率分别是 $1/4,1/2$ 和 $1/4$。因此 $\langle x^2 \rangle$ 的加权平均值就是 $2\lambda^2$：

$$\langle x^2 \rangle = \frac{1}{4} \times (-2\lambda)^2 + \frac{1}{2} \times (0\lambda)^2 + \frac{1}{4} \times (+2\lambda)^2 = 2\lambda^2. \quad (7.27)$$

那么这个规律看上去就是：

$$\langle x^2 \rangle_{t=n\tau} = n\lambda^2. \quad (7.28)$$

这个猜想是正确的。（你可以在题 7.13 中计算 $t=3\tau$ 和 $t=4\tau$ 时的值来验证这个猜想。）每经过一个步长，扩散距离 $\langle x^2 \rangle$ 就增加一个步长的平方 λ^2。当我们将合理范围综合起来的时候，我们已经在 7.2.1 节见过这个规律了。面积 $A=hw$ 的合理范围的半峰半宽由以下式子得出：

$$\sigma_A^2 = \sigma_h^2 + \sigma_w^2, \quad (7.29)$$

其中 σ_x 是量 x 的合理范围的半峰半宽。而半峰半宽就是无规行走中的步长——之所以无规是因为估算既可能是过低也可能是过高的（分别代表向左走和向右走）。因此，半峰半宽，就像无规行走中的步长一样，要将它们的平方相加（"平方和"）。

滴答的次数是 $n=t/\tau$，因此 $\langle x^2 \rangle$，即 $n\lambda^2$，也可写为 $t\lambda^2/\tau$。于是可得：

$$\frac{\langle x^2 \rangle}{t} = \frac{\lambda^2}{\tau}. \quad (7.30)$$

随着时间的推移，$\langle x^2 \rangle/t$ 始终等于 λ^2/τ！不变量 λ^2/τ 就是我们在无规行走中最需要了解的细节。

	$D(\mathrm{m}^2/\mathrm{s})$
空气中的空气分子	1.5×10^{-5}
空气中的香水分子	10^{-6}
水中的小分子	10^{-9}
水中的大分子	10^{-10}

这个抽象出来的东西被称为扩散系数。它常用 D 来表示,它的量纲是 $\mathrm{L}^2\mathrm{T}^{-1}$。这张表给出了粒子在三维空间中运动时有用的近似扩散系数。在 d 维空间,扩散系数的定义包含一个无量纲因子:

$$D = \frac{1}{d}\frac{\lambda^2}{\tau}. \tag{7.31}$$

因为 λ/τ 指的是分子在随机碰撞之间的速度,所以估算 D 的另一种有用的表达式是:

$$D = \frac{1}{d}\lambda v. \tag{7.32}$$

题 7.13　验证无规行走的扩散猜想

给出粒子在 $t=3\tau$ 和 $t=4\tau$ 处的概率分布,并计算每个 $\langle x^2 \rangle$ 的值。你得到的结果是否能证明 $\langle x^2 \rangle_{t=n\tau} = n\lambda^2$?

题 7.14　更高的维度

对于一个由原点开始的、在二维空间中运动的分子来说,$\langle r^2 \rangle = n\lambda^2$,其中 r 满足 $r^2 = x^2 + y^2$。当 $t=0 \sim 3\tau$ 时证明这个结论。

无规行走和常规行走的相似之处在于它们都有不变量。对常规行走来说,不变量是 $\langle x \rangle/t$,即速度。对于无规行走来说,不变量是 $\langle x^2 \rangle/t$,即扩散系数。(扩散系数对应的是无规行走,而速度对应的是常规行走。)然而,这两种行走的不同之处在于它们的标度指数。对于常规行走来说,$\langle x \rangle \propto t$,将位置和时间联系起来的标度指数是 1。对于无规行走来说,我们则使用位置的均方根(rms)来描述：

$$x_{\mathrm{rms}} \equiv \sqrt{\langle x^2 \rangle}. \tag{7.33}$$

类似于$\langle x \rangle$对常规行走的描述。因为$\langle x^2 \rangle \propto t$，所以$x_{\mathrm{rms}}$正比于$t^{1/2}$：在无规行走中，将位置和时间联系在一起的标度指数只有$1/2$。这个标度指数对热量、阻力以及扩散都有着深远的影响。

作为一个与此影响相关的例子，让我们将学到的有关扩散和无规行走的知识运用于一种熟悉的情况。假设屋子里有人打开了一瓶香水，如果你的嗅觉不是很灵敏，就改为假设有一盘中午吃剩的鱼。

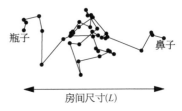

你闻到味道需要多长时间？

随着时间的推移，分子运动得越来越远，其 rms 位置按照正比于$t^{1/2}$的形式增加。按照团块化近似，设想分子位于和气味源（香水瓶或是吃剩的鱼）相距x_{rms}之内的任何一处地方的可能性都相同。若要使分子运动到你鼻子处的概率很大，那么x_{rms}就应该相当于房间尺度L。因为$\langle x^2 \rangle = Dt$，而条件是$L^2 \sim Dt$，所以需要的扩散时间是$t \sim L^2/D$。（至于另一种推导，请看题 7.16）

对于在空气中扩散的香水分子来说，D大约等于10^{-6}米^2/秒。在一个 3 米大小的房间中，扩散时间大约是 4 个月：

$$t \sim \frac{L^2}{D} \sim \frac{(3\,\mathrm{m})^2}{10^{-6}\,\mathrm{m^2/s}} \approx 10^7\,\mathrm{s} \approx 4\text{ 个月}. \tag{7.34}$$

这个估算和实验结果是不一致的！也许在一分钟之后，你就会闻到气味，不管是香水的香味还是剩鱼的味道。扩散太缓慢了，以致不能解释为什么气味可以如此迅速地钻入人们的鼻子里。事实上，在气味分子的运动过程中，大部分时间都在进行常规行走：房间虽小、但不可避免的气流相比扩散会将分子传送得更快更远。这个加速过程是标度指数从 1/2（对于无规行走来说)变至 1(对于常规行走来说)的结果。

题 7.15 空气的扩散系数

利用以下公式：

$$D \sim \frac{1}{3} \times 平均自由程 \times 运动速度 \qquad (7.35)$$

以及空气分子的平均自由程(6.4.5 节)估算空气分子在空气中的扩散系数。这也是空气分子的热扩散系数 $\kappa_{空气}$ 和运动黏度 $\nu_{空气}$。

题 7.16 扩散时间的量纲分析

用量纲分析来估算基于 L(房间的相关特征)和 D(无规行走的相关特征)的扩散时间 t。

一个类似的估算解释了循环系统的存在。设想一个氧分子扩散至我们体内的一个肌肉细胞处，即人体用来消耗葡萄糖和产生能量的场所。它扩散的距离(即我们的身体大小)是 $L \sim 1$ 米。水中的氧分子(水中的小分子)的扩散系数大约是 10^{-9} 米^2/秒。则扩散时间大约是 10^9 秒，或者说是 30 年：

$$t \sim \frac{L^2}{D} \sim \frac{(1\ \text{m})^2}{10^{-9}\ \text{m}^2/\text{s}} = 10^9\ \text{s} \approx 30\ \text{a}. \qquad (7.36)$$

若要越过很长的距离——相对于平均自由程 λ 而言——扩散是一种很慢的传输方式！大的有机生物，特别是高代谢率的恒温有机生物需要另一种传输方式：循环系统。循环系统能比扩散更有效地输送氧气，就像气流能有效输送香水分子一样。一旦最小的毛细血管和细胞之间的距离小到足够使扩散发挥效用，那么循环系统，即愈来愈小的毛细血管组成的分支网络就会停止其效用。

另一个有关近距离扩散的生物学例子，就是对两个相邻神经元之间的间隙的研究，此间隙被称为突触间隙。它的宽度只有 $L \sim 20$ 纳米。相邻神经元间的，或是一个神经元和一个肌肉细胞之间的信号，像神经递质分子那样以化学方式传递着。

让我们估算一个神经递质分子的扩散时间。神经递质分子是大分子且它在水中扩散，所以 $D \sim 10^{-10}$ 米^2/秒。它的扩散时间是 4 微秒：

$$t \sim \frac{L^2}{D} \sim \frac{(2 \times 10^{-8} \text{ m})^2}{10^{-10} \text{ m}^2/\text{s}} = 4 \times 10^{-6} \text{ s}. \qquad (7.37)$$

在不作比较的情况下，这个时间并不能体现什么，我们不能立刻评判这个时间是长还是短。然而，因为它比神经元的触发时间精度（大约是 100 微秒）还要小，那么可以判断，通过突触间隙的时间已经小到不会影响神经信号的传递。对于相邻神经元之间的神经递质来说，扩散则是一种简单有效的方式。

题 7.17 处于原点的概率

波利亚对于他和那对新婚夫妇的偶遇的分析首先需要找出他的无规行走在 n 次滴答后仍在原点的概率 $p_n(p_0=1)$。对于 d 维空间的无规行走，请找出 $p_n \propto n^{\beta(d)}$ 中的标度指数 $\beta(d)$。

题 7.18 到达原点次数的期望值

用你在题 7.17 中得到的结果，估算在一维或二维空间中的无规行走到达原点的次数期望值（对所有滴答 $n \geqslant 0$ 求和）。由此解释波利亚定理[41]，即一维或二维空间中的无规行走总是会回到原点。是什么使三维空间的无规行走的情况不同？

7.3.2 扩散系数的种类

因为无规行走是无处不在的现象，所以扩散系数的种类有很多。它们根据不同的扩散物质被赋予不同的名称，但是它们共同拥有无规行走的数学规律。因此，它们都有单位时间的长度平方（$L^2 T^{-1}$）这个量纲。

扩散物	扩散系数的名称	符号
粒子	扩散系数	D
能量（热）	热扩散系数	κ
动量	运动黏度	ν

　　一部分常用扩散系数(粒子的)已在 285 页被列成表格。为了完善这张表格,这里补充了一些有用的、近似的热扩散系数和运动黏度。

$\kappa_{空气}$	空气中的热扩散	1.5×10^{-5} m^2/s
$\nu_{空气}$	空气中的动量扩散	1.5×10^{-5}
$\kappa_{水}$	水中的热扩散	1.5×10^{-7}
$\nu_{水}$	水中的动量扩散	1.0×10^{-6}

　　在空气中,所有这三种扩散系数——对分子来说是 D,对能量来说是 κ,对动量来说是 ν——都大约等于 1.5×10^{-5} 米^2/秒。它们的相似之处并非巧合,而是用相同的机制(气体分子的扩散)输运了分子,能量和动量。

　　然而在水中,分子扩散系数 D 要比热扩散和动量扩散系数(分别是 κ 和 ν)小了好几个量级。即使动量扩散系数和热扩散系数也要相差大约 7 倍。这个无量纲比值 ν/κ,就是普朗特数 Pr。对水来说,我通常会记住 ν,因为它在国际单位制中正好是 10 的幂次,同时我还能记住普朗特数——幸运数字 7——并用这些数来得到 κ。

7.3.3　液体和固体的热扩散系数

　　水中分子扩散系数和热扩散系数之间的巨大差异表明我们构造的水中扩散模型并不完善。这个问题并不仅仅存在于水中。如果我们对任何一种固体进行类似比较,即比较它们的分子扩散系数和热扩散系数(D 和 κ),我们会发现它们的差异甚至更明显。

　　事实上,在液体或固体中和在气体中不同,热量不是由分子运动传输的。在固体中,分子待在晶格中它们各自的位置上。它们会振动,但几乎不移动。在液体中,分子会移动,但是速度很缓慢。它们的紧密排列保持了较短的平均自由程和较小的扩散系数。然而,正如日常经验和较大比值 D/κ 所表明的,热量可在液体和固体中迅速传输。原因是热量是由小声波而不是分子运动传输的。这个声波被称为声子。

　　以表示电磁场振动的光子来类比,声子代表了晶格(液体或固体中的原子或分子)的振动。一个分子发生振动后,引起下一个分子振动,从而又引起再下一个分子的振动。这个连锁反应就是一个声子的运动。声子的行为像粒子：它们的运动穿过晶格，在遇到杂质和其他声子时就会被弹回。像一般粒子那样，它们也有平均自由程和传播速度。这些无规行走的性质决定了热扩散系数：

$$\kappa \approx \frac{1}{3} \times \text{平均自由程} \times \text{传输速度}. \tag{7.38}$$

传输速度就是声速 c_S，因为声子是小声波（我们熟悉的声波都包含着大量声子，就像光束包含了大量光子）。固体和液体中的声速比热速度快得多，通过这一点，我们就已经得知了热扩散系数 κ 要比粒子的扩散系数 D 大的一个原因。

平均自由程 λ 衡量了一个声子在被弹回（或散射）和转变至任意方向之前经过的路程。让我们将其写成 $\lambda = \beta a$，其中 a 是典型晶格长度（3 埃），而 β 是声子传播的晶格数。

于是热扩散系数就变成了：

$$\kappa = \frac{1}{3} c_S \beta a. \tag{7.39}$$

对于水这个我们最喜欢的物质来说，$c_S \sim 1.5$ 千米/秒，所以我们预测的热扩散系数就是：

$$\kappa_{\text{水}} \sim \beta \times 1.5 \times 10^{-7} \text{ m}^2/\text{s}. \tag{7.40}$$

因为水的实际热扩散系数是 1.5×10^{-7} 米²/秒，所以如果我们令 $\beta = 1$，那我们的估算就是精确的。这个选择很容易解释和记住：在水中，声子在变换至随机方向之前会经过大约一个晶格。这个距离非常短，因为水分子不会停留在有序的晶格中。它们的无序为散射声子提供了不规则性。（同时，这个平均自由程比密堆的原子或分子的平均自由程大得多，在显著偏转前只移动不到 1 埃。因此，这是 κ 比 D 大得多的第二个原因。）

为了估算固体的 κ，让我们使用 $\kappa_{\text{水}}$ 及标度关系：

$$\kappa \propto \lambda c_S. \tag{7.41}$$

对于典型固体，声速 c_S 是 5 千米/秒——大约是水中声速的 3 倍。平均自

由程 λ 也比在液体的完全无序的晶格中的平均自由程长。在没有晶格缺陷的、室温条件下的固体中,一个声子在散射前会经过几个晶格长度。

这些变化使得固体的典型热扩散系数是水的典型热扩散系数的 10 倍:

$$\kappa_{\text{固体}} \sim \kappa_{\text{水}} \times 10 \approx 1.5 \times 10^{-6} \text{ m}^2/\text{s}. \tag{7.42}$$

	$\kappa(\text{m}^2/\text{s})$		$\kappa(\text{m}^2/\text{s})$
金	1.3×10^{-4}	砖	0.5×10^{-6}
铜	1.1×10^{-4}	玻璃	3.4×10^{-7}
铁	2.3×10^{-5}	水	1.5×10^{-7}
空气	1.9×10^{-5}	松树	0.9×10^{-7}
砂石	1.1×10^{-6}		

这个约为 10^{-6} 米^2/秒的值是固体的典型热扩散系数——比如砂石或砖块。这张表也显示了一个新的现象:对金属来说,κ 比我们的典型值大多了。尽管有些小差异可以由一些未计入的数值因子解释,但是这个显著的差异表现的是我们模型的缺失部分。

的确,在金属中,热量也可以由电子波携带,而不只是由声子(晶格波)携带。电子波比声子传播得更快更远。它们的速度被称为费米速度,相当于原子外层电子的轨道速度。正如你在题 5.36 发现的,对于氢原子来说这个速度是 αc,其中 α 是精细结构常数($\sim 10^{-2}$)而 c 是光速。所以这个速度大约为 1 000 千米/秒,比任何声速都快得多! 结果是金属的热扩散系数非常大。正如你在表中可以见到的,对一个良导体来说,比如铜,银或金,$\kappa \sim 10^{-4}$米^2/秒。

7.3.3.1 平底锅的加热

为了感知热扩散系数,将一个薄的铁铸平底锅置于一个高温炉上。

▶ **平底锅上表面感觉到热需要多长时间?**

高温炉提供了一团来回游移的热量(能量):这团热量进行的是无规

行走。在无规行走中，一个运动时间为 t、扩散系数为 D 的粒子到达的距离为 $z \sim \sqrt{Dt}$；我们在 7.3.1 节中用这个团块化模型来估算通过突触间隙的扩散时间。在这里，这个粒子就是一团热量，所以扩散系数就是 κ。于是，热量前锋经过了距离 $z \sim \sqrt{Dt}$ 后到达了平底锅。

在这个团块化图中，温度分布是一个右端在移动的矩形——代表向上的、到达锅面的热浪。对我这个 1 厘米厚的铁铸平底锅来说，热浪应在大约 4 秒内达到平底锅的上表面：

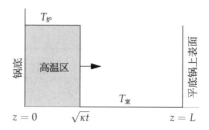

$$t \sim \frac{L^2}{\kappa_{铁}} \approx \frac{(10^{-2} \text{ m})^2}{2.3 \times 10^{-5} \text{ m}^2/\text{s}} \approx 4 \text{ s}. \tag{7.43}$$

不要在家里进行以下实验。但是为了运用团块化和概率分析，我将我们家最平的平底锅放在高温电磁炉上并用手触摸平底锅的上表面。2 秒后，我禁不住缩回了手指。

考虑到团块化近似的简单性或者粗略性，预计值和实际值之间的两倍差异并不算太坏。然而，还存在一种更大的差异。模型预测，在第一个 4 秒之前，平底锅的上表面仍然保持在室温。人们感觉不出来什么，直到第 4 秒时，砰！炉子的高温一下子全部击中了平底锅。

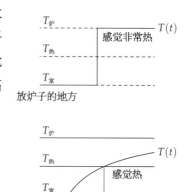

然而，实验表明，平底锅的温度在烫得不能触碰前一直在不断上升，之后不断增大直至达到炉温——正如图中表示的那样。

产生差异的一个原因可能来源于平底锅的上表面。在我们的模型中，平底锅只有底面且厚度无限薄。而上表面可能改变热流的方向。然而，这个无限薄的假定并不是根本问题（修正这个假定的结果是以 2 倍加速加热过程）。即使我们修正了假定，模型依然给出温度突然跳跃到炉温的不切实际的预测。在极力推荐过团块化近似的威力后这很难让人相信,但我们的确是团块化得过度了。

为了改进这个模型,我们考虑一个更实际的温度分布。除了典型的矩形团块化形状,下一个最简单的形状就是三角形(矩形的积分)。因此我们将用面积和矩形相同的三角形分布来代替之前的矩形温度分布。因为三角形的面积式子中有因子 1/2,所以热区现在从 $\sqrt{\kappa t}$ 延至 $2\sqrt{\kappa t}$。

三角形的面积正比于转移至平底锅内的热量。通过将三角形面积和矩形面积相匹配,我们保留了这个积分量。在构造团块化模型时,保留积分量通常比保留微分量(如斜率)更有力。

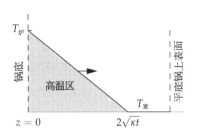

在三角形团块化模型中,你将没有什么感觉直到三角形的尖端到达锅的上表面。因为三角形热锋相对矩形热锋延伸了 2 倍的距离,$(2\sqrt{\kappa t}$ 对 $\sqrt{\kappa t})$,又因为扩散时间正比于距离的平方,所以所需的时间下降到 1/4,即从原来的 4 秒降至 1 秒。在 1 秒后,热锋即到达锅

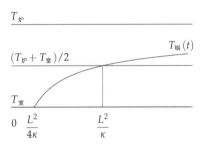

的上表面,也就是开始感觉到热了。接着温度缓慢增高,直至达到炉温。这下一个最简单的模型给出了如此贴合实际的预测!

题 7.19　月球的冷却

半径为 1.7×10^6 米的月球通过岩石的热扩散冷却下来需要多长时间? 假设月球现在已经冷却了,关于冷却机制你有何结论?

题 7.20　带一点漂移的扩散:在蒙特·卡洛赢得所有筹码

你可以玩 21 点纸牌,赢一副牌的概率是 $p = 0.51$,而输一副牌的概率则是 $1 - p = 0.49$。开始时你的赌注是 N 注;且每一副牌你都下一注。这个问题的目的就是估算出你赢得所有筹码的可能性超越失去所有赌注的可能性时的临界值 N。

令 x_n 等于 n 副牌后的剩余财产。于是有 $x_0 = N$。失去你的所

有赌注（N 注）相当于 $x=0$。为了估算 N，将无规行走模型推广到有漂移（向左移动和向右移动的概率并不相等）的情况。

    a. 对应于赢得所有筹码的符号表达式是什么？

    b. 画出你的剩余财产期望值 $\langle x \rangle$ 关于游戏盘数 n 的函数（在线性坐标轴上）。

    c. 在同一个轴上画出弥散度 x_{rms} 关于 n 的函数。

    d. 通过图形解释"赢得所有筹码的概率很大"。

    e. 之后，估算出所需的赌注 N。

7.3.3.2 烘焙

炉子上的平底锅是在一面上受热的。还有一种同样重要的烹饪方式，而且这种方式能帮我们练习使用并拓展运用无规行走的团块化模型，是对两面进行加热：烘焙。举例来说，假设要烘焙一块厚度 $L = 1$ 英寸（2.5 厘米）的鱼片。

> ▶ **这块鱼片要在烘箱中烘焙多长时间？**

一个最初的、快速的分析给出的预测值是 L^2/κ，即热量扩散的典型时间，其中 κ 是水的热扩散系数（有机物的成分大部分是水）。然而，这个简单模型预测出的时间是荒谬的：

$$t \sim \frac{L^2}{\kappa_{水}} \approx \frac{(2.5\ \mathrm{cm})^2}{1.5 \times 10^{-3}\ \mathrm{cm^2/s}} \sim 70\ \mathrm{min}. \tag{7.44}$$

在烘箱中烘焙超过 1 小时后，鱼片变干，甚至可能着火，至于它已经不能食用就不必去说了。这个模型同样忽略了一个重要的量：烘箱温度。如果能填补这个漏洞，那么就能完善对时间的预测。

> ▶ **为什么烘箱温度对预测结果有重大影响？**

鱼片的内部必须要烤熟，也就是说它的蛋白质将发生变性（去折叠）

且脂肪和碳水化合物也发生了足量的化学变化以变得可消化。这个过程只有在食物达到足够高的温度后才会发生。于是,一个冷烘箱是不会烤熟鱼片的,即使鱼片已经达到烘箱的温度。那么什么温度才算足够热呢?由实验可知,在热平底锅(约 200℃)上的薄肉片不到 1 分钟就可以煮熟。从另一个极端来看,如果平底锅的温度是 50℃,摸上去感觉烫手,但又不比人体的温度高多少,那么肉是不会熟的。大约介于二者之间的温度是 100℃,这个温度足以使水煮沸,应该也能足以将肉片完全煮熟。

如果我们将烘箱的温度设置在比如说 180℃,那么鱼片的中心接近室温(20℃)和烘箱温度的中点即 100℃时,鱼片就会烤熟。在这个改善过的烹饪模型中,开始时鱼的内部温度处于室温 $T_{室内} \approx 20℃$,接着烘箱以 $T_{烘箱} = 180℃(360℉)$ 的温度烘烤鱼的上面和底面。用这个模型以及三角形温度分布,我们可以估算出鱼的中心温度到达中点温度 100℃所需的时间。

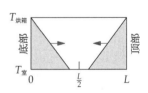

两个三角形热区,一个代表鱼片的一侧,都向着鱼片中心移动。在两个区相交之前,鱼的中心,即在 $z = L/2$ 处,是冷的(处于室温)。除非这鱼很新鲜,否则是不能食用的!

每个三角区都延伸到距离 $2\sqrt{\kappa t}$ 处。当 $2\sqrt{\kappa t} = L/2$ 时两个区首次相遇(在 $x = L/2$ 处)。于是可得,$t_{相遇} \sim L^2/16\kappa$。从这时起,鱼的中心开始变热,同时两个三角形区重叠的面积越来越大。当鱼的中心到达室温和烘箱温度的平均值(100℃)时,鱼就被烤熟了。

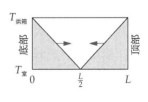

在无量纲的温度单位中,$T_{室内}$ 对应 $\overline{T} = 0$ 而 $T_{烘箱}$ 对应 $\overline{T} = 1$,烤熟的参考温度是 $\overline{T} = 1/2$。因此每个三角热波贡献出了 $\overline{T} = 1/4$。左边的三角形代表了从底面侵入的、之后经过了点 $(z = 0, \overline{T} = 1)$ 和 $(z = L/2, \overline{T} = 1/4)$ 的热锋。在 $z = 2L/3$ 它到达 z 轴($\overline{T} = 0$)。对应的扩散时间由 $2\sqrt{\kappa t} = 2L/3$ 给出,所以有:

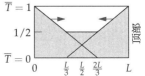

$$t_{烧熟的} \sim \frac{L^2}{9\kappa}. \tag{7.45}$$

对于我们那条 2.5 厘米薄的鱼片来说，所需时间大约是 7 分钟：

$$t \sim \frac{1}{9} \times \frac{(2.5 \text{ cm})^2}{1.5 \times 10^{-3} \text{ cm}^2/\text{s}} \sim 7 \text{ min}. \tag{7.46}$$

这个估算是合理的。我的经验表明：这个厚度的鱼片在高温烘箱中需要大约 10 分钟就能完全烤熟（而 10 分钟之后再烤就会将鱼烤干）。

题 7.21　烘焙时间过长

　　在两个三角热锋互相靠近的这个模型中，中心温度在 $t \sim L^2/16\kappa$ 处开始升高并在 $t_{烤熟} \sim L^2/9\kappa$ 处达到中间温度。它什么时候达到烤箱温度？请画出中心温度关于时间变化的函数图，并标出有趣的值。

题 7.22　煮一个鸡蛋

　　根据经验来看，煮熟一个 6 千克的火鸡需要 3～4 小时（你会在题 7.34 中估算这个时间）。请利用正比分析估算出煮熟一个鸡蛋所需的时间。

7.3.4　边界层

　　在之前的烹饪过程中，热量由热表面向内扩散。举一个无规行走的最切实的例子，将你的手指放在排风扇（停着的！）的叶片上擦一下。你的手指离开叶片时就会沾满灰尘且在叶片上留下一条无尘条纹。但是为什么叶片上的任何灰尘都会一直存在呢？当排风扇打开时，为什么由叶片产生的气流不会将灰尘吹落呢？

　　答案就在边界层的概念中。在烹饪的例子中（7.3.3.1 节和7.3.3.2 节），这个边界层指的就是不断膨胀并扩散到平底锅或者鱼片的热区，它是由边界约束（温度）产生的。对于叶片来说，类似的约束就是在临近叶片的地方，流体相对叶片的速度是零。这个被称为无滑移边界条件,可以从靠近表面的流体分子会受到不可避免的粗糙表面的附着而得到直观的证明。(关于边界条件的历史性和哲学性探讨,见参考文献[42]。)

从叶片的表面开始,一个零速度,或等价地,零动量的区域扩散至流体中——就像炉温扩散至平底锅内或者烤箱温度扩散至鱼片内,经过一段时间 t 后,零动量锋已经扩散了距离 $\delta \sim \sqrt{\nu t}$,其中 ν 为动量的扩散系数,即运动黏度。这个距离 δ 就是边界层的厚度。在边界层内,流体的运动速度比自由气流中流体的运动速度更慢。使用矩形团块化的图像来理解,即边界层内的流体速度是零而边界层外的是全速。因此,完全处于边界层内的灰尘分子仍然在叶片上。

为了估算出边界层厚度,不妨想象有一个叶片宽度为 l 且叶片最宽部分的转速为 v 的排气扇。经过的时间是 $t \sim l/v$。对于一般的排气扇来说,直径为 0.5 米,叶片的宽度约为 0.15 米。如果排气扇的旋转速度是 15 转/秒或者 $\omega \sim 100$ 弧度/秒,那么叶片的速度就是 10 米/秒:

$$v \sim \underbrace{0.1 \text{ m}}_{\text{弧半径}} \times \underbrace{100 \text{ rad/s}}_{\omega} = 10 \text{ m/s}. \tag{7.47}$$

在这个速度下,所用时间是 0.015 秒。在这段时间内,零动量约束从叶片处扩散了约 0.5 毫米:

$$\delta \sim (\underbrace{0.15 \text{ cm}^2/\text{s}}_{\nu_{\text{空气}}} \times \underbrace{0.015 \text{ s}}_{t})^{1/2} \approx 0.05 \text{ cm}. \tag{7.48}$$

明显小于 0.5 毫米的灰尘粒子感受不到气流(在这个最简单的团块化图像中)并能在你的手指将它们擦去之前一直停留在叶片上。由于相同的原因(边界层),只是简单地在水中冲洗脏盘子不会把表面那薄薄的一层食物残渣洗去。合理的洗涤方式需要用力擦洗(用一块海绵)或者用肥皂清洗(肥皂能渗到食物油下面)。

题 7.23　边界层中的雷诺数

已知边界层厚度是 $\delta \sim \sqrt{\nu t}$,估算出一个尺寸为 L(长度)、以速度 v 在流体中运动的物体边界层的雷诺数。

题 7.24　边界层中的湍流

　　当雷诺数达到与 1 000 相当的值时，流体通常会变成湍流。用题 7.23 的方式估算使边界层形成湍流的主流雷诺数。对于一个和高尔夫球大小相似的光滑球来说，需要多大的流速？并解释高尔夫球上为什么有微凹处。

7.4　无规行走的输运

　　当高温烘箱的高温扩散至鱼片内，或者无滑移的、零动量的气体扩散至流体内，它将会伴随着一股热流或动量流。使用我们的无规行走模型，我们可以估算出这些流的大小，从而理解作用在雾滴和细菌（题 7.26）上的阻力以及我们冬天如果不穿厚衣服就会感到冷的原因（7.4.4 节）。

7.4.1　扩散速度

　　无规行走的本质特征是经过的距离并不像在常规行走中那样正比于时间，而是正比于时间的平方根。这个标度指数上的变化意味着热量、动量或粒子扩散时的速度和扩散距离相关。当扩散距离是 L 时，扩散时间 $t \sim L^2/D$，其中 D 是相应的扩散系数。于是，输运速度就相当于 D/L：

$$v \sim \frac{L}{t} \sim \frac{L}{L^2/D} = \frac{D}{L}. \tag{7.49}$$

这个速度和扩散距离成反比。这个比例关系和我们由计算结果得出的结论是一致的，即对于长距离输运来说，扩散是一种极其缓慢的方法（比如说，香水分子在房间内的扩散），但对于短距离输运来说，扩散是较快的方式（比如说，神经递质分子在突触间隙内的扩散）。

　　当扩散的是动量时，相应的扩散系数就是 ν，而扩散速度就是 ν/L。

于是,雷诺数 $v_流 L/\nu$ 就是比值 $v_流/v_{扩散}$——出于相同的原因它也等于时间的比值 $t_{扩散}/t_流$(正如你在题 7.32 中发现的)。代入这个扩散速度,我们可以估算出通量和流量。

7.4.2 通量

输运是由通量来衡量的,

$$物质通量 = \frac{物质的量}{面积 \times 时间}. \tag{7.50}$$

正如我们在 3.4.2 节中所发现的,通量也可以由以下式子得出:

$$物质通量 = \frac{物质}{体积} \times 输运速度. \tag{7.51}$$

当物质的运动方式是扩散时,其输运速度就是扩散速度 D/L(从 7.4.1 节中可知)。而最终得到的通量就是

$$物质的通量 \sim \frac{物质}{体积} \times \frac{扩散系数}{距离}. \tag{7.52}$$

用符号表述就是

$$F \sim n\frac{D}{L}. \tag{7.53}$$

其中 n 是浓度(单位体积的物质),D 是相应的扩散系数(取决于正在扩散的物质),而 L 是距离。

一个重要的应用就是穿过一个间隔的扩散运动。这个间隔可能是一个宽度为 $L \sim 20$ 纳米且两边有不同神经递质浓度的突触间隙。或者这个间隔也可能是一件里面和外面——能量的集中区域——温度不同的衬衫($L \sim 2$ 毫米)。在其中一面,物质密度是 n_1;而在另一面,物质密度是 n_2。这样,间隔内就有两个通量,一个从左至右,一个从右至左:

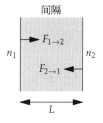

$$F_{1 \to 2} \sim n_1 \frac{D}{L}$$

$$F_{2 \to 1} \sim n_2 \frac{D}{L}. \tag{7.54}$$

净通量就是它们的差：

$$F \sim (n_2 - n_1) \frac{D}{L} = D \frac{n_2 - n_1}{L}. \tag{7.55}$$

浓度差 $n_2 - n_1$ 除以间隔宽度 L，就是一种非常重要的抽象：浓度梯度。它衡量了浓度随着距离变化的改变有多快。若使用这一抽象，那么通量表达式就变成：

$$\text{通量} = \text{扩散系数} \times \text{浓度梯度}. \tag{7.56}$$

这个被称为菲克定律的结果是非常严格的（因此采用等号而不是 $\sim$）。若用微分形式表示，浓度梯度就是 $\Delta n / \Delta x$，所以式子可写为：

$$F = D \frac{\Delta n}{\Delta x}. \tag{7.57}$$

如果扩散物是粒子，那么相应的扩散系数就是 D，而结果可保持现状不用再作修正。如果扩散物是动量，那么扩散系数就是运动黏度 ν，而通量和阻力有密切的关系（题 7.25）。

题 7.25 动量通量产生阻力

如果扩散物是动量，那么扩散系数就是运动黏度 ν，且浓度梯度就是动量密度的梯度。那么，请解释为什么菲克定律变成以下式子：

$$\text{黏性应力} = \rho \nu \times \text{速度梯度}, \tag{7.58}$$

其中黏性应力是单位面积的黏性力（$\rho \nu$ 是运动黏度）。

题 7.26 斯托克斯阻力

在本题中，使用动量流（题 7.25）来估算作用在一个半径为 r，在低雷诺数（$\mathrm{Re} \ll 1$）流体中运动的小球的阻力。如果 $\mathrm{Re} \ll 1$，边界层（7.3.4 节）——流体速度从零变化到自由流体速度 v 的区域——的厚度将与 r 相当。利用这个信息估算作用在球上的黏性阻力。

如果扩散物是热（能量），那么扩散系数就是热扩散系数 κ，而浓度梯度就是能量密度的梯度。于是，热量通量就是

$$\text{热量通量} = \text{热扩散系数} \times \text{能量密度梯度}. \tag{7.59}$$

为了理解能量密度梯度的含义，让我们从能量密度本身，也就是单位体积的能量开始。我们通常用温度来衡量它。因此，为了使最终公式便于应用，让我们用温度来重写能量密度：

$$\frac{\text{能量}}{\text{体积}} = \frac{\text{能量}}{\text{体积} \times \text{温度}} \times \text{温度}. \tag{7.60}$$

等号右边复杂的商被分解成两个较为简单的因子相乘：

$$\frac{\text{能量}}{\text{体积} \times \text{温度}} = \frac{\text{质量}}{\text{体积}} \times \frac{\text{能量}}{\text{质量} \times \text{温度}}. \tag{7.61}$$

第一个因子，单位体积的质量，就是物质的密度 ρ。第二个因子则被称为比热 c_p。我们最为熟悉的比热就是水的比热：1 卡/（克·℃）。也就是说，使 1 克的水提高 1℃ 需要 1 卡（≈4 焦）。

用这些抽象概念可写出

$$\frac{\text{能量}}{\text{体积} \times \text{温度}} = \rho c_p. \tag{7.62}$$

为了得到能量密度表达式，或者单位体积的能量，我们将原式乘以温度：

$$\frac{\text{能量}}{\text{体积}} = \rho c_p T. \tag{7.63}$$

现在我们已经得到了能量密度，然后就可以找出能量密度梯度。因为 ρ 和 c_p 都是常量（至少对于微小的温度变化和位置变化来说是这样），任何能量密度的梯度都归结于温度梯度 $\Delta T / \Delta x$：

$$\text{能量密度梯度} = \rho c_p \times \text{温度梯度}. \tag{7.64}$$

菲克定律告诉我们，当能量是扩散物时，有

$$\text{能量通量} = \text{热扩散系数} \times \text{能量密度梯度}, \tag{7.65}$$

所以，

$$\text{热(能量)通量} = \boxed{\kappa} \times \underbrace{\rho c_p}_{\text{能量密度梯度}} \times \text{温度梯度}. \tag{7.66}$$

阴影部分的组合 $\rho c_p \kappa$ 出现在任何由温度梯度引起的热流中。这个强大的抽象概念被称为热导率 K：

$$\underset{K}{\underline{\text{热导率}}} = \underset{\rho}{\text{密度}} \times \underset{c_p}{\underline{(\text{比热})}} \times \underset{\kappa}{\underline{\text{热扩散系数}}}. \tag{7.67}$$

热导率的量纲是单位长度单位温度的功率，且常用瓦/(米·开) $(\text{W} \cdot \text{m}^{-1} \cdot \text{K}^{-1})$ 的单位。使用 K 及温度梯度 $\Delta T / \Delta x$，能量通量的菲克定律变成：

$$F = K \frac{\Delta T}{\Delta x} \tag{7.68}$$

其中 ΔT 是温度差，而 Δx 是间隔宽度。

为了理解我们生活中的热流，现在让我们来估算一些重要的热导率。

7.4.3 空气的热导率

为了估算我们在一个寒冷的冬日站在屋外时流失的热量，我们需要估算出空气的热导率。

> ► **为什么我们需要估算的是空气的热导率，而不是衣服的热导率？**

衣服的目的是限制空气的流动，所以热量是通过传导——也就是通过扩散——而不是通过更快的对流过程来流动的。（如果 7.3.1 节中的香水分子只能类似地通过扩散来运动，那么香水的芳香将会蔓延得特别缓慢。）

因为 $K \equiv \rho c_p \kappa$，所以估算 K 时不妨将它分解为三个小问题，每个问题对应一个因子。空气的密度 $\rho_{空气}$ 就是 1.2 千克/米^3（比 1 千克/米^3 稍微精确了些）。热扩散系数 $\kappa_{空气}$ 就是 1.5×10^{-5} 米^2/秒。

我们并不熟悉这个比热 c_p，但是我们可以估算。对于水来说，它度量的是单位质量单位温度的热能：

$$c_p = \frac{热能}{质量 \times 温度}.\qquad(7.69)$$

每个粒子的热能相当于 k_BT，其中 k_B 是玻尔兹曼常量，所以单位温度的能量就相当于 k_B。于是有：

$$c_p \sim \frac{k_B}{质量}.\qquad(7.70)$$

相当于 k_BT 的热能是对一个粒子而言的。分母中相应的质量是一个粒子的质量，即空气分子的质量。

为了将 k_B 和空气分子的质量转化为与人的尺度相当的值，我们将每个因子都乘以阿伏伽德罗数 N_A。然后我们用普适气体常量 R 来替换 k_BN_A，且用摩尔质量 $m_{摩尔}$ 来替换质量 $\times N_A$。结果变成：

$$c_p \sim \frac{k_BN_A}{分子质量 \times N_A} = \frac{R}{m_{摩尔}},\qquad(7.71)$$

这里的 $m_{摩尔}$ 指的是空气的摩尔质量。

这个表达式除了没有加上无量纲常量，其他部分都是严格的。空气的大部分成分都是氮，相应的无量纲因子是 7/2。这个看似不可思议的数字在经过如下表述后看上去会稍微合理些：

$$\frac{7}{2} = \frac{空间维度}{2} + \frac{旋转方向}{2} + 1.\qquad(7.72)$$

每个空间维度以氮分子的平移动能的形式贡献出一个因子 1/2，于是平移的部分贡献了数值因子 3/2。每个旋转方向都以氮气分子的转动能的形式贡献出因子 1/2。因为氮分子是一个线性分子，一共只有两个转动方向，所以转动方向一共贡献了数值因子 2/2。如果我们在因子为 5/2 这里停止，那么我们由此因子可以得出 c_v，即体积保持不变时的比热。最后一项，+1，说明的是当气体受热且保持等压时使其膨胀所需的能量。因此，c_p 的数值因子是 7/2。（对于计算背后的道理的讨论，见参考文献[43]。）

空气中几乎全是双原子氮，所以 $m_{摩尔}$ 大约是 30 克/摩尔。那么 c_p 大约为 10^3 焦/(千克·开)：

$$c_p = \frac{7}{2} \times \frac{R}{m_{摩尔}} \approx 3.5 \times \underbrace{\frac{8\,\mathrm{J}}{\mathrm{mol} \cdot \mathrm{K}}}_{R} \times \underbrace{\frac{1\,\mathrm{mol}}{3 \times 10^{-2}\,\mathrm{kg}}}_{m_{摩尔}^{-1}} \approx \frac{10^3\,\mathrm{J}}{\mathrm{kg} \cdot \mathrm{K}}.$$

(7.73)

综合三个因子的值可得：

$$K_{空气} \approx \underbrace{1.2\,\mathrm{kg/m^3}}_{\rho_{空气}} \times \underbrace{10^3\,\mathrm{J/kg}}_{c_p} \times \underbrace{1.5 \times 10^{-5}\,\mathrm{m^2/s}}_{\kappa_{空气}} \approx 0.02\,\mathrm{W} \cdot \mathrm{m}^{-1} \cdot \mathrm{K}^{-1}.$$

(7.74)

在使用热导率之前，让我们先试着通过分析一种古早的制冷法来得到空气比热。有一年夏天我住在曼哈顿的一间小公寓里（30 米²）。纽约市的夏天是闷热的，爱美的人们到阴凉的海边地区去避暑——海边之所以更凉快，多亏了水的高比热（题 7.27）。由于全球变暖，而且公寓楼里的老式电线太陈旧了，以致无法负荷空调装置，所以公寓晚上的温度高达 30℃。我的一个朋友，他长大时空调还未普及，建议我准备一个湿床单，并用电扇将凉气扇出。

▶ **在公寓中用这种方式制冷有多大效果？**

当房间空气中的热量将水从床单中蒸发出来时，房间里的空气得以变凉，就像房间在出汗一样。蒸发水所需的能量是

$$E = m_{水} L_{蒸发},$$

(7.75)

这里的 $m_{水}$ 指的是湿床单中所含水分的质量，而 $L_{蒸发}$ 指的是水汽化吸收的热量。这个能量就是所需的能量。

使室内温度下降 ΔT 需要消耗热能：

$$E \sim \rho_{空气} V c_p \Delta T,$$

(7.76)

其中 V 指的是房间的体积，而 c_p 指的是空气的比热。这个能量是供给

能量。

供需能量相等这个条件提供了一个 ΔT 的方程,

$$\rho_{空气} V c_p \Delta T \sim m_水 L_{蒸发}. \tag{7.77}$$

它的解是

$$\Delta T \sim \frac{m_水 L_{蒸发}}{\rho_{空气} V c_p}. \tag{7.78}$$

现在我们来估算并代入这些必要的值。一个典型房间约为 3 米高,所以公寓的体积大约是 100 米³,

$$V \sim \underbrace{30 \ \mathrm{m}^2}_{面积} \times \underbrace{3 \ \mathrm{m}}_{高度} \approx 100 \ \mathrm{m}^3. \tag{7.79}$$

为了估算出 $m_水$,我假设床单和刚从快速旋转洗衣模式结束后的洗衣机里拿出来的床单一样湿。此时它的质量感觉上比 1 千克略多了一些,所以有 $m_水 \sim 1$ 千克。最终,蒸发水所吸收的热量大约是 2×10^6 焦/千克(和我们在 1.7.3 节中用家庭实验估算的结果一样)。

代入所有的数据,可知 ΔT 大约为 20℃(或者 20 K):

$$\Delta T \sim \frac{\overbrace{1 \ \mathrm{kg}}^{m_水} \times \overbrace{2 \times 10^6 \ \mathrm{J \cdot kg^{-1}}}^{L_{蒸发}}}{\underbrace{1 \ \mathrm{kg \cdot m^{-3}}}_{\rho_{空气}} \times \underbrace{100 \ \mathrm{m}^3}_{V} \times \underbrace{10^3 \ \mathrm{J \cdot kg^{-1} \cdot K^{-1}}}_{c_p}} = 20 \ \mathrm{K}. \tag{7.80}$$

如果这种制冷方式百分之百有效,那么这个变化可以将闷热的 30℃ 房间转化成凉爽的 10℃ 房间。因为一些热量来自墙面(以及来自电扇马达),所以 ΔT 将会小于 20℃——可能是 10℃,这使房间的温度被调整至舒适的、适合睡觉的 20℃。这个计算不仅表明了蒸发冷却是制冷的好方法,还表明了我们对空气的比热的估算是合理的。

题 7.27   水的无量纲比热

单位空气分子的比热是 $3.5 k_B$,所以空气相对于 k_B 的无量纲比热就是 3.5。请问水的无量纲比热是多少?

7.4.4 在冬天里保暖

现在我们已将研究的各部分综合起来，可以来理解为什么我们要在冬天穿得暖暖的。我们的出发点是热通量：

$$F = K \frac{\Delta T}{\Delta x} \qquad (7.81)$$

其中 $\Delta T = T_2 - T_1$，是指间隙两边的温度
差，Δx 指的是间隙大小，而 K 则指的是间隙材料的热导率。在这里，间隙材料是空气——衣物的作用是捕捉空气。

让我们假设室外的空气处于 $T_1 = 0\,^\circ\mathrm{C}$ 而皮肤的温度是 $T_2 = 30\,^\circ\mathrm{C}$（比体温 $37\,^\circ\mathrm{C}$ 略低一些）。那么 $\Delta T = 30\ \mathrm{K}$。如果你不听长辈的劝告，穿了一件薄 T 恤——为了体面，你穿的是一件很长的 T 恤。一件薄 T 恤的厚度 Δx 大约是 2 毫米。有了这些参数，通过 T 恤的热通量就变成了 300 瓦/米²：

$$F \approx \underbrace{0.02\ \frac{\mathrm{W}}{\mathrm{m \cdot K}}}_{K_{空气}} \times \frac{\overbrace{30\ \mathrm{K}}^{\Delta T}}{\underbrace{2 \times 10^{-3}\ \mathrm{m}}_{\Delta x}} = 300\ \frac{\mathrm{W}}{\mathrm{m^2}}. \qquad (7.82)$$

通量是单位面积的功率，所以能流——功率——就是通量乘以一个人的表面积。一个人大约高 2 米，宽 0.5 米，且有前后两面，所以人的表面积约为 2 米²。于是，功率（能量流出）就是 600 瓦。

▶ **这个热量损失令人担忧吗？**

尽管 600 可能看上去是个大数字，但是我们并不能因此判断 600 瓦是不是很大的热量损失，正如我们在第 5 章中学到的，一个有量纲的量，比如热通量，就其本身是没有大小可言的。它需要和一个有着相同量纲的相关量进行比较。相关量可以是一个正常人的功率输出。当我们闲坐时，人体将会产出 100 瓦的热量；这是我们的基础代谢率。如果 600 瓦通过我们衣服的间隙逃逸出去，那么我们损失热量的速度就比基础代谢产

生热量的速度快很多。难怪你在冬天只穿一件薄 T 恤和短裤时会感到寒冷了。最终,你的体温下降。接着你体内的基本化学反应放慢速度,因为酶会由于体温的变化丧失了它们原本最优的形状,从而变成低效催化剂。最终你将处于体温过低状态,而且如果这个状态持续很久,你就会面临死亡。

通过发热来弥补温差的一种方法是:颤抖或运动。用力骑车可以产生 200 瓦的机械功率和另外 600 瓦的热量(多亏了 1/4 的新陈代谢效率),这是能让你在寒冷的冬日里即使只穿薄薄的衣服也能保持体温的充满活力的运动。

另一个简单的方法是穿上厚厚几层衣物来保暖。让我们重新计算你在穿上一件夹克衫和厚裤子后的功率消耗,夹克衫和厚裤子的厚度都是 2 厘米。我们可以从头开始计算功率,但这是硬算。如果注意到间隙厚度 Δx 增加了 10 倍,而其他数据并未发生变化,那么计算会比较简单。因为通量反比于间隙大小,所以通量和功率都降低到原先的 1/10。因此,穿上厚衣服使得能量外流降低到易处理的 60 瓦——与基础代谢产生的热量相当。结果是你身体产生的热量足够保暖。事实上,当穿上厚衣服时,只有直接暴露在冷空气的部分面积,比如你的手和脸,还感觉到寒冷。这些地方只被薄薄的一层黏性的空气保护着(7.3.4 节中对黏性边界层的分析)。

间隙厚意味着热通量小:天冷时,多穿些衣服保暖!

题 7.28　氦的热导率

估算在标准温度和压力条件下氦的热导率。以下信息可帮助你估算平均自由程:液氦的密度是 125 克/升。

题 7.29　让人感觉舒适的室外温度

你只穿了一件薄薄的长 T 恤,冬日温度 0℃ 让你感到非常寒冷。请估算出让你感到最舒适的室外温度。

7.4.5　使你的衣服变湿:更大的热导率

如果你的厚厚的、保暖的外套湿了,你会感到非常冷。让我们用所知的热流的知识来解释为什么外套此时会无法起到保暖作用。正如我们从7.4.4 节中学到的，当以下无量纲比值远大于 1 时，你会感到寒冷：

$$\frac{通过你外套的能流}{你身体产生热量的速度}.$$ (7.83)

干外套使能流（一种功率）与身体产生热量的速度相当。外套变湿必然显著提高能流值。为了理解怎样提高，让我们再次观察能流的表达式并运用正比分析：

$$能流 = 面积 \times \underbrace{K \frac{\Delta T}{\Delta x}}_{通量}.$$ (7.84)

湿外套和干外套相比，其面积没有变化。温差 ΔT 也未变：皮肤温度和冬日空气温度差依旧是 30℃。间隙 Δx，即外套的厚度，也未变。

那么剩下的可能性就是间隙材料的热导率 K 显著增大了。如果是这样，水的热导率一定会远高于空气的热导率。但我们并不直接研究水，而是先来估算非金属固体的热导率。（金属有着更高的热导率，而我们在研究水之后将会讨论这一点。）利用这个估算的结果，我们再来估算水的热导率。

这又是一个比较的问题（正比分析）：

$$\frac{非金属固体的热导率}{空气的热导率}.$$ (7.85)

这个比值可分解成三个比值，每一个对应热导率中的一个因子（分而治之法）：

$$K = \underbrace{密度}_{\rho} \times \underbrace{比热}_{c_p} \times \underbrace{热扩散系数}_{\kappa}.$$ (7.86)

我们并不直接使用这些因子，让我们先将首两项（ρc_p）混合成一个更有意义的组合。比热本身是

$$c_p = \frac{能量}{质量 \times \Delta T},$$ (7.87)

其中 ΔT 是温度变化。

上式乘以密度 ρ 将给我们指出对 ρc_p 的解释：

$$\rho c_p = \underbrace{\frac{质量}{体积}}_{\rho} \times \underbrace{\frac{能量}{质量 \times \Delta T}}_{c_p} = \frac{能量}{体积 \times \Delta T}. \tag{7.88}$$

在等号右边，能量和体积的比可再分解为

$$\frac{能量}{体积} = \frac{能量}{摩尔} \times \left(\frac{体积}{摩尔}\right)^{-1}. \tag{7.89}$$

重新解释所有这些量后，我们的混合式 ρc_p 就变成

$$\rho c_p = \frac{能量}{摩尔 \times \Delta T} \times \left(\frac{体积}{摩尔}\right)^{-1}. \tag{7.90}$$

第一个因子是摩尔比热；它通常用 C_p 来表示（用大写字母"C"来将它和常见的单位质量比热 c_p 区分开来）。体积/摩尔也被称为摩尔体积，它通常用 V_m 表示。因此，$\rho c_p = C_p / V_m$。那么热导率就变成了：

$$K = \rho c_p \kappa = \frac{C_p}{V_m} \kappa. \tag{7.91}$$

也就是说，热导率 K 是

$$\frac{摩尔比热 C_p}{摩尔体积 V_m} \times 热扩散系数 \kappa. \tag{7.92}$$

这个组合比简单的 $\rho c_p \kappa$ 更有意义，因为 C_p 在不同物质间的变化没有 c_p 明显，而 V_m 在不同物质间的变化没有 ρ 明显。这个组合关于不同物质所产生的波动不至于太明显，否则代入每个因子时，数值会大幅度上下浮动。用另一种方式表示同样的量，其优势是 C_p 和 V_m 之间的关联没有 c_p 和 ρ 之间的关联那么紧密，所以抽象出来的 C_p 和 V_m 有助于更深入地理解材料的热性质。

使用重新组合的式子，我们可以运用分而治之法并估算出相应每个因子的比值。

1. 摩尔比热 C_p 的比值。对空气来说，C_p 的值是 $3.5R$。对大多数

固体来说,不管是金属的还是非金属的,C_p 的值都是相似的:$3R$(这里的 3 反映了空间是三维的)。于是,这个比值接近于 1。

2. 摩尔体积 V_m 的比值。对于任意物质来说,1 摩尔的质量是 A 克,其中 A 是无量纲的原子质量(粗略地说,指的是原子核里中子和质子的数量)。因为一个典型固体的密度是每 18 厘米^3A 克(6.4.1 节),所以固体的摩尔体积就是 18 厘米^3/摩尔。相较而言,对空气或是其他任何一种理想气体(在标准温度和压强下)来说,1 摩尔气体的体积是 22 升或 22 000 厘米^3。于是,摩尔体积的比值(固体比空气)是 18/22 000 或者大约为 10^{-3}。

3. 热扩散系数 κ 的比值。从 7.3.3 节中可知,此比值约为 0.1:

$$\frac{\text{非金属固体的热扩散系数}}{\text{空气的热扩散系数}} \approx \frac{10^{-6}\ \text{m}^2/\text{s}}{10^{-5}\ \text{m}^2/\text{s}} = 0.1. \tag{7.93}$$

这个热扩散系数的比值是三个比值的乘积。只要我们记住摩尔体积是出现在分母上的(热扩散系数反比于摩尔体积),我们就能得出比值为 100:

$$\frac{K_{\text{非金属固体}}}{K_{\text{空气}}} \sim \underbrace{1}_{C_p\text{比值}} \times \underbrace{10^3}_{(V_m\text{比值})^{-1}} \times \underbrace{10^{-1}}_{\kappa\text{比值}} = 10^2. \tag{7.94}$$

于是,相对于空气的热导率 0.02 瓦/(米·开),典型的(非金属)固体的热导率大约是 2 瓦/(米·开)。

现在让我们用正比分析来将这个热导率和水的热导率(其间隙材料就是你的湿外套)相比较。我们将估算 $K_{\text{水}}/K_{\text{非金属固体}}$。这一比较同样有三个比值:摩尔比热、摩尔质量和热扩散系数。

1. 摩尔比热 C_p 的比值。我们可以从卡路里的定义式中找到水的比热,就是将 1 克水提高 1 度(摄氏度或开)所需的能量。于是,通常的比热可用如下式子简单表述:

$$c_p^{\text{水}} = \frac{1\ \text{cal}}{\text{g} \cdot \text{K}}. \tag{7.95}$$

最终得到的摩尔比热是 72 焦/(摩尔·开):

$$C_p^{水} \approx \underbrace{\frac{1 \text{ cal}}{\text{g} \cdot \text{K}}}_{C_p} \times \underbrace{\frac{4 \text{ J}}{1 \text{ cal}}}_{1} \times \underbrace{\frac{18 \text{ g}}{\text{mol}}}_{m_{摩尔}} = \frac{72 \text{ J}}{\text{mol} \cdot \text{K}}. \tag{7.96}$$

无量纲的比热 $C_p^{水}/R$ 因此约为 9(正如你在题 7.27 中算出的):

$$\frac{C_p^{水}}{R} \approx \frac{72 \text{ J} \cdot \text{mol}^{-1} \cdot \text{K}^{-1}}{8 \text{ J} \cdot \text{mol}^{-1} \cdot \text{K}^{-1}} = 9. \tag{7.97}$$

对于非金属固体来说,无量纲比热只有 3,是水的 1/3。水能够有效储存热量,这也解释了为什么水常常用作冷却液以及为什么沿海气候比内陆气候温暖。摩尔比热的比值是 3。

2. 摩尔体积 V_m 的比值。水的摩尔体积,18 厘米³/摩尔,与典型的固体摩尔体积是相同的。于是,摩尔体积的比值是 1。

3. 热扩散系数 κ 的比值。正如我们在 7.3.3 节中通过比较声子的平均自由程和传播速度所得出的,热扩散系数 $\kappa_{水}$ 大约是一个典型固体热扩散系数的 $1/10(10^{-7}$ 与 10^{-6} 米²/秒相比)。于是,热扩散系数比值给出的因子是 0.1。

这三个比值给出了如下结果:

$$\frac{K_{水}}{K_{非金属固体}} \approx \underbrace{3}_{C_p 比值} \times \underbrace{1}_{(V_m 比值)^{-1}} \times \underbrace{0.1}_{\kappa 比值} \approx 0.3. \tag{7.98}$$

用热导率本身的形式表示就是:

$$K_{水} \approx 0.3 \times \underbrace{\frac{2 \text{ W}}{\text{m} \cdot \text{K}}}_{K_{非金属固体}} = \frac{0.6 \text{ W}}{\text{m} \cdot \text{K}}. \tag{7.99}$$

这个热导率是 $K_{空气}$ 的 30 倍。其结果是,在冬天穿着湿衣服让人感觉如此不适,甚至可能有危险。厚衣服(外套)散发的热流是令人感觉舒适的 60 瓦——是 T 恤散出的热流的 1/10。而厚外套变湿会将热导率增加 30 倍。而热损失因此也增加了 30 倍——使它甚至比通过干燥的 T 恤损失的热量还要多。当你在山里徒步旅行时,一定要带防水的衣服!

下面这张表格给出了常见物质的热导率(室温条件下)。我们对非金属热导率的估算和表中的数据相当吻合。已经检查过气体(特别是空气)、非金属固体和液体(水)的热导率,现在让我们转向剩下的材料类型。正如这张表向我们展示的,金属的热导率甚至比典型非导体类固体还要高。(要想知道金刚石不同寻常的高热导率,尝试题7.33。)

	$K\left(\dfrac{\text{W}}{\text{m} \cdot \text{K}}\right)$		$K\left(\dfrac{\text{W}}{\text{m} \cdot \text{K}}\right)$
金刚石	2 000	沥青	0.8
铜	400	砖	0.8
银	350	混凝土	0.6
铝	240	水	0.6
铸铁	55	泥土(干)	0.5
汞	8.3	木	0.15
冰	2.2	氦(气体)	0.14
沙石	1.7	甲烷(气体)	0.03
玻璃	1	空气	0.02

类似地,金属的热扩散系数比大多数其他物质的要高。正如我们在7.3.3节中讨论的,其原因是在金属中,热量不仅通过声子传输,也通过电子传输,而电子的运动速度比声速快得多,且电子的平均自由程也比声子的平均自由程长得多。

与这些增加扩散系数的因素相反的是,只有一小部分自由电子参与了热传导。然而,这个因素并不足以战胜更快的速度和更长的平均自由程所带来的效果。于是,金属的热导率要比非金属液体或固体的更高。根据经验可知,典型的$K_{金属}$是200瓦/(米·开),是非金属固体的100倍。

由于这个原因,一块热金属,比如大热天里停在外面的车上的安全带夹,会比同一根安全带夹上的塑料扣摸上去烫手得多,即使塑料和金属的温度本身是相同的。由金属传至你的手指的大量热流将你手指的表面温度提升至接近于发烫的金属温度。哎哟!

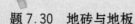

题7.30 地砖与地板

在一个冬日的早晨,为什么地板比地砖让人感觉更舒服?

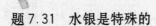

题 7.31　水银是特殊的

为什么水银(Hg)有着对于金属来说如此之低的热导率?

7.5　小结及进一步的问题

在庞大而复杂的系统中,信息要么多得让人难以招架,要么少得让人无从把握。于是,我们不得不依靠不完备的信息进行分析。为了实现这一目的,我们用到的工具是概率分析——尤其是贝叶斯概率。概率分析帮助我们处理不完备的信息。利用这一工具,我们可以估算出分而治之法中不确定的结果、理解无规行走的物理机制,从而了解黏性、边界层和热流的奥秘。

题 7.32　作为两个时间比例的雷诺数

对于一个在流体中运动的物体,它的雷诺数定义为 vL/ν,其中 v 是物体的速度,L 代表它的尺度(长度),而 ν 是流体的运动黏度。证明雷诺数具有如下的物理解释:

$$\frac{\text{在相当于 } L \text{ 的距离内的动量扩散时间}}{\text{在相当于 } L \text{ 的距离内的流体输运时间}}. \tag{7.100}$$

题 7.33　特殊的金刚石

金刚石具有高热导率,甚至比许多金属的热导率还要高得多。金刚石中的声速是 12 千米/秒,且金刚石的比热 c_p 是 0.63 千焦/(千克·开)。利用这些值估算金刚石中声子的平均自由程,将其作为一种绝对长度并以典型原子间距为单位。金刚石的平均自由程与少许晶格长度的典型声子平均自由程相比如何?

题 7.34　三维中的烘焙

将 7.3.3.2 节中的烤鱼理论推广到三维空间来预测 6 千克的火

鸡(假设为球状)所需的烘焙时间。所得的时间与我们的经验所得的时间相符吗(例如,可使用题7.22中给出的数据)?

题7.35 利用电阻网络分析无规行走

无规行走和无限电阻网络密切相关(对二者关系的深刻讨论见参考文献[44])。特别地,逃逸概率$p_{逃逸}$——n维无规行走粒子逃逸至无限远且永远不会回到原点的概率——与n维的单位电阻网络的电阻R变成无限大相关:$p_{逃逸}=1/2nR$。利用这一关系式,并结合团块化理论来估算R,从而说明二维的无规行走是常返的($p_{逃逸}=0$)而三维的无规行走是非常返的($p_{逃逸}>0$)——与波利亚定理一致(题7.17)。

题7.36 将微分方程转化成代数方程

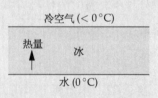

寒冷的冬日来到,随着热量透过冰面上升,湖面上的冰也开始变厚,将越来越多的水变成冰。确定以下式子中的标度指数β:

$$冰的厚度\propto(时间)^{\beta}. \tag{7.101}$$

题7.37 导热性与导电性

在金属中,具有更好导热性的那些金属往往也具有更好的导电性,比如将铜和金与铝、铁或水银相比。(这一联系在威德曼-弗朗兹定律中被定量描述)这一联系的原因是什么呢?

题7.38 一杯茶的旋转停止

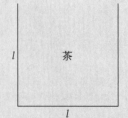

将你的下午茶与牛奶混合搅拌(如果你偏好甜味,可再加点糖)。一旦将搅拌勺拿开,旋转就开始减缓。在本题中,你将估算旋转停止的时间τ:茶水的角速度显著减小所需的时间。为了估算τ,不妨考虑一个团块化的茶杯:一个高与底面直径都为l、充满液体的圆柱。茶水靠近茶杯边缘的部分——靠近底部的部分也如此,但是为了简化问题我们忽略底部的影响——由于边缘的存在而减缓速度(这是无滑移边界条件的结果)。

a. 利用黏性力矩 T,初始角速度 ω,ρ 和 l 这些量,来估算旋转停止的时间。提示:考虑角动量,且不考虑所有的无量纲常量,例如 π 和2。

b. 为估算黏性力矩 T,不妨利用题7.25的结论:

$$\text{黏性力} = \rho\nu \times \text{速度梯度} \times \text{表面积}. \qquad (7.102)$$

速度梯度由边界层厚度 δ 决定。利用 δ,估算接近边缘的速度梯度,然后估算出力矩 T。

c. 将你得到的 T 的表达式代入之前对 τ 的估算式子,现在应该只含有一个还没有估算的量,即边界层厚度 δ。

d. 利用增长时间 t,即旋转1弧度所需的时间来估算 δ。(在1弧度以后,流体运动的方向就和之前的方向有显著的不同,所以来自不同区域的动量通量不再能有效地给边界层的增长作贡献。)

e. 综合之前的结论来估算旋转停止时间 τ:先用符号 ν,ρ,l 和 ω 写出表达式,然后代入数字。

f. 再次搅动你的茶,利用实验来估算 τ,与你的预测结果相比。然后好好地享受这杯当之无愧的好茶。

第 *8* 章

简单案例

正确的分析适用于所有情况——包括最简单的情况。这个原理是我们的下一个舍弃复杂性的工具：简单案例法的依据。我们将会在日常生活的例子中(8.1.1节)看到可移植的概念。然后我们将应用这些方法来简化和理解复杂现象，包括黑洞(8.2.2.2节)，太阳温度(8.3.2.3节)以及水波的多样性(8.4.1节)。

8.1　热　身

让我们从日常生活的例子开始，这样我们在学习新工具的同时就不需要去处理数学或物理上的复杂性。

8.1.1　日常生活中的简单案例

在某一个八月，一项上班族的税收优惠开始实行，我选择在公历年医保消费账户(美国官方医疗卫生体系的特色)里存入500美元。财务处的人告诉我他们可以在今年剩下的几个月中每月扣125美元——从八月到十二月。因为八月是第八个月而十二月是第十二个月，这个数字看起来是对的：

$$\frac{500\ 美元}{第十二个月 - 第八个月} = \frac{500\ 美元}{4\ 个月} = \frac{125\ 美元}{月}. \tag{8.1}$$

但是，到了一月，财务处的人告诉我，他们本应该每月只扣100美元。

▶ **到底哪个数字是正确的?**

最简单的确定方法是简单案例法。一般来说不要直接去求解如正确计算扣除数这种难题,而是设想一个更简单的只在每年十二月扣钱的情况。在这个简单情况下,只有一个月被用以扣除一年的费用,所以答案不需要计算:月扣除额是 500 美元。

然后用简单案例和这个结果来检验所建议的从八月开始每月扣除 125 美元的方案。而在简单案例中,从十二月开始扣除,起始月和结束月都是十二月,所以之前建议的方式给出的扣除额是无穷大:

$$\frac{500\ 美元}{第十二个月-第十二个月}=\frac{500\ 美元}{0\ 个月}=\frac{无穷大}{月}. \tag{8.2}$$

他们发给我的薪水不足以支付这个账单。所以需要做个调整:

$$\frac{500\ 美元}{第十二个月-第十二个月+1\ 个月}=\frac{500\ 美元}{1\ 个月}=\frac{500\ 美元}{月}. \tag{8.3}$$

把这个调整后的方案用于从八月开始扣除而不是十二月开始,分母就变成 5 个月而不是 4 个月了,扣除额应该是每月 100 美元。财务处修改过的说法是对的。

这个分析中包含的几个特点可以被提取出来用于简化一些难题。首先,简单案例由无量纲量的值来描述。在本例中是第一个月和第十二个月的差 m_2-m_1。其次,这个无量纲量取某些特殊值时——对于简单案例——问题有明显的答案。在本例中,简单案例就是 $m_2-m_1=0$。最后,对简单案例的理解可以推广至复杂的情况。在本例中,我们对 $m_2-m_1=0$ 的理解证明了分母应该是 m_2-m_1+1 而不是 m_2-m_1。

8.1.2　生日相同的概率的简单案例

同样的简单案例分析能帮助我们验证更复杂的公式。举个例子,让你的大脑切回 4.4 节的生日悖论。在那里我们用正比分析解释了为什么在一个房间里只需要有 23 个人，而不是 183 个人就很可能出现 2 个人有相同生日的情况。验证这个结论需要生日相同的严格概率公式：

$$p_{生日相同} = 1 - \left(1 - \frac{1}{365}\right)\left(1 - \frac{2}{365}\right)\left(1 - \frac{3}{365}\right)\cdots\left(1 - \frac{n-1}{365}\right)$$

(8.4)

题 4.23 的最后一部分要问的是，为什么房间里有 n 个人，而概率公式的最后一项是 $(n-1)/365$ 而不是 $n/365$。

最简单的回答来自简单案例 $n=1$。如果房间里只有一个人，那么生日相同的概率为零。在这个简单情况下，容易检验最后一项分子为 n 的候选公式。最后的因子是 $1-1/365$：

$$p_{最后一项为n} = 1 - \left(1 - \frac{1}{365}\right).$$

(8.5)

这个概率是 $1/365$，这是不对的。因此，若房间里有 n 个人，生日相同的概率公式中的最后一项不能包含 $n/365$。与此相反，最后一项是 $(n-1)/365$ 的公式在 $n=1$ 时给出了概率为零的正确结果：

$$p_{最后一项为n-1} = 1 - \left(1 - \frac{0}{365}\right) = 0.$$

(8.6)

这个公式一定是正确的。

题 8.1　用简单案例选正弦或余弦

　　对于从斜面上下滑的物块，沿着斜面的加速度是 $g\sin\theta$ 还是 $g\cos\theta$？其中 θ 是平面与水平面的夹角。用简单案例法来确定。假定（简单案例！）无摩擦。

题 8.2　用简单案例选摩擦

　　对于题 8.1 的物块，放宽无摩擦的假定。如果滑动摩擦系数为 μ，找出滑块沿斜面加速度的正确表达式：

　　(a) $g(\sin\theta + \mu\cos\theta)$，(b) $g(1+\mu)\sin\theta$，(c) $g(\sin\theta - \mu\cos\theta)$，或 (d) $g(1-\mu)\sin\theta$

8.2　两　区　域

经过 8.1 节的热身，我们现在可以系统地考察如何使用简单案例了。第一步是找出无量纲量。一旦你找到了——就称为 β——那么体系的行为几乎总是可以分为三个区域：$\beta \ll 1, \beta \sim 1$（或 $\beta = 1$）及 $\beta \gg 1$。在通常的简化中，也就是本节的主题，其中一个区域是不可能的，所以留下的是两区域。（在 8.3 节我们将讨论如果是三区域的话如何处理。）这类简化之所以存在，是因为对称性使两个极端区域 $\beta \ll 1$ 和 $\beta \gg 1$ 等价（8.2.1 节）或由于几何或物理的限制排除了一个区域（8.2.2 节）。

8.2.1　对称性导致的两区域

极端区域 $\beta \ll 1$ 和 $\beta \gg 1$ 常常可以通过对称性联系起来。这样对一个极端区域的分析就可以用于另一个区域，实际上也的确存在两个区域：对称的极端区域和中间区域。

8.2.1.1　为何乘法要比加法重要得多？

作为一个例子，下面用简单案例法解释为何在估算时，乘法比加法重要得多。比如说，我们来估算一个成本，一个力，或一份能量消耗，可以将其分成 A 和 B 两个部分然后相加——比如说，加热所需的能量和运输所消耗的能量。估算 $A+B$ 似乎会需要用到加法。

但是当我们检查了简单案例的区域后这个需要就不见了。区域由一个无量纲量来确定。因为 A 和 B 具有相同的量纲，所以它们的比 A/B 就是无量纲的量，其值确定了简单案例的三个区域：

$$A \ll B \qquad A \sim B \qquad A \gg B$$

区域 1　　　区域 2　　　区域 3

$$A/B \ll 1 \qquad A/B \sim 1 \qquad A/B \gg 1$$

在第一个区域，$A+B$ 约等于 B。而在与之对称的第三个区域，这个和约等于 A。第一和第三个区域的共同特征——它们的不变量——就是一个量的贡献远大于另一个。只有第二个区域，即 $A \sim B$，是不同的。为了处理这个区域，只要用团块化近似 $A = B$；这时有 $A + B \approx 2A$。

所以，在估算 $A + B$ 时，我们并不需要加法。在第一个和第三个区域，我们只需找出贡献较大的，是 A 或是 B。在第二个区域，我们只需要乘以 2。

8.2.1.2　椭圆的面积

数学上有关这类对称性的例子是估算一个椭圆的面积。无量纲的量是椭圆的纵横比 a/b，其中 a 是水平直径的一半，b 是竖直半径的一半。于是区域分为 $a/b \ll 1, a/b = 1$，及 $a/b \gg 1$。

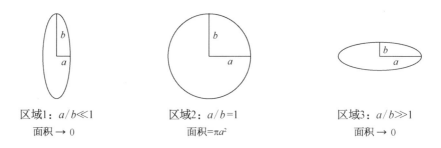

区域1：$a/b \ll 1$
面积 $\rightarrow 0$

区域2：$a/b = 1$
面积 $= \pi a^2$

区域3：$a/b \gg 1$
面积 $\rightarrow 0$

第一种和第三种情况是一样的，因为有对称性：交换 a 和 b，同时将椭圆旋转 $90°$（并关于竖直轴作镜像翻转）则面积不变。因此，得出的任何面积公式都必须适用于第一种区域，必须满足对称要求即交换 a 和 b 不影响面积（即考虑到了第三个区域），必须适用于圆（第二种区域）。

由于对称性的要求，简单但不对称的圆面积的变体——πa^2 和 πb^2——不可能是椭圆的面积。一个合理的对称的替代品是 $\pi(a^2 + b^2)/2$。在第二个区域，当 $a = b$，就给出正确的圆面积。但是，这在第一个区域就失效了：当 $a = 0$ 时面积不等于零。

▶ **是否还有另外的选择可以通过所有区域的验证？**

一个成功的选择是 πab。当 $a = 0$ 时给出零；是对称的；也适用于 $a = b$。这也是正确的面积。

8.2.1.3　阿特伍德机

在前面的例子中,我们有现成的无量纲参数,并用它来刻画三个简单案例的区域。下一个例子将要说明在没有现成的无量纲参数时该如何做:利用量纲分析来构造一个。然后用该参数刻画不同区域并理解体系的行为。这是量纲分析和简单案例的合作。

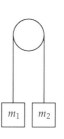

这个例子是阿特伍德机,即力学导论课程中的 U 形装置。两个物块,m_1 和 m_2 通过一根无质量无摩擦的绳子相连,并由于滑轮的作用可以自由上下运动。阿特伍德发明的这个装置通过已知的摩擦力减小了有效的重力加速度并使得匀加速运动更容易研究。今天这个原理也被用在电梯上:电梯厢是 m_1,配重是 m_2。(关于阿特伍德机的历史讨论,见参考文献[45]。)

a	LT^{-2}	加速度
g	LT^{-2}	重力加速度
m_1	M	左边物体质量
m_2	M	右边物体质量

▶ **物块的加速度是多少?**

我们的第二步是确定简单案例的几个区域,但第一步是找出刻画这些区域的无量纲参数。因此,我们先列出所有相关的量及其量纲。目标是物体的加速度。因为两个物体通过一根绳相连,故加速度大小相同但方向相反。用 a 表示左边物体向下的加速度——不管用 m_1 还是 m_2 标记(考虑到对称性的应用)。因为 a 是我们的目标量,所以在列表的第一行。运动是由于引力造成的,所以表中包括 g。最后,质量影响加速度,所以表中包括 m_1 和 m_2。这些就是所有的量了。

▶ **张力不也影响加速度吗?**

张力具有重要的效应:如果没有张力,也就没有要解的问题了,因为

每个物块都将以 g 向下加速。但是，张力是 m_1, m_2 和 g 的结果——而这些量已经在表中了。因此，张力是多余的量，将其加入只会使量纲分析变得混乱。

表中只包含两个独立的量纲：质量（M）和加速度（LT^{-2}）。从两个独立的量纲构成的四个量可以给出两个独立的无量纲量。最自然的选择就是加速比 a/g 和质量比 m_1/m_2。于是最一般的无量纲等式为

$$\frac{a}{g} = f\left(\frac{m_1}{m_2}\right),\tag{8.7}$$

其中 f 是一个无量纲函数。

尽管下一步是用简单案例来猜测这个无量纲函数，但先让我们暂停一会儿。我们现在对如何选择合适的表示思考得越多，那以后要做的代数运算就越少。这里质量比 m_1/m_2 并没有体现问题的对称性。交换质量 m_1 和 m_2 将 m_1/m_2 变成其倒数：这给出一个 -1 的幂次。与此同时，因为现在左边的质量是 m_2，加速度方向和 m_1 相反，这个对称操作将改变加速度 a 的符号（这表示左边物体向下的加速度）：给加速度乘上 -1 的因子。函数 f 必须要将这种对称性质的变化纳入其中，并且必须艰难地将 m_1/m_2 变成加速度。因此，f 是复杂的，也是难以猜测的。（在题 8.3 你可以想尽办法得到 f。）

一个较之于 m_1/m_2 更加对称的选择是差 $m_1 - m_2$。现在交换 m_1 和 m_2 给 $m_1 - m_2$ 加了一个负号，这就跟给加速度加一个负号一样。不太妙的是，$m_1 - m_2$ 不是无量纲的！而是具有质量的量纲。为了使其无量纲，我们需要除以另一个质量，比如 m_1，得到 $(m_1 - m_2)/m_1$。但这个选择抛弃了我们喜欢的对称性。如果除以对称组合 $m_1 + m_2$ 就解决了所有的问题。将这个结果叫作 x：

$$x = \frac{m_1 - m_2}{m_1 + m_2}.\tag{8.8}$$

这个比是无量纲的，并且体现了问题的对称性。将其作为无量纲参数，最一般的无量纲关系可以表示为

$$\frac{a}{g}=h\left(\frac{m_1-m_2}{m_1+m_2}\right),\qquad(8.9)$$

其中 h 是无量纲函数(不同于 f)。(m_1 和 m_2 的这个组合并不满足 5.1.1 节中关于无量纲量的定义,即几个不同幂次量的无量纲乘积。但是,推广这个概念以包含这一类组合是值得的。)

为了猜测 h,我们按照 x 的值来研究简单案例的不同区域。共有三个: $x=-1$(假设 $m_1=0$),$x=0$(当 $m_1=m_2$),及 $x=+1$(假设 $m_2=0$)。现在你可以看到简单案例是如何帮助我们的。第一和第三种极端情况以及第二种简单情况放大了我们的物理直觉并使我们可以本能地得出体系的行为。

在第一个区域,m_2 下降时似乎绳子的另一端没有质量。于是,m_1 以加速度 g 上升。因为 a 是左边物体下降的加速度,故 $a=-g$。在第三个区域,即与之对称的区域,m_1 向下加速,似乎绳子另一端没有质量,所以 $a=+g$。在第二个区域,其中 $x=0$ 或 $m_1=m_2$,物体处于平衡状态,且 $a=0$。

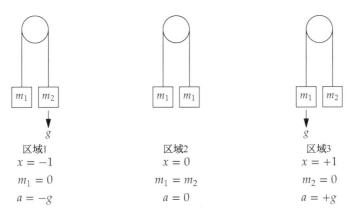

区域1	区域2	区域3
$x=-1$	$x=0$	$x=+1$
$m_1=0$	$m_1=m_2$	$m_2=0$
$a=-g$	$a=0$	$a=+g$

下面将简单案例的三个区域画在一张无量纲加速度 a/g 关于无量纲质量参数 x 的图上。基于这张图,最简单的猜想,也是一个有根据的猜想,就是 $h(x)$ 的完整图像是一条斜率为 1 且经过三个点的直线。用质量表示,则方程变成

$$\frac{a}{g}=\frac{m_1-m_2}{m_1+m_2}.\qquad(8.10)$$

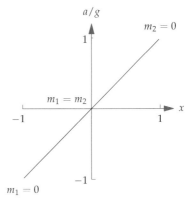

在题8.4(d)，你利用牛顿定律解出加速度来得出绳子的张力。然后你就能确信我们基于简单案例法的合理猜测了。

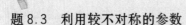

题8.3　利用较不对称的参数

利用简单，但是较不对称的无量纲参数 m_1/m_2 得出无量纲函数 f

$$\frac{a}{g} = f\left(\frac{m_1}{m_2}\right). \tag{8.11}$$

将它与以选定的对称形式 $(m_1-m_2)/(m_1+m_2)$ 为自变量的无量纲函数进行比较。

题8.4　阿特伍德机中绳子的张力

在本题中利用简单案例来猜测连接物块的绳子中的张力。

a. 张力 T 与加速度一样，与 m_1, m_2 和 g 有关。解释为什么这四个变量可以组成两个独立的无量纲参量。

b. 选择两个合适的独立的无量纲参量使得关于张力的方程可以写成如下形式：

$$正比于 T 的参量 = f(不包含 T 的参量). \tag{8.12}$$

c. 利用简单案例猜测 f 的形式；然后画出 f 的图像。

d. 利用牛顿定律和自由落体解出 T。然后比较这个结果与你在(c)中的猜测，并用 T 求出 a，即 m_1 向下的加速度。

8.2.2　限制条件导致的两区域

在前面的例子中，无量纲参量刻画的区域有三个，但是其中两个极端区域由一个对称操作联系起来，因而属于同一种情况。因此，定性上看只有两个区域。在下一组例子中，则是由于不同的原因导致只有两个区域：即几何上或物理上的限制排除了另一个极端区域。

8.2.2.1　抛射体的射程

在4.2.3节，我们用正比分析方法证明了抛射体的射程应该具有形

式 $R \sim v^2/g$,其中 v 是抛射的速度。
但是,我们没有确定抛射角 θ 是如何影
响射程的。加上量纲分析的帮助,我们
就可以利用简单案例来分析。

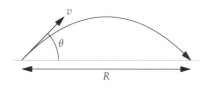

R	L	射 程
v	LT^{-1}	抛 射 速 度
g	LT^{-2}	重力加速度
θ	1	抛 射 角

现在问题包含四个量:R, v, g 和 θ。这四个包含两个独立量纲(如 L
和 T)的量可以构成两个独立的无量纲量。一个合理的配对是抛射角
θ——这已经是无量纲量——以及基于正比分析得到的结果 Rg/v^2。于
是最一般的无量纲关系可以写成

$$\frac{Rg}{v^2} = f(\theta), \tag{8.13}$$

其中 f 是一个无量纲函数。解出 R,得

$$R = \frac{v^2}{g} \times f(\theta). \tag{8.14}$$

量纲分析不会告诉我们 f 的形式,但我们可以通过考虑简单案例来进行
猜测。简单案例是引入物理知识的一种方式。

由于角度是无量纲的,可以用 θ 来刻画简单案例的区域。任何一个
量的自然的简单案例就是取其极端值:$\theta \ll 1$(我们通常的第一个区域)和
$\theta \gg 1$(我们通常的第三个区域)。区域 $\theta \ll 1$ 包含了最小抛射角 $\theta = 0°$ 的
情况。这时射程为零:抛射从地面开始,然后水平抛出,那么立刻就碰到
地面了。但是,相反的极端情况 $\theta \gg 1$ 是没有用的,因为角度是周期性的。
任何超过 2π 的角度都已经在小于 2π 时被处理过了。我们通常的第三个
区域因而从几何上被排除了。

我们通常的第二个区域是 $\theta \sim 1$。和 1(弧度)相当的角度是 $\theta =$
$90°(\pi/2$ 弧度)。这个角度描述的是垂直抛射,这不会给出任何射程。因

此,在这个区域 R 仍然是 0。

两个简单案例因而是 $\theta=0°(\theta\ll1$ 的一个例子) 和 $\theta=\pi/2(\theta\sim1$ 的例子)。

区　域　1	区　域　2
$\theta=0$	$\theta=\pi/2$
$R=0$	$R=0$
$f(\theta)=0$	$f(\theta)=0$

▶ **什么合理的函数满足两个简单案例对 $f(\theta)$ 的限制?**

一个这样的函数是两条直线的乘积,每条直线保证一个限制条件:

$$f(\theta)=\theta\left(\frac{\pi}{2}-\theta\right). \qquad (8.15)$$

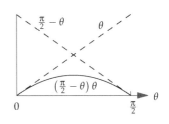

但这个函数形式看上去很滑稽。第二个因子中的 $\pi/2$ 来得很奇怪,无法明显看出它来自于自由落体方程。更糟糕的是,这个猜想没有周期性。θ 增加 2π 不应该改变射程,但这个猜想的 f 改变了。因此,我们需要进一步寻找。

一个类似的但不那么奇怪的形式,也是两个因子的乘积,是

$$f(\theta)\sim\sin\theta\cos\theta. \qquad (8.16)$$

因子 $\cos\theta$ 保证了 $f(\pi/2)=0$。因子 $\sin\theta$ 保证了 $f(0)=0$。这个函数形式也是周期性的。并且,这还有物理上的理由:$\sin\theta$ 是将抛射速度 v 投影到竖直方向分量 v_y 的三角函数因子;因子 $\cos\theta$ 类似地将 v 投影到水平方向分量 v_x。因为这些速度在 4.2.3 节的正比分析中已经出现过,我们已经知道它们都是物理上相关的,这使得这个函数形式比之前的更为合理。

考虑到角度的效应后,最后的射程为

$$R \sim \frac{v^2}{g} \sin\theta \cos\theta. \tag{8.17}$$

这个形式是正确的,前面的无量纲因子是 2(你在题 8.5 中可以证明)。

题 8.5 找出无量纲常量

推广 4.2.3 节中的正比分析方法来证明抛射体射程公式前的无量纲因子是 2。

8.2.2.2 大角度的光线偏折

下一个由于物理限制而排除第三个区域的例子也涉及角度: 光线在引力场中的偏折。

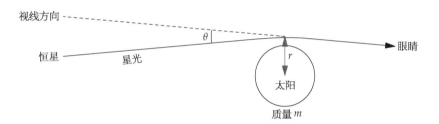

在 6.4.6 节,我们利用团块化得到了光线在质量 m 对应的引力场中偏转的角度

$$\theta \sim \frac{Gm}{rc^2}, \tag{8.18}$$

其中 r 是离质量中心最近的距离。

这个角度是无量纲的。于是,我们可以利用它来刻画区域并研究光线偏折的简单案例。第一个区域 $\theta \ll 1$——比如说,太阳使星光偏转大约 1 弧秒。第二个区域是 $\theta \sim 1$。在这个区域,新的物理现象会出现,团块化会帮助我们来分析它。

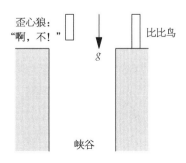

团块化分析是基于美国的卡通电视"歪心狼追赶比比鸟"的故事。比比鸟奔跑着越过峡谷时，歪心狼在后面追赶。它们漂浮着似乎没了引力，直到比比鸟安全越过了峡谷，抓住了一个有向下箭头的标志说，"这儿有引力！"歪心狼往下一看，想起了引力的存在，于是就掉到峡谷里了。

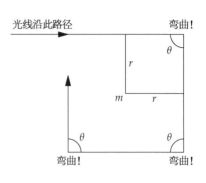

在歪心狼模型中，光线掠过物体（比如说，一颗恒星）时先忽略引力。直到已经行进得足够远——与 r 相当的距离——恒星举起一个标志说，"你忘了引力了！请在此立刻偏转 θ！"第二个区域是 $\theta \sim 1$。而下面的图像和分析在 $\theta = \pi/2$（或 90°）时最清楚，所以我们就用 90° 作为 $\theta \sim 1$ 区域的代表。

光线在这个命令下偏折了 90°。然后光线继续行进，并再次被提醒要偏折。最近的距离还是 r，所以 θ 还是 90°。于是光线画出一个正方形。尽管光线并不是真的沿着这个路径行走，并具有这么尖锐的转角，但这个路径说明了 $\theta \sim 1$ 区域的基本特征：光线是沿着围绕恒星的轨道行进的。当 $\theta \sim 1$ 时，光线被强引力场捕获。第三个区域 $\theta \gg 1$ 并没有给出新的物理现象——光线仍然被引力场捕获。在这两个区域，产生引力的物体都是一个黑洞。

题8.6　猜测方差

方差是一个描述分布弥散度的平方度量：

$$x \text{ 的方差} = \langle x^2 \rangle - \langle x \rangle^2, \tag{8.19}$$

其中 $\langle x^2 \rangle$ 是 x^2 的平均或期望值（均方），$\langle x \rangle$ 是 x 的平均值（平均）。

a. 利用简单案例使你确信，均方 $\langle x^2 \rangle$ 永远不会小于平均的平方 $\langle x \rangle^2$。

b. 最简单的分布函数只有两个可能值，$x = 0$ 和 $x = 1$，相应的概

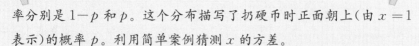

率分别是 $1-p$ 和 p。这个分布描写了扔硬币时正面朝上(由 $x=1$ 表示)的概率 p。利用简单案例猜测 x 的方差。

题 8.7　局域黑洞

如果地球以现有质量是一个黑洞,其最大半径可能是多少?

8.3　三　区　域

两区域要比三区域简单。因此,我们首先研究两区域的情况来取得经验并发展出可移植的思想。幸运的是,即使一个复杂的情况有三个区域,也有两种可能的简化方法。第一种方法,极端区域往往比中间区域要简单(8.3.1 节)。然后我们研究极端区域,为了得到中间区域的特性,就在两个极端区域之间插值。另一种方法是,两种效应互相竞争并在中间区域达成平局(8.3.2 节)。这个中间区域就是存在于自然界的区域。

8.3.1　极端区域比较简单的三区域

在通常的简单案例的情况中,刻画三个区域的无量纲量是两种物理效应的比。因此两个极端区域就是最容易分析的区域——因为在每个极端区域,一种或另一种物理效应就消失了。我们将通过入门版力学的例子(8.3.1.1 节)来练习这个分析;然后我们就有能力去分析阻力了(8.3.1.2 节)。

8.3.1.1　从斜面上滚下

作为我们的介绍性案例,我们来重新审视一下一个物体从斜面上无滑动滚下的情况。目的是找出物体沿斜面的加速度 a。由题 5.18,量纲分析告诉我们,最一般的关于 a 的无量纲关系为

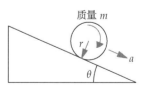

$$\frac{a}{g} = f\left(\theta, \frac{I}{mr^2}\right), \tag{8.20}$$

其中 f 是无量纲函数，θ 是倾斜角，I 是物体的转动惯量，m 是质量，r 是其半径。仅有的影响加速度的量是两个无量纲量：倾斜角 θ 和无量纲质量分布 I/mr^2。比值 I/mr^2，因而还有加速度，在质量或半径变化时（比如做更大的圆环或圆盘）是不变的。用更直白的话来说，简单地改变物体的质量或半径而不改变形状的话是不会改变其加速度的，然而这和对称性分析的联系不算多。

▶ **哪种形状的物体滚动更快——圆环还是圆盘？**

在这个比较中，斜面及倾斜角 θ 是固定的。但是，无量纲量 I/mr^2 会有改变，因而可用来刻画简单案例的区域。这个参量在分析中会反复出现，所以我们常常用符号 β 表示。理解了由 β 定义的不同区域中的行为，我们就能得出圆环-圆盘的比拼结果了。

我们先从第一个区域出发，$I/mr^2=0$。令 $I=0$ 就是第一个区域了。然后由 I 表示的滚动就变得无关紧要。物体的运动就像是无摩擦地从斜面上滑下。其加速度为 $g\sin\theta$，所以 $a/g=\sin\theta$。

有了这个简单案例的结果，我们可以来简化未知函数 f，麻烦在于这是两个无量纲量的函数。作为合理的猜测，即使当 I 不为零时 f 对角度的依赖关系很可能仍是 $\sin\theta$。于是无量纲关系可以简化为

$$\frac{a}{g}=h\left(\frac{I}{mr^2}\right)\sin\theta, \tag{8.21}$$

其中 h 只是一个参量的无量纲函数。

我们来利用 $\beta=I/mr^2$ 的简单案例猜测 h。三个区域是 $\beta=0(\beta\ll 1$ 的特殊情况），$\beta\sim 1$，及 $\beta\gg 1$。 在第一个区域，当 $\beta=0$，滚动是不重要的，就如我们看到的。因此有 $a/g=\sin\theta$ 而无量纲函数 $h(\beta)$ 正好是 1。

中间区域 $\beta\sim 1$ 没有完整的计算是难以分析的。然而简单案例分析的目的是将问题尽可能简化到容易看清其性质，因此我们可以略过详细的计算。在这个区域，最简单的值 $\beta=1$ 并不比其他值更容易处理。（这描写的是一个圆环，即所有质量都集中在物体的边缘，到中心的距离为

r）。说话算话，中间区域是很难处理的区域。有点不伦不类，是滚动和滑动的混合。

解决的方法是研究第三个区域，$\beta \gg 1$，为了得到中间区域的特性就在第一和第三个区域之间进行插值。（6.4.3 节在估算圆锥下降到达最终速度时实际上已经用到了这个插值的方法。）

▶ **对于从斜面上滚下的物体，β 怎么可能超过 1?**

看起来似乎不可能让 β 增加到 1 以上，因为当 $\beta = 1$ 时，所有的质量都已经分布在边缘了。幸好，量纲分析的微妙之处在于 r 是滚动半径，而不是物体半径，因为是滚动半径确定了力矩和运动。物体的半径可以大于滚动半径。这个可能性让我们可以把 β 增加到我们想要的任何值。

比如，假定有个举重用的杠铃：一根半径为 r 的细杠铃杆连接两个较大的半径为 R 的重杠铃片。将杠铃杆放在斜面上，杠铃片在斜面外。滚动半径就是杠铃杆的半径 r。但是，转动惯量 I 主要来自大杠铃片，因为

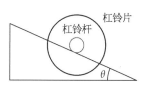

$$\text{转动惯量} \propto (\text{到转动轴的距离})^2. \tag{8.22}$$

于是，$I \sim mR^2$，其中 m 是两个杠铃片的总质量，也几乎就是物体的总质量。通过取 $R \gg r$，我们就能使 $\beta \gg 1$

$$\beta \equiv \frac{I}{mr^2} \sim \left(\frac{R}{r}\right)^2 \gg 1. \tag{8.23}$$

▶ **这个 β 较大的物体从斜面滚下来的加速度有多大?**

极端区域要比中间区域 $\beta = 1$ 更容易考虑。$\beta \gg 1$ 区域的极端条件放大了我们的直觉使其足以让我们的本能感觉到。而本能回答的声音也足够大到让我们听到：把杠铃杆放在斜面上滚动，只要不发生滑动，则杠铃会慢慢*爬*下斜面（用斜体表示本能的呐喊声）。而滚动得快，即更快地转

动杠铃片，将需要远多于引力所能提供的能量。于是，当杠铃片越来越大使 β 趋于无穷时，无量纲滚动因子 $h(\beta)$ 也趋于零。

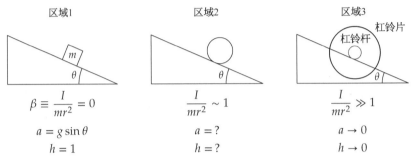

区域1　　　　　　　区域2　　　　　　　区域3

$$\beta \equiv \frac{I}{mr^2} = 0 \qquad\qquad \frac{I}{mr^2} \sim 1 \qquad\qquad \frac{I}{mr^2} \gg 1$$

$$a = g\sin\theta \qquad\qquad a = ? \qquad\qquad a \to 0$$

$$h = 1 \qquad\qquad\qquad h = ? \qquad\qquad\qquad h \to 0$$

可以解释这两种极端情况的简单猜想是

$$h(\beta) = \frac{1}{1+\beta}. \qquad (8.24)$$

用原来的量表示，则加速度为

$$a = \frac{g\sin\theta}{1 + I/mr^2}. \qquad (8.25)$$

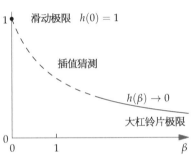

这个有根据的猜想可被证明是正确的（题8.8）。现在我们可以回答之前关于哪种形状滚动得更快的问题了：质量分布越靠外，β 就越大，所以 $\beta_{圆环} > \beta_{圆盘}$。因为 β 增加时 a 减少，所以圆盘比圆环滚动得更快。

题8.8　斜面滚动的严格解

利用能量守恒得出物体在斜面滚动的加速度并验证基于简单案例的猜测。

题8.9　有口香糖的单摆

一个摆球为圆盘的单摆振动周期为 T。然后将一片嚼过的口香糖黏在圆盘中心。则这片口香糖会如何影响单摆的周期：是增加，没有影响，还是减少？

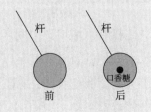

8.3.1.2　简单案例中的阻力

和其他与流体相关的任何现象一样,阻力是一个难题。尤其是现在还没有办法计算出作为雷诺数 Re 的函数的阻力系数 c_d——即使是形状简单的球或圆柱。但是,量纲分析(5.3.2 节)已经告诉我们:

$$\underbrace{阻力系数}_{c_d} = f(\underbrace{雷诺数}_{\text{Re}}). \tag{8.26}$$

然而,量纲分析并不会告诉我们具体的函数 f。这并不是在诋毁量纲分析;找到完整的函数已经超越了我们今天对数学的理解。但是,在两个简单情况下我们可以对 f 有很多的了解:即极端区域 Re≫1 和 Re≪1。在困难的中间区域 Re~1,函数 f 是两个极端特性之间的插值。

低雷诺数　日常生活经验中低雷诺数的流动并不比高雷诺数流动更普遍,其中包括雾滴在空气中的下降(题 8.13),细菌在水中的游泳[46],以及海水中的导电离子(题 8.10)。我们的目的是找出在区域 Re≪1 中的阻力系数。

雷诺数(基于半径的)为 vr/ν,其中 v 是速度,r 是物体半径,而 ν 是流体的运动黏度。因此,要减小 Re,要么使物体变小,速度变小,要么使用高黏性流体。只要雷诺数变小,用什么方法无关紧要:阻力系数并不是由 r, v 或 ν 中任何一个参量单独确定的,而是抽象为 Re。我们将选择使得物理分析最为清晰的方式:将黏度变得极大。比如说,假设一滴非常小的水珠从一罐冷蜂蜜中渗出。(水珠的微小进一步减小了 Re。)

在这个极端的黏性流动中,正如你所预料的,阻力直接由黏性力产生。正如你在题 7.25 中的分析,黏性力正比于运动黏度 ν,由下式给出

$$F_{黏性力} \sim 流体密度 \times 黏度 \times 速度梯度 \times 面积. \tag{8.27}$$

面积为物体的表面积。速度梯度是速度随距离的改变率;这类似于 7.4.2 节菲克定律分析中的浓度梯度 $\Delta n/\Delta x$ 或者 7.4.4 节热流分析中的温度梯度 $\Delta T/\Delta x$。

因为阻力直接来自黏性力,应该正比于 ν。这一约束确定了函数

f 以及阻力的形式。我们来写下联系阻力系数和雷诺数的量纲分析结果：

$$c_d \equiv \frac{F_d}{\frac{1}{2}\rho A_{\text{CS}} v^2} = f\Big(\underbrace{\frac{vr}{\nu}}_{\text{Re}}\Big), \tag{8.28}$$

其中 F_d 是阻力，A_{CS} 是物体的截面积。用半径的话，$A_{\text{CS}} \sim r^2$，所以有

$$\underbrace{\frac{F_d}{\rho r^2 v^2}}_{\sim c_d} \sim f\Big(\underbrace{\frac{vr}{\nu}}_{\text{Re}}\Big). \tag{8.29}$$

黏度 ν 只出现在雷诺数中，且在分母中。为了使 F_d 正比于 ν 需要使阻力系数正比于 Re^{-1}。等价地，当 $\text{Re} \ll 1$，函数 f 由 $f(x) \sim 1/x$ 给出。于是

$$\frac{F_d}{\rho r^2 v^2} \sim \frac{\nu}{vr}. \tag{8.30}$$

对于阻力，结果就是（正如你在题 7.26 中得到的）

$$F_d \sim \rho r^2 v^2 \, \frac{\nu}{vr} = \rho \nu vr. \tag{8.31}$$

这个结果几乎适用于所有形状，差别仅在于前面的无量纲因子。对于球来说，英国数学家斯托克斯证明前面的无量纲常量为 6π：

$$F_d = 6\pi \rho \nu vr. \tag{8.32}$$

相应的，这个结果被称为斯托克斯阻力。

高雷诺数 因为雷诺数 vr/ν 包含三个量，高雷诺数极限也就可以通过三种方式得到，所有方式都产生同样的行为。我们将选择最直观的方式，即将黏度 ν 降为 0。在这个被称为形状阻力的极限下，黏性在问题中消失了，因而阻力就应该和黏度无关。这个分析中尽管包含了几个不正确的东西，但很微妙的是最后结论大致是正确的。（要厘清这些微妙的地方需要几个世纪的数学进步，最后体现在奇性微扰和边界层理论中，这也是 7.3.4 节的主题，更详尽的论述见参考文献[47]。）

	c_d		c_d
汽车	0.4	圆柱	1.0
球	0.5	平板	2.0

没有黏性也就没有了对雷诺数的依赖,无量纲函数 f 就必须是一个常量! 其值取决于物体的形状,典型的数值范围在 0.5 到 2 之间。阻力系数是 $F_d \big/ \dfrac{1}{2}\rho v^2 A_{\mathrm{CS}}$,则阻力为

$$F_d \sim \rho v^2 A_{\mathrm{CS}}. \tag{8.33}$$

这个结果与我们在 3.5.1 节中基于能量守恒的分析一致。在那里的分析中,我们已经隐含了高雷诺数的假设——尽管并不知道这一点。

题 8.10　海水的导电率

估算海水的导电率,假定载流离子(Na^+ 或 Cl^-)的周围有一层水分子形成的壳层与其一同运动。

题 8.11　由斯托克斯阻力得到的阻力系数

在低雷诺数时,对球的阻力是 $F = 6\pi\rho\nu v r$(斯托克斯阻力)。找出作为雷诺数函数的阻力系数 c_d,并用球的直径而不是半径来定义雷诺数。

题 8.12　选择高雷诺数或低雷诺数区域

为了估算雨滴的最终速度(题 3.37),你暗中使用了高雷诺数的区域。既然你知道还有另一个区域,那你该选择哪个区域呢? 在不知道该用哪个区域的情况下,你无法得到雨滴的最终速度。而不知道速度,你又如何能得到选择区域时所需要的雷诺数呢? 答案是选择一个区域然后看结果是否自洽。如果不自洽,就选择另一个。

作为这个分析的练习,假定下落雨滴所对应的雷诺数是小量,因此阻力 F_d 为斯托克斯阻力

$$F_d \sim \rho_{空气} \nu v r. \tag{8.34}$$

估算雨滴的最终速度 v（直径大约 0.5 厘米）。验证 $\text{Re} \ll 1$ 的假定。

题 8.13 雾滴的最终速度

a. 估算雾滴（$r \sim 10$ 微米）的最终速度。在估算阻力的时候，使用低雷诺数或高雷诺数两种极限——你猜测的哪种极限得到的结果更有效？（题 8.12 给出了这个分析。）

b. 用这个速度来估算雷诺数并验证就阻力而言，你是否使用了正确的极限。如果不对，尝试用另一个极限！

c. 雾是一种低空的云。一滴雾下降 1 千米（典型的云层高度）需要多长时间？这个沉淀时间对日常生活的影响是什么？

插值 我们现在知道了两个极端区域的阻力：黏性阻力（低雷诺数）和形式阻力（高雷诺数）。将两个区域之间的插值写成无量纲形式是最简单的——写成阻力系数而不是阻力。

当 $\text{Re} \gg 1$，阻力系数 c_d 大约是 0.5（对于球）。在对数-对数坐标上，$\text{Re} \gg 1$ 的表现是斜率为零的直线。在 $\text{Re} \ll 1$ 区域，你应该已经在题 8.11 发现阻力系数（对于球）是 $24/\text{Re}$，其中雷诺数是用球的直径而不是

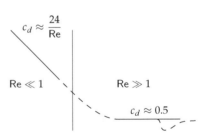

半径定义的：出现 $1/\text{Re}$ 的标度是因为我们为了使阻力正比于黏度 ν 而刚刚导出的 $f(\text{Re}) \sim 1/\text{Re}$；前面的无量纲因子 24 正是你所要计算的。在对数-对数坐标上，$\text{Re} \ll 1$ 的表现也是直线，不过斜率为 -1。

虚线是两个极端区域之间的插值。最后的扭曲是在 $\text{Re} \sim 3 \times 10^5$ 处，此时边界层形成湍流（题 7.23），阻力系数显著下降。有了这个补充，我们就解释了阻力——一个生活中无处不在的力的主要特征。

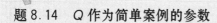

题 8.14 Q 作为简单案例的参数

一个有阻尼的弹簧-质点系统用一个被称为品质因子 Q 的无量纲量来衡量阻尼,这是你曾在题 5.53 研究过的。选择 $Q \ll 0.5, Q = 0.5$ 或 $Q \gg 0.5$ 来分别描述这三个区域:(a) 欠阻尼,(b) 临界阻尼,及 (c) 过阻尼。

题 8.15 浮在水上

由于水的表面张力某些昆虫可以浮在水面上。推广题 5.52 中关于这个效应的分析,估出无量纲比

$$R \equiv \frac{\text{表面张力}}{\text{昆虫的重量}} \tag{8.35}$$

作为昆虫大小 l(长度)的函数。在区域 $R \ll 1$ 和 $R \gg 1$ 之间进行插值,找出能够浮在水面上的昆虫临界尺寸 l_0。

题 8.16 高速公路与市内驾驶的能量损失

解释为什么下列无量纲比值衡量了阻力的重要性:

$$\frac{\text{扫过的流体质量}}{\text{物体的质量}}. \tag{8.36}$$

除了数量级为 1 的无量纲因子外,一个等价的计算是

$$\frac{\text{流体密度}}{\text{物体密度}} \times \frac{\text{行进的距离}}{\text{物体的大小}}, \tag{8.37}$$

其中物体的大小指沿运动方向的线度。当这个比值接近于 1 时,阻力会显著影响到路径。

将任意一个比值的形式用于市内行驶的汽车,找出比值变得重要(比如说,差不多是 1)时的距离 d。在城市街道上这个距离与两个停车标志或信号灯之间的距离相比如何?市内驾驶的能量损失的主要机制又是什么?这个分析如用于高速公路上的行驶会如何变化?

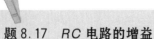

题 8.17 *RC* 电路的增益

2.4.4 节的低通 *RC* 电路可以用简单案例来分析。有了容抗的抽象（2.4.4节），解释低频时的单位增益及为什么高频时增益为零。什么是"高频"的无量纲说法？

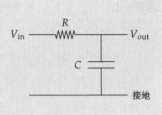

题 8.18 *RC* 电路的幅频特性图

幅频特性图是增益的绝对值：|增益|对频率的对数–对数图。在一张归并在一起的幅频特性图上，往往能看到系统行为最本质的东西，图形的每个分段都是直线。画出题 8.17 低通 *RC* 电路的幅频特性图，并标出直线的斜率和交点。

8.3.2　两种效应互相竞争的三区域

在最后一组三区域的例子中，对三个区域的刻画还是基于两种物理效应的相对大小。但是，与 8.3.1 节中的例子不同，在那里是我们来选择区域——比如，选择流速以及雷诺数——而现在是自然界在选择。自然界选择的是中间区域，即两种互相竞争的物理效应达到平衡的区域。简单案例法将说明这个选择是如何进行的。

8.3.2.1　大气层高度

下面的例子：估算我们大气层的高度，说明了热能和引力之间的竞争。下面给出这两种物理效应是如何决定大气层高度的。

1. 热能。热能给了分子速度，若不是被引力束缚的话，空气分子和大气层将会扩散到整个空间。因此热能是增加大气层高度的原因。

2. 引力。引力将空气分子往下拉。如果引力是唯一的作用[意味着热运动消失（大气层处于绝对零度）]，则引力将把所有分子拉到地面。因此引力降低了大气层的高度。

衡量这两种效应相对大小的无量纲量是一个分子的典型引力能与热能的比。典型的热能是 $k_\mathrm{B}T$。记 m 为分子质量，H 为大气层的特征高度

或典型高度或标高,则典型的引力势能为 mgH。于是能量比为

$$\beta \equiv \frac{mgH}{k_B T}.\tag{8.38}$$

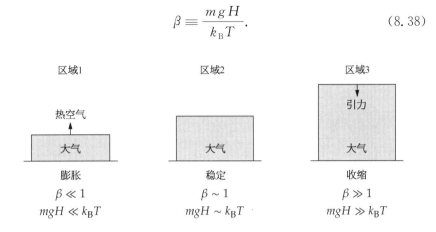

这个比值刻画了三个简单案例的区域:$\beta \ll 1$,$\beta \sim 1$,及 $\beta \gg 1$。在第一个区域,大气层在膨胀:分子的热能是如此之大使其可以远离地球。在第三个区域,大气层在收缩:分子不具备足够的热能来抗拒将其拉回地球的引力。可喜的中间状态,即中间区域,是大气层保持稳定的区域。

因此,选择区域的不是我们,而是自然界。大气层高度的确定是要求两种互相竞争的物理效应达到平衡——两种物理效应强度相当的时候。在这个区域有 $mgH \sim k_B T$,所以大气层的标高是

$$H \sim \frac{k_B T}{mg}.\tag{8.39}$$

对于地球的大气层,$T \approx 300\,\mathrm{K}$ 而分子质量 m 大约就是氮分子的质量,这个高度大约就是 8 千米——和我们在 5.4.1 节用量纲分析所得到的一样。简单案例分析通过提供物理模型补充了量纲分析。

作为额外的收获,这个一般的竞争模型解释了为什么我们要猜测未知的无量纲数接近于 1——例如,当我们在 5.2.2 节估算原子弹爆炸的能量时。无量纲的数常常用来表示两种物理效应的比。于是"接近于 1"就意味着"两种效应达到平衡"。通过猜测这个未知的无量纲数接近于 1,也就预告了我们要使用简单案例的方法来分析这些关于竞争的例子。

8.3.2.2 氢的结合能

在转向巨大尺度的恒星之前,下一个例子是我们的老朋友氢原子。

在 5.5.1 节我们用量纲分析得出了氢原子大小,玻尔半径 a_0。这个结果是正确的,但是,和对大气层高度进行量纲分析一样,量纲分析没有给我们一个物理的模型。而简单案例分析将帮助我们把关于氢原子的物理知识拿到桌面上来并从而构建一个物理的模型。

对于氢原子,有两种互相竞争的物理效应:

1. 静电学。质子和电子之间的静电吸引使原子缩小。

2. 量子力学。通过不确定性原理,量子力学使局限在小范围的电子具有大的动量不确定度,因此也就具有大的动能。由于这个束缚能——类似于气体分子的热能——电子就能抵抗向内拉的静电力。因此,量子力学使原子膨胀。

衡量这两种效应相对大小的无量纲比是能量之比

$$\beta \equiv \frac{\mid 静电势能 \mid}{束缚能}, \tag{8.40}$$

其中绝对值符号表示,尽管静电势能是负的,我们关心的只是大小。

对于半径为 r 的氢原子,静电能为 $e^2/4\pi\varepsilon_0 r$。束缚能——我们在 6.5.2 节已经用团块化方法估算过——与 $\hbar^2/m_e r^2$ 相当。因此,

$$\beta \equiv \frac{e^2/4\pi\varepsilon_0 r}{\hbar^2/m_e r^2}. \tag{8.41}$$

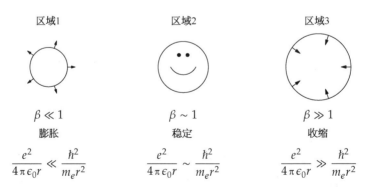

在第一个区域,$\beta \ll 1$,量子力学远远强过静电学,来自量子力学的巨大动能(束缚能)使原子膨胀。在第三个区域,$\beta \gg 1$,静电学现在远远强于量子力学,因而使原子收缩。

氢原子的半径,就和大气层高度一样,由两种互相竞争的物理效应达到平衡的要求确定。这个平衡发生在中间区域。其中有 $e^2/4\pi\varepsilon_0 r \sim \hbar^2/m_e r^2$,因此

$$r \sim \frac{\hbar^2}{m_e(e^2/4\pi\varepsilon_0)}. \tag{8.42}$$

这正是我们用量纲分析(5.5.1 节)和团块化(6.5.2 节)得到的玻尔半径 a_0。

另一种做法也利用了简单案例但给出了不同的洞见,即直接根据尺寸 r 建立无量纲的比。要使 r 无量纲需要另一个尺度。幸好我们有这样的尺度,因为静电能和束缚能这两种能量具有不同的标度指数。静电能正比于 r^{-1}。束缚能正比于 r^{-2}。

区域1	区域2	区域3
$\beta \ll 1$	$\beta \sim 1$	$\beta \gg 1$
膨胀	稳定	收缩
$r \ll r_0$	$r \sim r_0$	$r \gg r_0$

在对数-对数坐标图上,二者都是直线但具有不同的斜率:-2 对应束缚能直线而 -1 对应静电能直线。因此,两条直线相交。相交点的尺度是特殊的尺度。我们将其记为 r_0。于是我们的无量纲比就是 $\beta \equiv r/r_0$,三个区域显示在表格中。

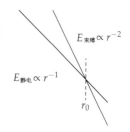

稳定的中间区域是由自然界选择的。于是 r,即氢原子半径,就和我们的特殊半径 r_0 相当。这个特殊半径,以及 r,是通过静电能和束缚能的相等而确定的,这也是我们在 6.5.2 节得到玻尔半径 a_0 的方法。因此,氢原子半径就是玻尔半径,这是静电学和量子力学之间竞争的结果。

我们的下一个课题是利用简单案例的区域来理解热膨胀——为什么

物质加热后会膨胀。第一步是画出总能量 E，这是束缚能和静电能之和。

这个图在极端区域是最容易画的。在第一
个区域，此时 $r \ll r_0$，原子太小，量子效应比较
强：动能是总能量中的主要贡献，因为其 $1/r^2$ 的
标度关系远超势能的 $1/r$ 标度关系。在第三个
区域，此时 $r \gg r_0$，原子过大，静电能是总能量中
的主要部分：其 $1/r$ 的标度关系要比动能的
$1/r^2$ 更慢地趋于零。因此，在极端情况下（极端
区域），总能量具有两种不同的标度：

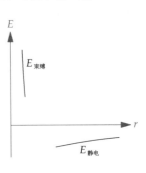

$$E \propto \begin{cases} 1/r^2 \ (\text{区域 } 1 : r \ll r_0) \\ -1/r \ (\text{区域 } 2 : r \gg r_0) \end{cases}. \tag{8.43}$$

为了画出整个图，我们在两个极端区域之间插值。

两个区域的斜率符号相反，所以如果不引进
一个斜率为零的点是无法将两段曲线光滑地连
接起来的。这个点，即能量最小的点，是氢原子
基态的自然选择。

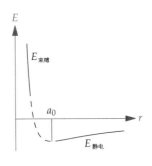

有了这个图，我们就能解释热膨胀。热膨胀
第一次出现在题 5.38，在那里你用量纲分析估算
了典型的热膨胀系数。但是，这个问题忽略了一
个基本的问题：热膨胀系数的正负号。在对热膨胀一无所知的情况下，我
们也许会猜测膨胀系数的正和负都是很有可能的。不先入为主的话，物
质加热时很可能会同样地膨胀或收缩：某些物质可能是膨胀，某些物质可
能是收缩。但是，这个对称的分析却不符合日常的经验：几乎所有的物质
加热时都会膨胀而不是收缩。热膨胀系数正负之间的对称性，或膨胀和
收缩之间的对称性一定是在某个地方破缺了。

能量关于氢原子大小的曲线显示了发生对称性破缺的位置。以其普
适形状，这条曲线适用于所有的键，不论是原子内的（如氢原子内电子和
质子之间的键），原子之间的（比如水分子中的氢氧键），抑或是分子之间
的（比如水分子之间的氢键）。键来自两种作用的竞争：（1）吸引，这对长

距离是重要的并且看起来像这条普适曲线的静电能部分;(2) 排斥,这对短距离是重要的并且看上去像普适曲线的束缚能部分。[甚至对太阳和地球之间的引力束缚,你在题 5.55(c) 所画的表示曲线也具有同样的形状。]

因此,结合能关于间距的曲线不可能是对称的。在 $r \ll r_0$ 一端,即第一个区域,r 具有一个可能的最小值,即零。但是,在 $r \gg r_0$ 这一端,即第三个区域,r 是无界的。于是,两端的区域不是对称的,并且结合能曲线偏向大 r。

为了看清这一不对称性如何导致热膨胀,先来看下热能是如何影响平均键长的。首先,把键看成一个弹簧(我们将在 9.1 节进一步讨论的模型)。当键在平衡长度 r_0 附近振动时,热能,即动能和键的势能会互相转换。最小键长 $r_{\min}$ 和最大键长 $r_{\max}$ 是由振动速度为零的条件确定的——在这一点上所有动能(即热能)都被吸收转化为键的势能。

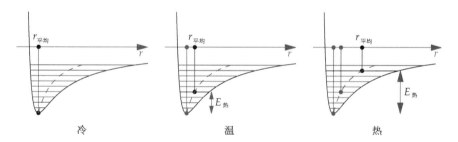

冷　　　　　　　温　　　　　　　热

从图上看,我们在比最小能量高出 $E_{热}$ 处画一条水平线。这条水平线和势能曲线有两个交点,即 $r = r_{\min}$ 及 $r = r_{\max}$。 因为势能曲线是往右偏的,当 $r \gg r_0$ 时,平均键长 $r_{平均} = (r_{\min} + r_{\max})/2$ 就大于 r_0。当 $E_{热}$ 增加时,这种偏向会更多地影响平均,因而 $r_{平均}$ 和 r_0 也会增加:增加热能会增加键长。因此,物质加热时会膨胀。

8.3.2.3 太阳的中心温度

作为最后一个例子,我们来估算太阳核心的温度。和大气层高度一样,太阳也是热运动和引力之间竞争的结果:热运动使太阳膨胀;引力使太阳收缩。衡量这两种效应相对强度的无量纲量是

$$\beta \equiv \frac{热能}{|引力势能|}. \tag{8.44}$$

对一个粒子的热能来说，分子就是 k_BT。对于分母来说我们需要知道粒子的质量。太阳是由氢构成的，但在太阳核心，热能要从质子中剥离电子是绰绰有余的（正如你要在题 9.19 中证明的）。每个质子都从太阳的其他部分获得引力势能，相应的质量为 $M_{太阳}$。如果把太阳的其他部分看成一个重粒子，则粒子间距就与 $R_{太阳}$ 相当，其中 $R_{太阳}$ 为太阳半径。因此，典型的引力势能（每个粒子）是

$$E_{引力} \sim \frac{GM_{太阳}\,m_p}{R_{太阳}},\qquad(8.45)$$

其中～包含了势能中的正负号。因而能量的比是

$$\beta \sim \frac{k_BT}{GM_{太阳}\,m_p/R_{太阳}}.\qquad(8.46)$$

由此给出下列三个区域。

在第一个区域，对这个尺度的太阳而言温度过低，所以引力在竞争中胜出而使太阳收缩。收缩显示了太阳和地球大气(8.3.2.1 节)中热能与引力的竞争之间的差别。大气的温度是由地球的黑体辐射温度决定的，大约 300 开(5.4.3 节)。在对于大气层高度的分析中，我们将温度设为固定的而仅让高度变化直到相应的引力能和固定的热能相符合。但是对于太阳，温度是由聚变反应的速率决定的，而聚变又与温度和密度有关：密度越高，意味着更频繁的碰撞能造成聚变，而温度越高（更快的热运动）则意味着每次碰撞有更多的机会发生聚变。于是，当太阳收缩时，密度增加，温度和反应速率也增加。当温度增高到足以使热运动平衡引力时，收

缩就停止了。

（附加说明：如果一个恒星收缩得非常快，核心温度上升的速度比负反馈过程快得多以致来不及抗拒变化。这时核心就会像一颗巨大的氢弹被引爆一样，这颗恒星就变成了超新星。）

在第三个区域，对太阳这个尺度而言温度过高，所以热运动在竞争中胜出而使太阳膨胀。当太阳膨胀时，反应速率、温度及热能都下降——直到热运动再次和引力平衡。这是中间区域。在中间区域，太阳具有合适的温度——由条件 $k_B T \sim GM_{太阳}m_p/R_{太阳}$ 确定，所以

$$T \sim \frac{GM_{太阳}m_p}{k_B R_{太阳}}. \tag{8.47}$$

分子中的质子质量 m_p 和分母中的玻尔兹曼常量 k_B 如果同乘一个阿伏伽德罗常量 N_A 后比较容易处理。乘积 $N_A k_B$ 是普适气体常量 R。乘积 $N_A m_p$ 就是质子的摩尔质量，近似地也是氢的摩尔质量：1 克/摩尔。于是

$$T \sim \frac{\overbrace{6.67\times10^{-11}\ \mathrm{kg^{-1}\cdot m^3\cdot s^{-2}}}^{G}\times\overbrace{2\times10^{30}\ \mathrm{kg}}^{M_{太阳}}\times\overbrace{10^{-3}\ \mathrm{kg\cdot mol^{-1}}}^{N_A m_p}}{\underbrace{8\ \mathrm{J\cdot mol^{-1}\cdot K^{-1}}}_{N_A k_B}\times\underbrace{0.7\times10^9\ \mathrm{m}}_{R_{太阳}}}. \tag{8.48}$$

为了算出 T，从最重要的部分开始。

1. 单位。分子分母中的摩尔倒数互相消去了。分子贡献的量纲是 $\mathrm{kg\cdot m^3\cdot s^{-2}}$，即 $\mathrm{J\cdot m}$。分母贡献的是 $\mathrm{J\cdot K^{-1}\cdot m}$。因此，分子分母中的 $\mathrm{J\cdot m}$ 互相消去，而分母中开的倒数变成了太阳核心温度的开。

2. 10 的幂次。分子贡献了 16 次方，分母贡献了 9 次方。于是，温度与 10^7 开相当。

3. 数值因子。分子的 6.7 几乎与分母的 8×0.7 相消，最后留下分子中的 2。于是，温度大约就是 2×10^7 开。

没有人直接测量过太阳内部温度，但目前对核心温度最好的估算是 1.5×10^7 开。我们的引力与热能互相竞争的简单模型惊人地精确。

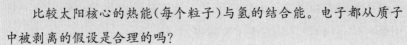

题 8.19　热能与电子能量

比较太阳核心的热能(每个粒子)与氢的结合能。电子都从质子中被剥离的假设是合理的吗?

8.4　两个无量纲量

在 8.3 节的例子中,用一个无量纲量来刻画简单案例的区域。不管这个量是小,接近于 1,还是大,这些区域可以排列在一根轴上。为了推广这个概念,我们将使用简单案例来刻画需要两个无量纲量,因而有两个轴的世界。作为练习,我们将把水波的世界放在一张两维的图上(8.4.1 节)。随后我们来组织物理学的四个基本分支。

8.4.1　水波的二维世界

水波以各种形式出现。或许水波表现得最明显的区域是海岸附近。这些波也是题 5.15 的主题,具有比水深大得多的波长。你可以在家里制造水波:将浴缸或烤盆灌满水,然后搅动水,产生水波来回晃动。水波速度 v——从技术上说,相速度——由 $v^2 = gh$ 给出,其中 h 为水深。

在这些浅水波到达岸边之前,它们在远洋上行进,其波长远小于水的深度。由题 5.11,其速度由 $v^2 = g\lambda$ 给出,其中 λ 是约化波长 $\lambda/2\pi$。

这两个区域——深水和浅水——由无量纲的比 h/λ 来划分。(你也可以用 h/λ,但 h/λ 对应的数学描述会更简单。)因此,两个区域落在衡量深度的无量纲轴上。因为这个轴描述深度,我们就让轴位于垂直方向并将深水区放在下面。

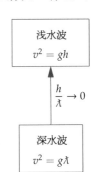

我们熟悉的另一种水波是由扔在池塘里的鹅卵石产生的。小的涟漪从撞击点逐渐向外传播。这些波具有较小的波长,比池塘的水深小得多。因此,h/λ 比较大——就和深水波一样。

但是,这些涟漪与远洋中的深水波不同。海洋中的水波是由水的重量——引力驱动的。与此相反,涟漪是由水的表面张力驱动的——这与允许小昆虫在水面上行走的效应相同(见题 8.15)。为了区分涟漪和引力产生的深水波,我们必须用第二根轴来衡量引力和表面张力的相对重要性。

因而这根轴由引力和表面张力的比来标记。这个比是无量纲参量,所以我们可以用量纲分析来得到它。这个比将取决于水的两个特征量:密度 ρ(产生重量)和表面张力 γ。也会依赖于引力 g(产生重量)。同时也会依赖于(约化)波长 $\lambdabar$。这四个包含三个量纲的量可以构成一个独立的无量纲参量,一个有用的选择是 $\rho g \lambdabar^2 / \gamma$。

对长波长(大 $\lambdabar$),致密流体(大 ρ),或强引力(大 g),这个无量纲比值就大,表明是引力在驱动水波。对于短波长(涟漪),或者等价的高表面张力,这个比值就小,表明是表面张力在驱动水波。下面是用两组参量标记的三个区域。

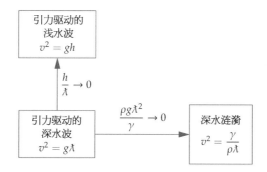

空缺的一角在看着我们,要求我们来填补。这需要同时考虑极限

$$\frac{h}{\lambdabar} \to 0 \text{(浅水) 及} \frac{\rho g \lambdabar^2}{\gamma} \to 0 \text{(涟漪).} \qquad (8.49)$$

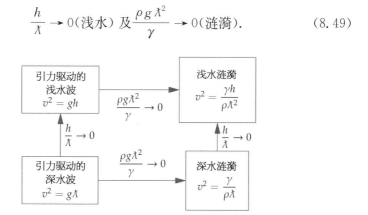

　　这些波因此是浅水中的涟漪。（这很难产生，因为涟漪是小的，小于几个毫米，而水深必须更小。）

　　这四个角落是两根轴的极端区域。如果每根轴有三个区域，则两根轴可以产生三的平方或九个区域。缺失的五个中间区域可以在两个角之间用插值的方式构造出来。简单案例的示意图说明了方法：首先填充角落之间的四个区域，然后填充中央区域。这个分析用到了加法和双曲正切函数，最后给出下列示意图。

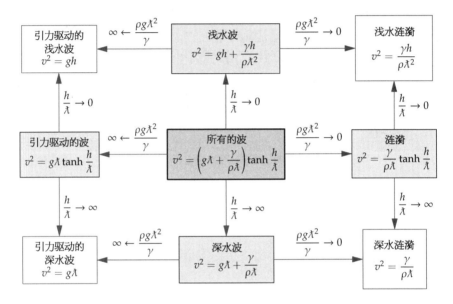

　　在这个示意图上，中间区域并不是我们通常所说的中间区域。我们通常说的中间区域指的是一个特殊的区域（这个区域通常具有形式 $\beta \sim 1$）。但是在这张图上，中间区域表示的是一般解 $\beta \sim$ 任何值。作为例子，看一下底部，深水这一行的三个区域。最边上两个区域，即引力驱动的深水波和深水涟漪，是中间区域深水波的两个简单案例。为了好玩，检验一下其他的极限情况，包括中央区域——这包含了所有被引力和表面张力驱动并在任何水深中行进的水波——在适当的极限下就给出其他八个区域的结果。

8.4.2　物理学的二维世界

　　现在我们将用同样的方法来组织物理学的四个基本分支：经典（牛

顿)力学,量子力学,狭义相对论,及量子电动力学。

作为会确定第一根轴的第一步,我们来比较经典力学和狭义相对论。狭义相对论是爱因斯坦关于运动的理论。它将经典力学和经典电动力学(辐射的理论)统一起来,给予光速 c 以特殊的地位。这个地位因为印有戴着警察帽子的爱因斯坦像的 T 恤而家喻户晓。爱因斯坦伸出手臂举手做了一个"停"的标记并警告说:"186 000 英里/秒。这不仅仅是一个好主意。这是法律(定律)!"光速是宇宙中所有速度的极限,狭义相对论遵循这一条。与此相反,经典力学没有速度极限。经典力学和狭义相对论位于由光速联系的轴上。在极限 $c \to \infty$,狭义相对论就回到经典力学。

对于第二根轴,我们将剩下的两个分支中的一个——要么量子力学,要么量子电动力学——与经典力学或者狭义相对论相比较。因为量子电动力学只看名字的话似乎有点吓人,那我们就选择量子力学。我们已经有好几次看到它的效应了:量子力学贡献了一个新的自然常量:$\hbar$。这个常量出现在海森堡不确定性原理中:$\Delta p \Delta x \sim \hbar$,其中 Δp 和 Δx 分别是粒子动量和位置的不确定度。海森堡不确定性原理限制了我们能将这些不确定度减少到多小,因此也限制了我们对位置和动量能确定到多精确的程度。

但是,如果 $\hbar$ 是零,则不确定性原理就不会产生任何限制。我们可以同时精确地确定粒子的动量和位置,正如经典力学一样。经典力学是量子力学在 $\hbar \to 0$ 的极限。因此,包括了量子力学之后,图变成二维的了。

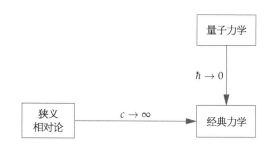

在这个物理学的二维图上，一个角是空白的。而且，还有一个物理学分支——量子电动力学——尚未考虑在内。我们只需要一点点勇气就可以把量子电动力学放置在空白的角上。量子力学必然是量子电动力学在 $c \to \infty$ 的极限。也的确如此。量子电动力学是狭义相对论（$c < \infty$）和量子力学（$\hbar > 0$）结合的结果。于是，在 $\hbar \to 0$ 的极限下，量子电动力学回到狭义相对论。

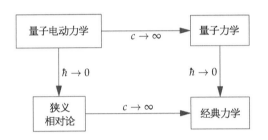

▶ **极端区域是什么情况？**

极端区域在这里是隐式的，因为这个例子引入了一个新的特点：这些轴并不是用无量纲量标记的！只有对无量纲量，区分三个区域 $\ll 1$，~ 1 及 $\gg 1$ 才是有意义的。因为 c 和 $\hbar$ 都有量纲，有意义的比较只能是与零和无限大（在任何单位制都是零和无限大）的比较。于是，每个轴上就只能有两个区域。狭义相对论-经典力学轴将 c 与无限大相比较；量子力学-经典力学轴将 $\hbar$ 与零相比较。

8.5 小结及进一步的问题

艰难之路，唯勇者行。在这一章，你学到了如何通过简单案例来研究问题。这个工具是基于这样的思想：正确的解应该适用于所有的情况，包括简单案例。因此，首先来看简单案例。常常有这样的情况，我们只是通过理解简单案例就完全解决了问题。

题 8.20　简单案例用于单摆周期

当振幅增加时,单摆的周期是增加,减少还是保持不变? 通过选择一个易于得出周期的振幅来确定这一点。

题 8.21　金字塔的体积

利用简单案例找出一个高为 h,底面为正方形($b \times b$)的金字塔体积公式中的无量纲因子:

$$V = \text{无量纲因子} \times b^2 h. \qquad (8.50)$$

特别地,选择金字塔的简单案例,以使得几个这种金字塔正好拼成一个立方体。

题 8.22　幂平均

算术平均和几何平均都是更高级的抽象:幂平均的简单案例。两个正数 a 和 b 的 k 次幂平均定义为

$$M_k(a, b) \equiv \left(\frac{a^k + b^k}{2} \right)^{1/k}. \qquad (8.51)$$

取数的 k 次幂,然后求(寻常的)平均,最后通过取 k 次根来抵消幂次。

　　a. 对算术平均来说 k 是多少?

　　b. 对 rms(均方根)来说 k 是多少?

　　c. a 和 b 的调和平均有时候写成 $2(a \parallel b)$,其中记号 $\parallel$ 表示 a 和 b 的并联组合(在 2.4.3 节引入)。对调和平均 k 是多少?

　　d.(令人惊讶!)对于几何平均 k 是多少?

题 8.23　复合摆的简单案例

对于题 5.25 的复合摆,哪个简单案例将得到一个通常的无复合的摆? 在这个极限下,验证你在题 5.25 得到的周期公式是正确的。

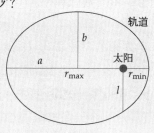

题 8.24 椭圆轨道的平均

一个行星轨道（椭圆）有两个重要的半径：$r_{\min}$ 和 $r_{\max}$。椭圆的另一个长度是这两个半径的幂平均（见题 8.22 关于幂平均的定义）。

将三个幂平均——算术，几何，及调和——与三个长度对应：半长轴 a（这与轨道周期相关），半短轴 b，以及半通径 l（与轨道角动量相关）。

提示：幂平均定理告诉我们，当且仅当 $m < n$，$M_m(a, b) < M_n(a, b)$。

题 8.25 轨道运动的四个区域

有时，会有四个有趣的简单案例区域。一个例子是轨道。描述轨道形态特征的无量纲参数 β 为

$$\beta \equiv \frac{\text{动能}}{|\text{引力势能}|},\tag{8.52}$$

其中绝对值考虑到可能为负的引力势能。

一个相关的无量纲参数是轨道偏心率 ϵ。利用偏心率，极坐标下行星轨道方程为

$$r(\theta) = \frac{l}{1 + \epsilon\cos\theta}.\tag{8.53}$$

太阳位于坐标原点，l 是轨道的长度标度（l 已经在题 8.24 中给出图示了）。根据 β 和 ϵ 的值（根据需要给一个值或一个范围）画出并给四个轨道形状分类。(a) 圆，(b) 椭圆，(c) 抛物线，及 (d) 双曲线。

题 8.26 超流氦

氦冷却时会变成液体。当温度非常低时，液氦就变成超流——一种量子液体。下面是确定液体量子性程度的无量纲比

$$\beta \equiv \frac{\text{氦原子位置的量子不确定度}}{\text{原子间距}}.\tag{8.54}$$

a. 利用量子常量 $\hbar$，氦密度 ρ（看成液体），热能 k_BT 及原子质量

m_{He} 估算 β。

b. 在 $\beta \sim 1$ 区域,氦变成量子液体(超流)。由此估算超流的转变温度。

题 8.27 绝热大气

最简单的大气模型是等温的:整个大气层只有一个温度。一个更好的近似,即绝热大气则放宽了这个假定并考虑到绝热定律

$$pV^{\gamma} \propto 1, \tag{8.55}$$

其中 p 是大气压强,V 是一团气体的体积,而 $\gamma = c_p/c_v$ 是气体两种比热的比。(对于干燥的空气,$\gamma = 1.4$。)假设一团空气上升到山上。当气团进入气压较低的空气时,气团会膨胀,体积和温度也会按照绝热定律和理想气体定律发生变化。

a. γ 的哪个简单案例区域会重现等温大气?

b. 对于 $\gamma = 1.4$(干燥空气),空气温度随高度是减少,增加还是无关?

题 8.28 还贷

一笔固定期限,固定利率的贷款有四个重要参数:本金 P(借贷总数),利率 r,还款间隔 τ,及分期数 n。贷款在贷款期限 $n\tau$ 内分 n 次等额偿还。每次还贷包括本金和利息部分。利息是未偿还本金在借贷期限内累计的利息;本金部分则将从未偿还本金中减去。

确定借贷形式的无量纲量是 $\beta \equiv n\tau r$。

a. 利用 P,n 和 τ 估算简单案例 $\beta = 0$ 时的还贷情况(每期还贷数)。(期限 $n\tau$ 和还款间隔 τ 没有太大的变化——τ 通常是一个月而 $n\tau$ 可能从 3 年到 30 年——因此 $\beta \ll 1$ 通常通过降低利率 r 达到。)

b. 估算稍微有点难的情况 $\beta \ll 1$(其中包括 $\beta = 0$ 的情况)时的还贷情况。在这个区域,贷款被称为分期贷款。

c. 在简单案例 $\beta \gg 1$ 时估算还贷情况。在这个区域,贷款被称为年金。(通常通过增加 n 达到这个区域。)

题 8.29 重原子核

在本题,你将研究诸如铀这类具有很多质子的原子的最内层电子,然后分析由结合能导致的一个令人惊奇的物理结果。假设原子核有 Z 个质子,核外有一个电子围绕。设 $E(Z)$ 为结合能(氢原子结合能即为 $Z=1$ 的情况)。

a. 证明比值 $E(Z)/E(1)$ 为 Z^2。

b. 在题 5.36,你证明了 $E(1)$ 就是电子以速度 αc 运动的动能,其中 α 是精细结构常数(大约 10^{-2})。围绕电荷数为 Z 的重原子核运动的最内层电子速度有多大?

c. 当这个速度与光速可以相比拟时,电子就具有与其(相对论性)静止能量相当的动能。如此大的动能造成的后果之一是电子的动能足以在任何地方产生一个正电子(反电子);这个过程叫作对产生。这个正电子离开原子核,当它离开时就把一个质子变成了中子:原子序数 Z 减少了 1。原子核是不稳定的!因此相对论给 Z 设了一个上限。估算最大的 Z 并与最重的稳定原子核(铀)的 Z 相比较。

题 8.30 最小波速

对于深水波,利用 ρ,g 和 γ(表面张力)估算最小速度。用两种方式验证你的结果:(a) 将一块鹅卵石扔进池塘里。最慢的涟漪向外的运动速度有多大?(b) 牙签在水盆中运动。低于什么速度时牙签将不产生水波?

题 8.31 表面张力与雨滴大小

液体的表面张力通常用 γ 表示,是产生一个新的表面所需能量除以新表面的面积。对一个下降的雨滴,表面张力与阻力互相竞争:阻力使雨滴变得扁平,而表面张力则使雨滴保持球形。如果雨滴过于扁平,就会通过碎裂成更小更圆的雨滴来降低表面能。流体动力学是复杂的,但我们并不需要了解。而是利用对竞争的分析(简单案例)来估算雨滴的最大尺寸。

题 8.32　表面张力驱动的水波

假设流体表面有一个约化波长为 $\lambdabar$ 的波。

a. 证明无量纲比

$$R \equiv \frac{\text{引力产生的势能}}{\text{表面张力产生的势能}}. \tag{8.56}$$

在忽略一个无量纲的常量后正是我们在 8.4.1 节中用来区别引力驱动的波还是表面张力驱动的波的无量纲参量 $\rho g \lambdabar^2/\gamma$。

b. 对于水,在 $R \sim 1$ 的条件下估算临界波长 $\lambdabar$。

题 8.33　包括浮力

半径为 r 的雨滴的最终速度 v 可以写成下面的无量纲形式:

$$\frac{v^2}{rg} = f\left(\frac{\rho_{水}}{\rho_{空气}}\right). \tag{8.57}$$

在本题中,利用 $x \equiv \rho_{水}/\rho_{空气}$ 的简单案例来推测浮力效应会如何影响结果。(假设你可以根据需要改变空气和水的密度。)在量纲分析中,考虑浮力需要用 $\rho_{空气}$, g 和 r 来计算被排出的流体重量(此即浮力)——但这些变量已经被包括在量纲分析中了。因此,考虑浮力需要一个新的无量纲参量。但这会改变无量纲函数 f 的形式。

a. 在解释浮力之前:无量纲函数 $f(x)$ 是什么?(假设球形雨滴及 $c_d \approx 0.5$。)

b. 如果 $\rho_{水}$ 与 $\rho_{空气}$ 相等,则浮力的效应是什么? 这个思想实验是简单案例 $x = 1$。由此找出 $f(1)$。

c. 猜测有浮力时 f 的一般形式,由此得出包括浮力效应时的 v。

d. 从物理上解释没有浮力和有浮力时 v 的差别。提示:浮力会如何影响 g?

第9章

弹簧模型

我们的最后一个用于驾驭复杂性的工具是构建弹簧模型。理想弹簧是一个可移植的抽象概念,其本质特征是恢复力正比于偏离平衡位置的位移,储存的能量正比于位移的平方。这些表面上看起来特殊的要求实际上出现得比我们所预料的要广泛得多。弹簧模型与化学键(9.1 节),木琴音符(9.2.3 节),引力辐射(9.3.3 节)和天空及落日的颜色(9.4 节)密切相关。

9.1 键 弹 簧

一个无处不在的弹簧就是氢原子中电子和质子之间的键——这个键是我们所有化学键的模型。在 9.1.1 节,我们将构建一个氢原子的弹簧模型,为我们提供杨氏模量(9.1.2 节)和声速(9.1.3 节)的物理模型。

9.1.1 发现弹簧

在 8.3.2.2 节,我们看到了氢原子何以成为经典力学和量子力学之间竞争的产物。当电子与质子之间的距离 x 远小于玻尔半径 a_0 时,量子力学主导,作用在电子上的净力是向外的(为正)。当间距远大于玻尔半径时,静电力主导,净力是向内的(为负)。在两个极端情况之

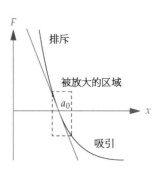

间,当间距正好是玻尔半径(当 $x = a_0$ 时),作用力正好穿过零作用力线(即 x 轴)。

这个平衡点是帮助我们简单地描述键力的一个简单例子。我们将平衡点附近的力曲线放大。现在这段曲线看起来像直线了,因为任何曲线放大到足够大后都会像直线。等价地,任意曲线在局部都可以用切线来近似——这是将形状和图形团块化的例子(6.4 节),也是弹簧模型中舍去实际信息和复杂性的地方。

物理上来说,直线近似意味着只要间距与 a_0 只相差一个小量 Δx,相应的力就线性地正比于偏离量 Δx。并且,力曲线的斜率是负的:负导数给出正的力,反之亦然。力因而抵制偏离并且是一个恢复力。线性恢复力正是理想弹簧的力,所以电子与质子之间的键是一个理想弹簧! 它具有平衡长度 a_0,在这一点 $F = 0$;其弹性系数为 k,其中 $-k$ 是力曲线的斜率。于是

$$F = -k \Delta x. \tag{9.1}$$

这个小量 Δx 的伸长程度所需要的能量 ΔE 为

$$\Delta E \sim 力 \times \Delta x. \tag{9.2}$$

因为这个力在 0 和 $k \Delta x$ 之间变化,故力的典型值或特征值可以和 $k \Delta x$ 相比拟。即

$$\Delta E \sim k \Delta x \Delta x = k(\Delta x)^2. \tag{9.3}$$

联系 ΔE 和 Δx 的标度指数是 2。对位移的平方依赖关系是弹簧的能量特征。对于平衡点(极小值)附近较小的位移,能量-位移曲线是抛物线。(这个分析也是泰勒级数近似的物理版本。)

因为几乎任何能量曲线都有极小值,所以几乎每个体系都包含弹簧。对于键弹簧,能量关系 $\Delta E \sim k(\Delta x)^2$ 给了我们对于弹性系数 k 的估算。假定能量曲线即使对于大位移也是严格的抛物线,并将偏离量 Δx 增加到键长 a(对于氢原子,a 就是玻尔半径 a_0)的尺寸。伸长需要能量 $\Delta E \sim ka^2$。这是典型的束缚能,所以一定可以和束缚能 E_0 相比。于是 $E_0 \sim ka^2$,且有

$$k \sim \frac{E_0}{a^2}. \tag{9.4}$$

这个关系使我们可以用通过其他方式得到的量来对弹性系数进行估算：从汽化热可以得到 E_0，从原子质量和密度可以得到 a。由于将抛物线，即理想弹簧近似推广到与键长相当的位移所带来的不准确性，实际值常常比估算值大上 3 倍或 10 倍。但它给了我们一个数量级，这对接下来的分析是有用的。

9.1.2 杨氏模量

从一条键的弹性系数，我们可以得到块状材料的弹性系数。但正如我们在 5.5.4 节所讨论的，更好的描述方式是杨氏模量 γ：这是强度量，与物体大小无关。杨氏模量是通过施加在物体两端的力 F 所产生的物体伸长度来衡量的。

$$\gamma \equiv \frac{应力}{应变}. \tag{9.5}$$

应力是 F/A，其中 A 为物体的截面积。估算应变需要更多的步骤。幸运的是可以将估算过程分解为树图。为了画出树图，将块状物体想象成一捆金属丝，每根金属丝都是弹簧（键）和质点（原子）的链。因为应变是长度的变化率，物体的应变就是每根金属丝的应变，而每根金属丝的弹簧应变是

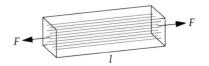

$$应变 = \frac{弹簧伸长度}{键长 a}. \tag{9.6}$$

这是树图的根部。下面是中间的节点：

$$弹簧伸长度 = \frac{力 /1 根金属丝}{弹性系数 k} \tag{9.7}$$

$$\frac{力}{金属丝} = \frac{F}{N_{金属丝}}. \tag{9.8}$$

金属丝的数目为

$$N_{\text{金属丝}} = \frac{\text{截面积 } A}{1 \text{ 根金属丝的截面积 } a^2}. \qquad (9.9)$$

下面说明树叶的值是如何传递到树根的。

1. 每根金属丝的力变成 Fa^2/A。

2. 每根弹簧的伸长度变成 Fa^2/kA。

3. 应变为 Fa/kA。

最后,杨氏模量变成 k/a:

$$\gamma \equiv \frac{\text{应力}}{\text{应变}} = \frac{\dfrac{F}{A}}{\dfrac{Fa}{kA}} = \frac{k}{a}. \qquad (9.10)$$

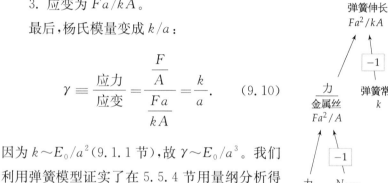

因为 $k \sim E_0/a^2$(9.1.1 节),故 $\gamma \sim E_0/a^3$。我们利用弹簧模型证实了在 5.5.4 节用量纲分析得到的结果。

9.1.3 固体和液体中的声速

固体及液体的弹簧模型也提供了声速的物理模型。从原子和化学键的链出发。

声速是振动信号沿着链传播的速度。我们来研究最简单的团块化的信号。在某个时刻,第一个物块向右运动距离 x,信号的振幅为

被压缩的键迫使第二个物块向右运动。当第二个原子向右运动的距离为信号振幅 x 时,信号就传输了一个键长的距离。声速就是传播距离 $a_{\text{键}}$ 除以一个键长的传播时间。

▶ 传播时间是多少?

第二个物块的运动是由于受到第一个弹簧的弹簧力。在 $t=0$,弹簧力是 kx。随着物块运动,弹簧就不再保持压缩,施加在第二个物块上的力下降。所以传播时间的严格计算需要求解一个微分方程。但是团块化将把这个计算变成代数运算:只要将变化的弹簧力用其典型值或特征值来代替,而这是与 kx 相当的值。

这个力将产生一个典型的加速度 $a \sim kx/m$。经过时间 t,质点将获得相当于 at 的速度,并因此移动一个与 at^2 相当的距离。这个力作用了足够长的时间后使物块移动了距离 x,故 $at^2 \sim x$。利用 $a \sim kx/m$ 得到 $kxt^2/m \sim x$。振幅 x 消去了,就跟所有理想弹簧的情形一样。(于是,声速与声音大小无关。)传播时间就是

$$t \sim \sqrt{\frac{m}{k}}. \tag{9.11}$$

这个特征时间正好是本征频率 $\omega_0 = \sqrt{k/m}$ 的倒数。在这个时间内,信号传播了距离 $a_{\text{键}}$,所以

$$c_s \sim \frac{\text{传播的距离}}{\text{传播的时间}} \sim \frac{a_{\text{键}}}{\sqrt{m/k}} = \sqrt{\frac{k a_{\text{键}}^2}{m}}. \tag{9.12}$$

为了使这个表达式更有意义,我们将把用微观量(原子)表示的分子分母转换为用宏观量表示。为此,根号中分子、分母同除以 $a_{\text{键}}^3$:

$$c_s \sim \sqrt{\frac{k a_{\text{键}}^2 / a_{\text{键}}^3}{m/a_{\text{键}}^3}} = \sqrt{\frac{k/a_{\text{键}}}{m/a_{\text{键}}^3}}. \tag{9.13}$$

正如我们在 9.1.2 节看到的,分子中 $k/a_{\text{键}}$ 就是杨氏模量 γ。分母是单位分子体积的质量,所以就是物质密度 ρ。于是,$c_s \sim \sqrt{\gamma/\rho}$。因此,我们的

物理弹簧模型证实了我们在 5.5.4 节中基于量纲分析对 c_s 的估算。

9.2 能 量 分 析

9.1.3 节中对声音传播的分析需要估算弹簧的力。但是,力或力的效应常常要比能量更难以捉摸。于是,正如你将在下面的例子中看到的,我们来追踪能量,找出弹簧的能量特征:能量对位移的平方依赖关系。

9.2.1 弹簧‐物块体系的振动频率

为了说明能量方法,我们通过找出最熟悉的弹簧系统的本征振动(角)频率 ω_0 来体会一下。这个方法需要找出其动能和势能。因为这些能量以复杂的方式千变万化,我们代之以典型或特征能量。

利用振幅 A_0,则典型的势能就相当于 kA_0^2。典型的动能相当于 mv^2,其中 v 是振动物块的典型速度。典型的速度 v 就相当于 $A_0\omega_0$,这是因为物块在特征时间 $1/\omega_0$(相当于 1 弧度,或大约 1/6 个振动周期)内移动了大约 A_0 的距离。于是,典型的动能就相当于 $mA_0^2\omega_0^2$。

在弹簧运动中,动能和势能互相转换,所以比值

$$\frac{典型的势能}{典型的动能} \tag{9.14}$$

应当接近于 1。这个大胆的结论并不仅限于弹簧运动。比如,对于引力作用下的轨道运动,仔细用能量的时间平均来计算,这个比是 -2。更一般地,维里定理告诉我们,对于势能 $V\sim r^n$,能量的比为 $2/n$。

典型能量的等式给出 ω_0 的方程

$$\underbrace{kA_0^2}_{E_{势能}} \sim \underbrace{mA_0^2\omega_0^2}_{E_{动能}} . \tag{9.15}$$

振幅 A_0 消去了——弹簧周期与振幅无关的又一个证明——给出 $\omega_0 \sim \sqrt{k/m}$。因为能量比是 1(由于维里定理),未包含的无量纲因子也是 1。

9.2.2 钢琴弦的振动

从弹簧到弦。钢琴的弦是一根拉紧到接近崩断的钢丝——弦张力越大,阻止弦弯曲的力就越不重要,声音也越清脆(题 9.17)。当你按下钢琴的键,一个小锤就会敲击弦使其振动——我们将利用弹簧模型来估算这个频率。

作为物理模型,先从长度为 L、未拉紧的钢琴弦开始。这是一捆弹簧和物块,所以表现得像一个大弹簧。现在加上张力 T 将其拉紧。然后用小锤敲击。

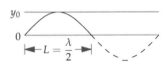

小锤给了原子一个垂直的速度。最后动能转化为势能,弦变成正弦形状,且具有波长 $\lambda = 2L$ 及小振幅 y_0。

与我们在简单的弹簧-物块体系(9.2.1 节)中的做法一样,我们要找出弦的典型势能及弦运动的典型动能。势能来源于弦的张力:弯曲的弦比平衡时的弦稍微长一些,所以在弦伸长时张力会对弦做功;弦将这个功储存为势能。做功等于力乘距离,所以

$$E_{\text{势能}} \sim T \times \text{伸长的长度}. \tag{9.16}$$

为了估算这个伸长的长度,将一段弯曲的弦近似为底边为 $\lambdabar$ 的直角三角形的斜边,其中 $\lambdabar = \lambda/2\pi$。 这个底边表示 1 弧度的正弦波形。在 1 弧度处,正弦波几乎达到其最高值($\sin 1 \approx 0.84$),所以三角形的高差不多就是振幅 y_0。三角形于是具有斜率 $\tan\theta \approx y_0/\lambdabar$。 因为 $y_0 \ll \lambdabar$,张角 θ 很小;于是有 $\tan\theta \approx \theta$ 及 $\theta \approx y_0/\lambdabar$。

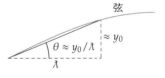

利用我们这个团块化的近似三角形,我们可以得到斜边和底边长度的分数差分(斜边与底边之差除以底边)。因为分数差分是无量纲的量,需要的代数运算较少,应用上也比绝对差更广。为了找到分数差分,重新标度三角形使其底边长为 1;于是三角形高为 θ,斜边长为 $\sqrt{1+\theta^2}$。因为 θ 是小量,平方根可以近似为 $1+\theta^2/2$。因此,分数差分的值就相当于 θ^2,

即 $y_0^2/\lambdabar^2$。

将这个比用于整个弦,其长度为 L,故有

$$\text{伸长的长度} \sim L\left(\frac{y_0}{\lambdabar}\right)^2. \tag{9.17}$$

将弦伸长这么多所做的功,即弦的势能,就是 $T \times$ 伸长的长度,其中 T 是张力,所以

$$E_{\text{势能}} \sim TL\left(\frac{y_0}{\lambdabar}\right)^2. \tag{9.18}$$

这不仅适合一个弹簧,即使对于由一些单个弹簧组成的巨大弹簧,势能也是正比于振幅 y_0 的平方。

现在我们来估算弦运动的动能。当弦以未知的角频率 ω 振动时,这一段弦以典型速度 ωy_0 上下运动。于是

$$E_{\text{动能}} \sim \text{质量} \times (\text{典型速度})^2 \sim \underbrace{\rho b^2 L}_{m} \times \underbrace{\omega^2 y_0^2}_{\sim v^2}, \tag{9.19}$$

其中 ρ 为弦的密度,b 为直径。动能也正比于 y_0^2——弦能量的另一个特征。使能量相等给出 ω 的方程:

$$\underbrace{\rho b^2 L \omega^2 y_0^2}_{\sim E_{\text{动能}}} \sim \underbrace{TL\left(\frac{y_0}{\lambdabar}\right)^2}_{\sim E_{\text{势能}}}. \tag{9.20}$$

长度 L 及振幅平方 y_0^2 消去了,最后得到

$$\omega = \frac{1}{\lambdabar}\sqrt{\frac{T}{\rho b^2}}. \tag{9.21}$$

尽管广泛使用了团块化,这个结果却是严格的——正如许多基于能量的对弹簧的分析。圆频率 $f = \omega/2\pi$ 具有相同的结构,

$$f = \frac{1}{\lambda}\sqrt{\frac{T}{\rho b^2}}. \tag{9.22}$$

波传播速度是 $f\lambda$(或 $\omega\lambdabar$),即 $\sqrt{T/\rho b^2}$。我们来验证下这个速度是否有意义。第一步,先将其改写成

$$v = \sqrt{\frac{T/b^2}{\rho}}. \tag{9.23}$$

因为分子 T/b^2 是张力 T 作用在弦两端的压强（单位面积的力），这些横波的速度就是 $\sqrt{施加的压强/\rho}$。（称为横波是因为振动方向是横向的，或垂直于传播方向。）这个速度与我们在 5.5.4 节得到的声速 $\sqrt{压强/\rho}$ 相似，那里压强就是气压或弹性模量。因此我们得到的这个速度是很有意义的。

▶ 钢琴中音C的弦长是多少？

我们从频率和传播速度可以得到长度。中音 C 的频率约为 250 赫兹。传播速度为

$$v = \sqrt{\frac{\sigma}{\rho}}, \tag{9.24}$$

其中 σ 是压强 T/b^2。这个压强也等于 $\epsilon\gamma$，其中 ϵ 为应变（长度的变化率）。利用 $\sigma = \epsilon\gamma$ 和 $c_s = \sqrt{\gamma/\rho}$，

$$v = \sqrt{\frac{\epsilon\gamma}{\rho}} = \sqrt{\epsilon}\sqrt{\frac{\gamma}{\rho}} = \sqrt{\epsilon}\, c_s. \tag{9.25}$$

这样，利用马赫数 M，即速度与最高波速之比，横波的马赫数为 $\sqrt{\epsilon}$。

对于钢，$c_s \approx 5$ 千米/秒。钢琴的钢丝由高强度碳钢制成，其应变大约为 0.01。但弦并不会伸长这么多。为了有个安全的余地，应变 ϵ 约为 3×10^{-3}。因此横波速度为

$$v \approx \underbrace{0.06}_{\sqrt{\epsilon}} \times \underbrace{5 \times 10^3 \text{ m/s}}_{c_s} = 300 \text{ m/s}. \tag{9.26}$$

在 $f \approx 250$ 赫兹，波长约为 1.2 米：

$$\lambda = \frac{v}{f} \approx \frac{300 \text{ m/s}}{250 \text{ Hz}} = 1.2 \text{ m}. \tag{9.27}$$

这个最低的基频的波长是弦长的 2 倍,所以弦长应该是 0.6 米。为了验证,我检查了我的钢琴:当我按下中音 C 键时 0.6 米几乎就是振动的那根弦的长度。

9.2.3　弯板的音符

另一个我们可以模拟的乐器是马里布琴或木琴的木条或金属条。利用弹簧模型、正比分析以及量纲分析,我们可以得到板条音符的频率是如何取决于其尺寸的。

于是,我们假定一个长为 l,宽为 w,厚度为 h 的薄板。假定板条的两点固定(或固定一端),然后在中心敲击。当振动时,其形状会从弯曲到平直再到弯曲(见侧面图)

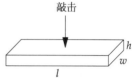

> ▶ **板条的宽度 w 是如何影响频率的?**

答案来自最便宜的实验:思想实验。利用伽利略在研究自由落体时发展的讨论形式,将两块宽为 w 的相同的板条边靠边放一起。同时敲击两块板条将产生和敲击一块宽为 $2w$ 的板条(将两块板条沿长和厚度边粘在一起的结果)同样的运动。所以宽度不会影响频率。

> ▶ **板条的厚度 h 是如何影响频率的?**

板条是由通过键弹簧相连接的原子组成的,行为就像巨大的弹簧-质点系统。当板条是平直的(平衡位置),它具有零势能。板条弯曲时势能就增加,因为在拉伸或压缩键弹簧。因此板条会抗拒弯曲。为了适合于巨型弹簧,可以用刚度或弹性系数 k 来描述对弯曲的抗拒。(力学工程师定义了一个相对量叫作抗弯刚度或抗挠刚度,其量纲为能量乘长度。我

们的刚度是实际的弹性系数，具有量纲单位长度
的力。）

于是，作为巨型弹簧-质点系统，板条的振动
频率相当于 $\sqrt{k/m}$，其中 m 为质量。确定厚度如何影响频率就分解成两个较小的问题：厚度如何影响质量以及厚度如何影响刚度。第一个结论不难：质量正比于厚度。

▶ **刚度 k 如何取决于厚度?**

为了回答这个正比分析的问题，我们来做一个将每根板条都弯曲到同样的垂直偏离度 y 的思想实验。

刚度 k 正比于弯曲板条所需要的力 $F(F=-ky)$。 但是，我们不会尝试去找出厚度如何影响 F 本身来理解 k。力是个矢量，所以找出需要的力要仔细追踪很多小的力及它们的方向来判断哪些贡献会互相抵消。而是找到厚度如何影响储存的能量（势能）。作为正的标量，势能没有方向，甚至也没有正负号，因而易于追踪。

因为板条是一个大弹簧，产生垂直偏离量 y 所需要的能量为

$$E \sim ky^2. \tag{9.28}$$

因为 y 对于不同板条是相同的（这是在思想实验中容易控制的条件），能量关系变成正比关系 $E \propto k$。 为了得到 k 如何依赖于厚度，我们重新画出带中线（这条线表示没有伸长或压缩）的弯曲板条。

中线以上，沿着板条长度方向的弹簧被拉长，中线以下，弹簧被压缩。压缩或伸长度 Δl 决定了储存在每个弹簧中的能量。于是整个板条储存

的能量为

$$E \sim E_{\text{典型弹簧}} \times N_{\text{弹簧}}. \tag{9.29}$$

因为 $E \propto k$,

$$k \propto E_{\text{典型弹簧}} \times N_{\text{弹簧}}. \tag{9.30}$$

为了找到 $E_{\text{典型弹簧}}$ 是如何依赖于板条的厚度 h 的,将能量分解为几个因子(分而治之之法):

$$E_{\text{典型弹簧}} \sim k_{\text{键}} (\Delta l)^2_{\text{典型弹簧}}. \tag{9.31}$$

因为两块板的键是相同的(两块板的区别仅在于厚度不同),这个关系就变成正比关系

$$E_{\text{典型弹簧}} \propto (\Delta l)^2_{\text{典型弹簧}}. \tag{9.32}$$

因此,刚度系数为

$$k \propto (\Delta l)^2_{\text{典型弹簧}} \times N_{\text{弹簧}}. \tag{9.33}$$

为了找到 $(\Delta l)_{\text{典型弹簧}}$ 对 h 的依赖关系,比较厚板条和薄板条中的典型弹簧——比如,考虑位于中线与顶面正中间处的弹簧。因为厚板条厚度是薄板条的 2 倍,所以这个弹簧离中线的绝对距离也是 2 倍。

伸长度正比于到中线的距离——你通过观察中线伸长度正好为零的最简单的标度关系就能猜到的(或者尝试题 9.1)。用符号表示,

$$(\Delta l)_{\text{典型弹簧}} \propto h. \tag{9.34}$$

进一步,$N_{\text{弹簧}}$ 也正比于 h。因此 $k \propto h^3$:

$$k \propto (\Delta l)^2_{\text{典型弹簧}} \times N_{\text{弹簧}} \propto h^3. \tag{9.35}$$

厚度加倍,刚度系数是原来的 8 倍!将其看成一个大弹簧,板条的振动频率是

$$\omega \sim \sqrt{\frac{k}{m}}. \tag{9.36}$$

质量正比于 h,所以 $\omega \propto h$:

$$\omega \propto \sqrt{\frac{h^3}{h}} = h. \tag{9.37}$$

厚度加倍，频率应该也加倍。为了验证这个结果，我敲击了两块松木条，尺寸为

$$\underbrace{30\text{ cm}}_{l} \times \underbrace{5\text{ cm}}_{w} \times \begin{cases} 1\text{ cm（薄板条）} \\ 2\text{ cm（厚板条）} \end{cases}. \tag{9.38}$$

为了测量频率，我将每个板条的音高和钢琴的一个键的音高进行对比。结果薄板条的音高听起来像中音 C 上面一个八度音阶的 C。厚板条的声音像薄板条上面一个八度音阶的 A。两个音之间的间距几乎就是一个八度音阶或者说频率差 2 倍。

现在我们将分析推广到木琴的板条，其厚度不再变化，改变的是长度。这个推广给我们带来第三个标度问题。

▶ **板条的长度 l 是如何影响频率的？**

我们已经得到了 ω（频率）和 w（宽度）之间的标度关系，即 $\omega \propto w^0$，以及 ω 和 h（厚度）之间的标度关系，即 $\omega \propto h$。对这些标度关系加以量纲分析的限制后，就能给出 ω 和 l 之间的标度关系。

ω	T^{-1}	频率
c_s	LT^{-1}	声速
h	L	厚度
l	L	长度

与频率 ω 相关的量是声速 c_s 及三个尺度中的两个：厚度 h 和长度 l。第三个尺度：宽度并不在其中，这是因为我们已经发现频率与宽度无关。（而对于声速，杨氏模量 γ 和密度 ρ 也会包含在内。作为仅有的两个包含质量的变量，γ 和 ρ 会以各种组合方式来得到 c_s。）

这四个包含两个量纲的量，可以构成两组无量纲的组合。第一个组合应该正比于目标量 ω。因为 ω 和 c_s 是仅有的包含时间量纲的量，且都

是 T^{-1}，故这个组合应当包含 ω/c_s。要使这个量无量纲，还需要乘以一个长度。两个长度都可以。我们选择 l。（另一种选择，尝试题 9.2。）于是这个组合为 $\omega l/c_s$。

另一个无量纲组合不应该包含目标量 ω。于是仅有的选择是比值 h/l 的幂次。如果我们选择 h/l，则最一般的无量纲表述是

$$\frac{\omega l}{c_s} = f\left(\frac{h}{l}\right). \tag{9.39}$$

厚度的标度关系，$\omega \propto h$，确定了 f 的形式，这给出

$$\frac{\omega l}{c_s} \sim \frac{h}{l}. \tag{9.40}$$

	l(cm)	f(Hz)
C	12.2	261.6
D	11.5	293.6
E	10.9	329.6
F	10.6	349.2
G	10.0	392.0
A	9.4	440.0
B	8.9	493.8
C′	8.6	523.2

解出频率，

$$\omega \sim \frac{c_s h}{l^2}, \tag{9.41}$$

得到标度关系 $\omega \propto l^{-2}$。我们用实验数据来验证这个标度指数。我大女儿小的时候，她叔叔送了一个玩具木琴。木琴的（金属）板条按大小和频率排列好。最低和最高的 C 音（C 和 C′）在频率上相差 2 倍。如果标度关系是正确的，则 C 应当对应最长的板条，板条的长度比应该是 $\sqrt{2}$。的确，测量的长度比几乎就是 $\sqrt{2}$：

$$\frac{12.2 \text{ cm}}{8.6 \text{ cm}} \approx 1.419. \tag{9.42}$$

题 9.1　弹簧伸长与到中线的距离

考虑一个板条,其弯曲的形状是圆周的一段,解释为何弹簧的伸长度与到中线的距离成正比。

题 9.2　另一个无量纲组合

对于频率与长度的依赖关系重新进行量纲分析,用 $\omega h/c_s$ 和 h/l 作为两个独立的无量纲量。你还能得到 $\omega \propto l^{-2}$ 吗?

求解板条的微分方程给出振动频率为

$$f \approx \frac{3.56}{\sqrt{12}} \times c_s \frac{h}{l^2}. \tag{9.43}$$

前面的无量纲因子 $3.56/\sqrt{12}$ 几乎就等于 1。这个例子是少有的使用圆频率 (f) 而不是角频率 (ω) 的情况,这使其前面的无量纲因子接近于 1。

对于我的松木板,一块轻木头,$\rho \approx 0.5 \rho_水$ 且 $\gamma \approx 10^{10}$ 帕,所以有

$$c_s = \sqrt{\frac{\gamma}{\rho}} \sim \sqrt{\frac{10^{10} \text{ Pa}}{0.5 \times 10^3 \text{ kg/m}^3}} \approx 4.5 \text{ km/s}. \tag{9.44}$$

对于薄的木条,$h = 1$ 厘米且 $l = 30$ 厘米,故

$$f \approx c_s \frac{h}{l^2} \approx 4.5 \times 10^3 \text{ m/s} \times \frac{10^{-2} \text{ cm}}{10^{-1} \text{ m}^2} \sim 450 \text{ Hz}. \tag{9.45}$$

这个估算是相当精确的。薄板条的音高大约比中音 C 高了一个八度,频率约为 520 赫兹。

题 9.3　画出频率与长度的函数图

用对数-对数坐标画出木琴频率与长度的函数关系图来验证标度律 $\omega \propto l^{-2}$。这个图的斜率应该是多少?

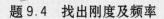

题9.4　找出刚度及频率

利用量纲分析写出最一般的刚度系数 k 与杨氏模量 γ,宽度 w,长度 l 及厚度 h 之间的无量纲关系。标度关系 $k \propto w^q$ 中的标度指数 q 是多少? 利用这个标度关系及 $k \propto h^3$ 得出在标度关系 $k \sim \gamma^p w^q l^r h^3$ 中未知的标度指数。

题9.5　木琴的音高

如果你将木琴的板条的宽度,厚度和长度都加倍,则木琴的音高会如何变化?

题9.6　节点的位置

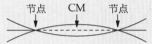

这里说明了如何利用守恒量来确定节点的位置(用以固定板条)。因为当板条在没有外力情况下自由振动时,质心(点)是保持不动的。将板条形状近似为浅抛物线,找出质心(CM)及节点位置(用板条长度的比表示)。我女儿的木琴最长的板条是 12.2 厘米,洞的位置距离两端点 2.7 厘米。这个位置与你的结果一致吗?

9.3　产生声、光及引力辐射

振动的木块所产生的声音是最普遍的弹簧的一个例子:辐射。它有三种不同的形式。电磁辐射(光)是由加速运动的电荷产生的。声音(声辐射)可以简单地通过变化但不移动的声源产生(如膨胀或收缩的扬声器膜)。因此,声音比光要简单——光又要比引力辐射简单。先处理简单的:我们先将弹簧模型用于声音(9.3.1 节)。考虑到运动的复杂性,我们就可以将分析推广到光(9.3.2 节)。然后我们就可以处理引力辐射的复杂性了(9.3.3 节)。

9.3.1　一个单极子的声辐射

当我们考虑辐射时,首先想到的就是电磁辐射,这是到处都能看(广义的看）到的。得益于有关电磁辐射的知识，为了分析声辐射，我们将找到电磁辐射和声辐射之间的类比——从辐射源出发，即单个的荷（单极子）。

标度指数有助于寻找荷的声学类比。电荷 q 产生一个扰动，即电场 E。二者之间的联系是 $E \propto q$。因为 E 和 q 这些符号强化了我们头脑中对电磁现象的关联，我们现在用文字来表述 E 和 q 之间的关系。文字可以提升到更广泛而抽象的视角，不仅仅限于电磁现象。

$$\text{场强} \propto \text{荷} \tag{9.46}$$

另一个可移植的标度律来自场的能量密度 $\mathscr{E}$（单位体积的能量）。对于电场，$\mathscr{E} \propto E^2$。换言之，

$$\text{能量密度} \propto \text{场强}^2 \tag{9.47}$$

声波使流体运动，而运动意味着动能。因为动能密度正比于流体速度的平方，则声场可以是流体速度本身。于是第一个标度关系，即场强 $\propto$ 荷就变成

$$v \propto \text{荷}. \tag{9.48}$$

于是，声荷驱动流体，其速度正比于荷。与电磁学不同，声荷无法用固定的东西来衡量。比如，不可能是扬声器的体积。一个固定的体积产生不了运动和声场。

相反，声荷必须用来衡量源的变化。作为这种变化的一个例子，想象一个膨胀的扬声器。当它膨胀时，它就将流体向外推。膨胀得越快，流体运动得就越快。为了看出变化的类型并加以衡量，让我们反过来从点电荷的电场 E 得出点声荷的速度场 v。点电荷的电场指向朝外，大小为

$$E = \frac{q}{4\pi \varepsilon_0 r^2}, \tag{9.49}$$

其中介电常量 ε_0 也出现在能量密度的表达式中

$$\mathscr{E} = \frac{1}{2}\varepsilon_0 E^2. \tag{9.50}$$

声学的对应量是动能密度

$$\mathcal{E} = \frac{1}{2}\rho v^2. \tag{9.51}$$

因为 E 和 v 相对应,介电常量 ε_0 就对应声学中的流体密度 ρ。因此,在电场表达式中,用 ρ 替代 ε_0,v 替代 E 及用声荷替代 q 就得到

$$v = \frac{声荷}{4\pi\rho r^2} \tag{9.52}$$

或

$$声荷 = 4\pi r^2 \times \rho v, \tag{9.53}$$

其中 r 是到声荷的距离,v 是流体向外的速度(就和电场方向向外一样)。于是声荷的每一个因子都有意义,整个乘积也就有意义。因子 ρv 是质量通量

$$\underset{\rho v}{通量} = \underset{\rho}{密度} \times \underset{v}{速度}. \tag{9.54}$$

因子 $4\pi r^2$ 是半径为 r 的球面面积。于是,声荷 $4\pi r^2 \times \rho v$ 就是从这个球面流出的动量。

在球心,声荷本身也必须以同样的动量替换质量。所以荷的声学对应量是质量源。这个荷可能是直接将流体外推的膨胀的扬声器。或者,可能是一个不断提供新流体并将原流体外推的软管。至于速率,一个方便的符号是 $\dot{M}$:一点表示对时间的微商,这将质量变成了质量速率——荷的强度。

场 强	声 学	静电学
	流体速度 v	电场 E
源的强度(荷)	$\dot{M}$	q
点源的场	$\dfrac{\dot{M}}{4\pi\rho}\dfrac{1}{r^2}$	$\dfrac{q}{4\pi\varepsilon_0}\dfrac{1}{r^2}$

声场 v 正比于 r^{-2}。但是辐射的特征是场正比于 r^{-1} 而不是 r^{-2}（5.4.3 节）。所以，我们已经构造了静电场和电荷的声学类比，但还没有构造辐射声学系统。

产生辐射需要变化——比如，由于扬声器。作为扬声器的模型，一个小脉动球随着播放的音乐不断膨胀和收缩。你可以将球放在一个时髦的盒子里，或者贴上一个新奇的名字，膨胀和收缩仍是其基本的工作原理和发声方式。这种变化的一个简单模型就是弹簧运动——荷的正弦振动：

$$\dot{M} = \dot{M}_0 \cos \omega t. \tag{9.55}$$

当 $t = 0$，$\cos \omega t = 1$ 时，扬声器以最大速度膨胀，以 $\dot{M}_0$ 的速率吞吐质量。当 $t = \pi/\omega$ 时，扬声器以最大速率收缩。下面是振动的一个周期。

$$\omega t = 0 \qquad \omega t = \frac{\pi}{2} \qquad \omega t = \pi \qquad \omega t = \frac{3\pi}{2} \qquad \omega t = 2\pi$$

▶ **这个变化的声荷辐射功率有多大？**

这个分析需要简单案例和团块化的方法。简单案例法帮助我们找出速度场；并且，即使当荷与场是变化的，团块化也可以帮助我们找出相应的能流。最简单的情况是荷附近，关于荷变化的信息的传播不需要时间，流体对 $\dot{M}$ 变化的响应是即时的。在这个区域，

$$v = \frac{\dot{M}}{4\pi \rho r^2}. \tag{9.56}$$

但在离荷较远的地方，流体不可能立刻知道 $\dot{M}$ 发生的变化。但是"远"是什么意思？正如我们在第 8 章学到的，简单案例是用一个无量纲量来定义的，所以离开源的距离本身不足以判断近和远。

这一判断需要一个参考长度。这个长度来自信息的传送方式：因为是作为声波传输，故具有声速 c_s。因为变化是以 ω 的速率发生的（即荷振动的角频率），变化的特征时间是 $\tau = 1/\omega$；在这个时间内，荷发生了显著

的变化,而信息传播了距离 $c_s\tau$ 或 $\sim c_s/\omega$。这个距离就是扬声器产生的声波的约化波长 $\lambdabar(\lambdabar=\lambda/2\pi)$。

因此,"离荷比较近"(近场或近区)意味着 $r\ll\lambdabar$。"离荷很远"(远场或辐射场或远区)意味着 $r\gg\lambdabar$。例如,对中音 C($f=250$ 赫兹及 $\lambda=$ 1.3米),近和远是相对 20 厘米的距离而言的。

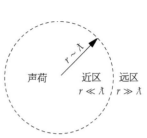

有了 $\lambdabar$ 作为参考长度,用来确定 r 是小还是大的无量纲比就是 $r/\lambdabar$,即 $r\omega/c_s$。在近场和远场的中间区域,$r\sim\lambdabar$,这个无量纲的比接近于 1。

在团块化模型中,近区的速度场随着 $\dot{M}$ 的变化而瞬时变化。在中间区域,$r\sim\lambdabar$,速度场的性质就改变了。它变成了一个描述这些变化的信号,并以声速 c_s 向外传播。

为了估算这个信号携带的功率——这就是声源辐射的声学功率——我们从能量通量出发。在中间区域 $r\sim\lambdabar$,这是辐射区的起点,

$$能量通量 = \underbrace{r\sim\lambdabar处的能量密度}_{\rho v^2/2} \times \underbrace{传播速度}_{c_s}. \tag{9.57}$$

为了估算 $r\sim\lambdabar$ 处的能量密度,回到团块化近似——在整个近区速度场都跟随着 $\dot{M}$ 的变化——以集聚足够的勇气来推广假设。假定即时的跟随可以一直延续到中间区域;即不仅适用于 $r\ll\lambdabar$,甚至也适用于 $r\sim\lambdabar$。(在这里,场突然改变了其特性变成了辐射场。)

在这个近似下,$r\sim\lambdabar$ 处的速度场为

$$v = \frac{\dot{M}}{4\pi\rho\lambdabar^2}. \tag{9.58}$$

所以能量密度 $\mathcal{E}=\rho v^2/2$ 变成

$$\mathcal{E} \sim \frac{1}{2}\rho\left(\frac{\dot{M}}{4\pi\rho\lambdabar^2}\right)^2. \tag{9.59}$$

辐射功率 P 是能量通量乘以包围近区的球面面积

$$P \sim \underbrace{4\pi\lambdabar^2}_{表面积} \times \underbrace{\frac{1}{2}\rho\left(\frac{\dot{M}}{4\pi\rho\lambdabar^2}\right)^2}_{能量密度\,\rho v^2/2} \times \underbrace{c_s}_{传播速度}. \tag{9.60}$$

代入 $\lambda = c_s / \omega$，单个声荷辐射的功率变成

$$P_{\text{单极子}} = \frac{1}{8\pi} \frac{\dot{M}^2 \omega^2}{\rho c_s}. \tag{9.61}$$

尽管用了多得吓人的团块化近似，但这个结果是严格的！我们用这个结果来估算一个小扬声器的声学输出功率。

▶ **一个 $R = 1$ 厘米的扬声器的半径变化在频率 $f = 1$ 千赫兹(大约比中音 C 高两个八度)时为 ± 1 毫米，则其辐射功率有多大？**

如果用 $\rho \dot{V}$ 代替 $\dot{M}$ 则计算会变得稍微简单一些。(在声学中，$\dot{V}$ 常常被称为声源强度 Q[48]。但是，出于和电磁学的比较，更自洽的方式还是使用声源强度 $\dot{M}$ 而不是 $\dot{V}$。)利用 $\dot{V}$，

$$P_{\text{单极子}} = \frac{1}{8\pi} \frac{\rho \dot{V}^2 \omega^2}{c_s}, \tag{9.62}$$

其中 $\dot{V} = \dot{V}_0 \cos \omega t$，$\dot{V}_0$ 则是 $\dot{V}$ 变化的振幅。因此，功率 $P_{\text{单极子}}$ 也在振荡。利用对称性，$\cos^2 \omega t$ 的平均值是 $1/2$(题 3.38)，所以功率的时间平均是最大功率的一半：

$$P_{\text{平均}} = \frac{1}{16\pi} \frac{\rho \dot{V}_0^2 \omega^2}{c_s}. \tag{9.63}$$

为了得到振幅 $\dot{V}_0$，将 $\dot{V}$ 用扬声器的尺度来表示，

$$\dot{V} = \underbrace{4\pi R^2}_{\text{表面积}} \times v_{\text{面}}. \tag{9.64}$$

其中 $v_{\text{面}}$ 是扬声器表面向外的速度。因为表面在振荡，就像振幅为 A_0 的弹簧上的质点一样，最大速度为 $A_0 \omega$，其随时间的变化为

$$v_{\text{面}} = A_0 \omega \cos \omega t. \tag{9.65}$$

于是

$$\dot{V} = 4\pi R^2 A_0 \omega \cos \omega t. \tag{9.66}$$

相应的振幅就是除以 $\cos \omega t$ 后剩下的：

$$\dot{V}_0 = 4\pi R^2 A_0 \omega. \tag{9.67}$$

于是平均辐射功率就是

$$P_{\text{平均}} = \frac{1}{16\pi} \frac{\rho \overbrace{(4\pi R^2 A_0 \omega)^2 \omega^2}^{\dot{V}_0^2}}{c_s} = \frac{\pi \rho R^4 A_0^2 \omega^4}{c_s}. \tag{9.68}$$

乘以 c_s^3/c_s^3，功率可以用无量纲比值 $R\omega/c_s$，即 R/λ 来表示

$$P = \pi \rho c_s^3 A_0^2 \left(\frac{R\omega}{c_s}\right)^4 = \pi \rho c_s^3 A_0^2 \left(\frac{R}{\lambda}\right)^4. \tag{9.69}$$

物理上而言，R/λ 是无量纲的扬声器大小（相对 λ 而言）。标度指数 4 告诉我们辐射功率强烈地依赖于扬声器的尺寸。大的扬声器（大 R）声音更大；长波（低频）需要大扬声器。

对于这个扬声器，半径 R 是 1 厘米，表面振荡振幅 A_0 是 1 毫米，f 为 1 千赫兹。所以声音的波长大约是 30 厘米（$\lambda = c_s/f$），而 λ 大约是 5 厘米。无量纲的扬声器尺度 R/λ 大约是 0.2，因此

$$P_{\text{平均}} \approx \underbrace{3}_{\pi} \times \underbrace{1 \text{ kg/m}^3}_{\rho} \times \underbrace{(3\times10^2 \text{ m/s})^3}_{c_s^3} \times \underbrace{(10^{-3} \text{ m})^2}_{A_0^2} \times \underbrace{0.2^4}_{(R/\lambda)^4}. \tag{9.70}$$

为了手算这个功率，像往常一样运用分而治之法：

1. 单位。单位是瓦：

$$\text{kg/m}^3 \times \text{m}^3/\text{s}^3 \times \text{m}^2 = \text{kg} \cdot \text{m}^2/\text{s}^3 = \text{W}. \tag{9.71}$$

2. 10 的幂次。贡献为 10^{-4}：

$$\underbrace{10^6}_{\text{来自} c_s^3} \times \underbrace{10^{-6}}_{\text{来自} A_0^2} \times \underbrace{10^{-4}}_{\text{来自} (R/\lambda)^4} = 10^{-4}. \tag{9.72}$$

到目前为止，幂次为 10^{-4} 瓦。

3. 剩下的数值因子。结果为

$$\underbrace{3}_{\text{来自}\pi} \times \underbrace{3^3}_{\text{来自}c_s^3} \times \underbrace{2^4}_{\text{来自}(R/\lambda)^4} . \tag{9.73}$$

因为 $2^4 = 16$ 及 3×3^3 就是 $(3^2)^2$ 或约为 10^2，数值因子的贡献大约是 $1\,600$。就算是 $2\,000$。

于是，功率差不多就是 $2\,000 \times 10^{-4}$ 或 0.2 瓦。

▶ **这个功率代表一个很大的声音还是柔和的声音？**

这取决于你离扬声器有多近。如果你站在 1 米外，0.2 瓦的功率则散布在面积为 $4\pi \times (1\ \text{米})^2$ 或大约 $10\ \text{米}^2$ 的球面上。然后功率的通量大约是 $0.02\ \text{瓦}/\text{米}^2$。用分贝，这是测量声音大小的更熟悉的单位（题 3.10 中引入），则这个功率通量正好超过 100 分贝，这是非常大的声音，几乎足以引起疼痛。

▶ **多大半径的振荡将产生几乎听不到的，0 分贝的通量？**

通量锐减到 0 分贝，即 100 分贝中的沧海一粟，也是 10^{10} 的能量通量和功率中的沧海一粟。因为能量通量正比于 A_0^2，故 A_0 必须乘以 10^{-5}：从 10^{-3} 米到 10^{-8} 米。因此，一个小扬声器的 10 纳米的振荡，（几乎）就足以产生一个能听到的声音了。人的耳朵是非常敏锐的！

声 学	静 电 学
ρ	ε_0
v	E
c_s	c
$\dot{M}$	q

9.3.2 偶极子的电磁辐射

出于偷懒的精神，我们通过类比，把声辐射功率转换为电磁辐射功

率。在 9.3.1 节，我们建立了声学和静电学之间的类比。利用这个类比，声辐射功率

$$P_{\text{单极子}}=\frac{1}{8\pi}\frac{\dot{M}^2\omega^2}{\rho c_s} \tag{9.74}$$

就对应着电磁辐射功率 $q^2\omega^2/8\pi\varepsilon_0 c$。

可是，这个猜测有三个问题。首先，如果这表示一个振荡电荷的辐射功率——比如说在弹簧上以频率 ω 振动——则其加速度 $\propto\omega^2$，所以辐射功率就正比于加速度。但是，我们从量纲分析（5.4.3 节）知道功率必须正比于加速度平方。其次，功率应该与运动的振幅即长度有关，然而这个功率并不包含这样一个长度。

这两个问题也是第三个问题的症状，即将声学的分析移植到电磁学会带来不合理的结果。单个的变化电荷 $q(t)$ 违反了电荷守恒：如果 $q(t)$ 一直增加，那新电荷是从哪里来的呢？

这个问题提出了合理的物理模型，即新电荷来自附近的电荷。作为电流的模型，假设一对靠近的正负电荷。正电荷流向负电荷，然后两个电荷交换位置，接着再反过来。这个模型是振荡的偶极子。下面是振荡的一个完整周期：

$$
\begin{array}{ccc}
\oplus & \ominus & \oplus \\
\ominus & \oplus & \ominus \\
\omega t=0 & \omega t=\pi & \omega t=2\pi
\end{array}
$$

如果电荷 $\pm q$ 之间的距离是 l，则 ql 称为电偶极矩 d。这里，电偶极矩是 $d(t)=d_0\cos\omega t$，其中 d_0 是电偶极矩的振荡的振幅。为了估算辐射的功率，再次利用声学的结构

$$P\sim\underbrace{4\pi r^2}_{\text{表面积}}\times\underbrace{\frac{1}{2}\varepsilon_0 E^2}_{\text{能量密度}}\times\underbrace{c}_{\text{传播速度}}. \tag{9.75}$$

在近场和远场的中间区域（$r\sim\lambda$）计算这个量。从声学推广而来的唯一变化是电场 E 不是单个电荷（单极子源）的电场而是两个相反电荷（偶极子源）的场。我们用置于 $r\sim\lambda$ 的测试电荷来计算场强。

　　两个电荷(单极子)给出的电场 E_+ 和 E_- 稍微有一点不同。因为这些场是矢量，正确相加需要考虑每个分量。因此我们来做个粗略的近似，可以只用矢量的大小来相加

$$E_{偶极子} \approx E_+ - E_-. \tag{9.76}$$

如果两个矢量沿着同一条直线则这个近似是严格的——当偶极子是理想的且间距为零($l=0$)时就是这个情况。将这个近似用于这个并非理想的偶极子，我们将得到关于偶极子场的一个重要并可移植的结果。

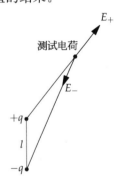

　　因为测试电荷到两个点电荷的距离几乎是相同的，两个电场 E_+ 和 E_- 的大小几乎是相同的。因此，差 $E_+ - E_-$ 几乎是零。(关键词是几乎。如果差严格为零，将不会有光和辐射。)我们进一步用团块化近似来估算这个差。

　　偶极子场是差 $\Delta E = E(r_+) - E(r_-)$，其中 $E(r)$ 是单个电荷的场。差近似为

$$\underbrace{\Delta E}_{增量} \approx \underbrace{E'(r)}_{斜率} \times \underbrace{\Delta r}_{间距}. \tag{9.77}$$

其中 $\Delta r = r_- - r_+$。(这个公式忽略了负号，因为我们感兴趣的只是场的大小，所以正负号没有关系。)用莱布尼兹的记号，斜率 $E'(r)$ 也是 dE/dr。利用 6.3.4 节的团块化近似(我记得是 $d \sim d$)，d 被消去故 dE/dr 差不多就是 E/r。

　　最难处理的因子是 Δr，即 $r_- - r_+$。它与电荷间距 l 及测试电荷所在位置相对于偶极子的方向有关。如果测试电荷就在偶极子的正上方(北极)，Δr 就是电荷间距 l。如果测试电荷在赤道方向，则 $\Delta r = 0$。按我们的团块化近似，Δr 与 l 相当。

　　于是，差 ΔE，即偶极子场变成

$$E_{偶极子} \sim E_{单极子} \times \frac{l}{r}. \tag{9.78}$$

因子 $1/r$ 来自两个点电荷场的差。因子 l，即偶极子大小，将场的微商变

回一个场并使整个操作变成无量纲的：以无量纲的方式对单极子场求导从而由两个单极子场得到偶极子场。

因为静电场的能量密度 $\mathscr{E}$ 正比于 E^2，而辐射功率正比于能量密度，故

$$P_{\text{偶极子}} \sim P_{\text{单极子}} \left(\frac{l}{r}\right)^2 . \tag{9.79}$$

▶ **计算辐射功率时应该使用哪个 r？**

辐射功率是由近场和远场之间的区域的能量密度决定的：$r \sim c/\omega$。将其代入，

$$P_{\text{偶极子}} \sim \frac{1}{8\pi} \frac{q^2 \omega^2}{\varepsilon_0 c} \times \left(\frac{1}{c/\omega}\right)^2 = \frac{1}{8\pi} \frac{q^2 l^2 \omega^4}{\varepsilon_0 c^3} . \tag{9.80}$$

如果将 $1/8\pi$ 换成 $1/6\pi$，这个结果就是严格的。进一步有，如果辐射源是加速运动的电荷，而不是电流，则加速度差不多就是 $l\omega^2$，故 $P_{\text{偶极子}} \sim q^2 a^2 / \varepsilon_0 c^3$，这与我们在 5.4.3 节用量纲分析所得到的结果一致。

利用偶极矩 $d = ql$，

$$P_{\text{偶极子}} = \frac{1}{6\pi} \frac{\omega^4 d^2}{\varepsilon_0 c^3} . \tag{9.81}$$

偶极辐射是电磁辐射中最强的一类。在 9.4 节，我们将用偶极辐射来解释为什么天是蓝的而落日是红的。

题 9.7　氢原子如果会辐射的话寿命是多少

假定氢原子在基态也会作为一个振荡的偶极子辐射（因为电子的轨道运动），估算将结合能 E_0 辐射完所需要的时间 τ。氢原子的基态是由量子力学保护的——没有更低的能级可以供它跃迁——但氢原子的许多高能级具有和 τ 相当的寿命。

9.3.3　四极子的引力辐射

从声学开始，经过电磁学的实践，我们可以把对于辐射的讨论推广到

引力波了——不用求解广义相对论的方程。在声学中，辐射可以由单极子(点荷)产生。在电磁学中，辐射由偶极子产生，但不可能由单极子产生。构造一个偶极子需要两个相反的电荷。引力的荷就是质量，而质量只有一种符号，没有办法构造一个引力偶极子。

因此，引力辐射需要四极子。四极子相对于偶极子就和偶极子相对于单极子一样。四极子是两个靠得很近而强度相反的偶极子——所以场几乎相消。

一个例子是扁球。相对于球，扁球赤道方向胖一些(用＋号表示)而两极方向要瘦一些(用－号表示)。一对正-负就构成一个偶极子，另一对正-负构成第二个偶极子。当扁球转换方向时(胖变瘦，瘦变胖)，荷的正负号翻转，偶极子的方向也翻转。

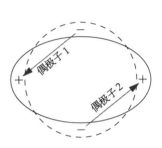

正如偶极子场是单极子场的无量纲微商(9.3.2节)一样，四极子场也是偶极子场的无量纲微商。因此，如果振荡的物体大小是 l，则两个偶极子的间距就相当于 l，因此在近场和远场的中间区域(在 $r \sim c/\omega$)，场可表示为

$$E_{\text{四极子}} \sim E_{\text{偶极子}} \times \frac{l}{c/\omega} = E_{\text{偶极子}} \times \frac{\omega l}{c}. \tag{9.82}$$

辐射功率的表示多了额外因子的平方

$$P_{\text{四极子}} \sim P_{\text{偶极子}} \left(\frac{\omega l}{c}\right)^2. \tag{9.83}$$

括号中的无量纲因子有一个物理的解释。分子 ωl 是场源的速度。分母 c 是波速。源的速度和波速之比就是马赫数 M，所以 $\omega l/c$ 是源的马赫数。于是

$$P_{\text{四极子}} \sim P_{\text{偶极子}} \times M^2. \tag{9.84}$$

对于电偶极子的辐射功率，我们有类似的关系

$$P_{\text{偶极子}} \sim P_{\text{单极子}} \times M^2. \tag{9.85}$$

一般地，

$$P_{2^m-极子} \sim P_{单极子} \times M^{2m}, \tag{9.86}$$

其中 2^0-极子是单极子，2^1-极子是偶极子，等等。

有了电磁学和引力的类比（2.4.2 节），如果存在引力偶极子的话，我们就可以把电偶极子的辐射功率转换为引力偶极子的辐射功率。然后只要调整下偶极子和四极子之间的差别。从类比可得，电场 E 对应于引力场 g，电荷 q 对应质量 m。最后，由 $g = Gm/r^2$ 和 $E = q/4\pi\varepsilon_0$ 的比较，静电常量 $1/4\pi\varepsilon_0$ 就对应引力常量 G。

对于电偶极子，辐射功率为

$$P_{偶极子} = \frac{1}{6\pi\varepsilon_0} \frac{q^2 l^2 \omega^4}{c^3}. \tag{9.87}$$

用 G 代替 $1/4\pi\varepsilon_0$，用 m 代替 q，保持 c 不变（引力波也以光速传播，这是相对论的速度极限），则引力偶极子的辐射功率将是（如果存在的话）

$$P_{偶极子} \sim \frac{Gm^2 l^2 \omega^4}{c^3}. \tag{9.88}$$

从偶极子到四极子，只要给场增加一个 $\omega l/c$ 的因子，给辐射功率增加一个 $(\omega l/c)^2$ 的因子即可，所以有

$$P_{四极子} \sim \frac{Gm^2 l^4 \omega^6}{c^5}. \tag{9.89}$$

我们用这个公式来估算地球-太阳系统的引力波辐射功率。我们把这个系统分解为两个源。一个是围绕体系质心（CM）旋转的地球。另一个源是围绕体系质心（CM）旋转的太阳。

$$\tag{9.90}$$

▶ 哪个源产生的引力辐射更多？

两个源的自然常量 G 和 c 相同。角速度 ω 也相同，因为就跟一个旋转的哑铃一样都绕着质心旋转。于是，辐射功率转化为正比关系

$$P_{\text{四极子}} \propto m^2 l^4. \tag{9.91}$$

其中 m 是物体质量（地球或太阳），而 l 是其到质心的距离。并且 ml 也是相同的，因为质心的定义就是使两个物体的 ml 达到相同的点：

$$m_{\text{地球}} \times l_{\text{地球-质心距离}} = M_{\text{太阳}} \times l_{\text{太阳-质心距离}}. \tag{9.92}$$

提取 ml 的两个幂次并舍去，正比关系就从 $P_{\text{四极子}} \propto m^2 l^4$ 进一步简化为 $P_{\text{四极子}} \propto l^2$。地球因为具有更长的杠杆臂长，将产生更多的引力波能量。等价地，也可以提出 ml 的四个幂次并得到 $P_{\text{四极子}} \propto m^{-2}$；地球因为具有较小的质量，仍然超过太阳。所以

$$P_{\text{四极子}} \sim \frac{G m_{\text{地球}}^2 l^4 \omega^6}{c^5}. \tag{9.93}$$

在计算功率前的最后一步，我们来除去角频率 ω。对于半径为 l 的圆周运动，向心加速度是 v^2/l（我们在 5.1.1 节中得到的）。利用角速度，这个加速度是 $\omega^2 l$。这个加速度是由引力产生的

$$F \approx \frac{G M_{\text{太阳}} \, m_{\text{地球}}}{l^2}. \tag{9.94}$$

（这是近似的，因为 l 比日地距离稍微小一点）。由此得出向心加速度是 $F/m_{\text{地球}}$ 或 $G M_{\text{太阳}}/l^2$，所以

$$\omega^2 l = \frac{G M_{\text{太阳}}}{l^2}. \tag{9.95}$$

利用这个关系将 $P_{\text{四极子}}$ 中的 $(\omega^2 l)^3$ 换成 $(G M_{\text{太阳}}/l^2)^3$ 后得

$$P_{\text{四极子}} \sim \frac{G^4 m_{\text{地球}}^2 M_{\text{太阳}}^3}{l^5 c^5}. \tag{9.96}$$

基于广义相对论的冗长而艰难的计算结果几乎与此相同：

$$P_{\text{四极子}} \approx \frac{32}{5} \frac{G^4}{l^5 c^5} (m_{\text{地球}} M_{\text{太阳}})^2 (m_{\text{地球}} + M_{\text{太阳}}). \qquad (9.97)$$

在 $m_{\text{地球}} + M_{\text{太阳}} \approx M_{\text{太阳}}$ 的近似下，我们的结果和严格的结果之间唯一的差别是前面的无量纲因子 32/5。考虑到这个因子并将 $m_{\text{地球}} + M_{\text{太阳}}$ 近似为 $M_{\text{太阳}}$，

$$P_{\text{四极子}} \approx \frac{32}{5} \frac{G^4 m_{\text{地球}}^2 M_{\text{太阳}}^3}{l^5 c^5}. \qquad (9.98)$$

为了避免指数看起来太乱并使公式更为简洁，我们用一个无量纲的比值，组合另一个速度和分母中的 c 来改写功率。这对于去掉看起来像是随意而无意义的 G 也是有帮助的。为了达到这两个目的，我们再次利用表示地球向心加速度的两种方式：将其看成太阳引力所产生的加速度及圆周运动所需的加速度 v^2/l：

$$\frac{GM_{\text{太阳}}}{l^2} = \frac{v^2}{l}. \qquad (9.99)$$

因此有 $GM_{\text{太阳}}/l = v^2$ 及

$$\frac{G^4 M_{\text{太阳}}^4}{l^4} = v^8. \qquad (9.100)$$

代换后给出

$$P_{\text{四极子}} \approx \frac{32}{5} \frac{m_{\text{地球}}^2}{M_{\text{太阳}}} \frac{v^8}{lc^5}. \qquad (9.101)$$

比值 v^5/c^5 就是 M^5，M 是地球的马赫数（即轨道速度与光速的比）。剩余的 v 的三个幂次中，一个与分母中的 l 组合给出角速度 $\omega = v/l$。剩余的两个 v 与 $m_{\text{地球}}$ 的一个幂次组合成（除了因子 2 以外）地球的轨道动能。剩余的质量是地球-太阳质量比 $m_{\text{地球}}/M_{\text{太阳}}$。用更有意义和更直观的形式，功率可表示为

$$P_{\text{四极子}} \approx \frac{32}{5} \frac{m_{\text{地球}}}{M_{\text{太阳}}} M^5 \times m_{\text{地球}}\, v^2 \omega. \tag{9.102}$$

在这个整理过的形式中,量纲比未整理的形式更明显。乘号×之前的因子都是无量纲的。因子 $m_{\text{地球}}\, v^2$ 是能量。而因子 ω 将能量变成单位时间的能量——功率。

现在我们已经读出了公式中每个有意义的部分,准备好来计算每个因子了。

1. 质量比为 3×10^{-6}:

$$\frac{m_{\text{地球}}}{M_{\text{太阳}}} \approx \frac{6 \times 10^{24}\ \text{kg}}{2 \times 10^{30}\ \text{kg}} = 3 \times 10^{-6}. \tag{9.103}$$

2. 马赫数 $M = v/c$ 有一个简洁的值。地球轨道速度 v 是 30 千米/秒 (题 6.5):

$$v = \frac{\text{轨道周长}}{\text{轨道周期}} \approx \frac{2\pi \times 1.5 \times 10^{11}\ \text{m}}{\pi \times 10^7\ \text{s}} = 3 \times 10^4\ \text{m/s}. \tag{9.104}$$

其中用到了 6.2.2 节中对一年有多少秒的估算。相应的马赫数为 10^{-4}:

$$M \equiv \frac{v}{c} = \frac{3 \times 10^4\ \text{m/s}}{3 \times 10^8\ \text{m/s}} = 10^{-4}. \tag{9.105}$$

3. 对于因子 $m_{\text{地球}}\, v^2$,我们知道 $m_{\text{地球}}$ 及刚计算的 v。结果是 6×10^{33} 焦:

$$\underbrace{6 \times 10^{24}\ \text{kg}}_{m_{\text{地球}}} \times \underbrace{10^9\ \text{m/s}}_{v^2} = 6 \times 10^{33}\ \text{J}. \tag{9.106}$$

4. 最后一个因子是地球轨道角速度 ω。因为轨道周期是 1 年,$\omega = 2\pi/1$ 年,或

$$\omega \approx \frac{2\pi}{\pi \times 10^7\ \text{s}} = 2 \times 10^{-7}\ \text{s}^{-1}. \tag{9.107}$$

有了这些值,可得

$$P_{四极子} \approx \frac{32}{5} \times \underbrace{3 \times 10^{-6}}_{m_{地球}/M_{太阳}} \times \underbrace{10^{-20}}_{M^5} \times \underbrace{6 \times 10^{33} \text{ J}}_{m_{地球}v^2} \times \underbrace{2 \times 10^{-7} \text{ s}^{-1}}_{\omega}.$$

$$(9.108)$$

辐射功率的最后结果约为 200 瓦。以这个速率,地球轨道不会因为引力辐射而很快坍缩(题 9.8)。

四极辐射强烈地依赖于马赫数 $v_{源}/c$,而地球的马赫数是很小的。但是,当一个恒星被黑洞捕获时,轨道速度可能会达到在光速 c 中占比很大的值。这时马赫数接近于 1,因而辐射的功率可能非常巨大——也许大到足以在遥远的地球上被探测到。

题 9.8　由于引力辐射的能量损失

利用引力系统的马赫数和质量比,求轨道周期要多大才能使体系损失掉占动能相当比例的能量? 对地球-太阳系估算这个数。

题 9.9　地球-月球系统的引力辐射

估算地球-月球体系的引力辐射功率。利用题 9.8 的结果估算需要经过多少周期才能使体系损失掉占动能相当大比例的能量。

9.4　辐射的效应：蓝天与红日

我们已经发展了几乎所有的碎片和工具来理解我们最后的两个现象：蓝天(9.4.1 节)和红日(9.4.2 节)。唯一缺失的一块碎片是由振荡力驱动的弹簧-质点系统的振幅。我们将在需要的时候构建这块碎片,然后将所有碎片整合在一起。

9.4.1　天空是蓝色的

我们在晴朗的天空看到的光是空气分子散射的偶极辐射(月球上没有空气,所以也没有蓝天)。大部分阳光不会被空气影响,但除非我们直

视太阳，而这样常常是非常危险的，阳光并不会
直接到达我们的眼睛。（例外只是在日落时，我
们将在 9.4.2 用这个例外来解释为什么落日是
红的。）

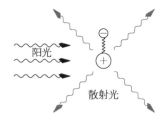

这个分析最大的意义是从阳光到散射辐射
的因果顺序。阳光是振荡的电场。电场会施加力作用于空气分子（比如
说，N_2）的带电粒子。带电粒子，电子和质子，构成弹簧-质点体系，而电场
力使质点加速。加速运动的电荷会辐射，这正是到达我们眼睛的辐射。
通过把从阳光到散射辐射的步骤定量化，我们将看到为什么散射辐射看
起来是蓝色的。

1. 太阳光的电场。阳光包含很多颜色的光，每一种都可以简单地用
电场表示为（分而治之法！）

$$E(\omega) = E_0(\omega) \cos \omega t. \tag{9.109}$$

其中 ω 是相应颜色的角频率。例如，对红光，ω 为 3×10^{15} 弧度/秒。振幅
$E_0(\omega)$ 取决于阳光中这个颜色的光的强度，所以 $E(\omega)$ 是关于 ω 的分布，
因而 $E(\omega)$ 和 $E_0(\omega)$ 的量纲是单位频率的场强。但是，作为团块化的近
似，我们可以考虑七种场，分别对于彩虹色彩表上的七种颜色光：红、橙、
黄、绿、蓝、靛及紫。

至于天空的颜色，重要的是阳光中不同颜色的相对分布以及这个相
对分布在散射光中有多么不同。因此，我们利用未知的 E_0 来进行计算，
并按照正比分析的精神，确定散射光中 E_0 对 ω 的依赖。

2. 作用在带电粒子上的力。电场产生了作用在空气分子中电子和质
子的力。利用电子电荷 e 并忽略正负号，有

$$F = eE = eE_0(\omega) \cos \omega t. \tag{9.110}$$

3. 带电粒子运动的振幅。因为质子比电子重得多，电子要比质子运
动得更快更远因而产生绝大部分的辐射。
因此，我们假定质子是固定的，来分析电
子的运动。

电子通过一个弹簧与质子相连接,并由振荡力 F 驱动。幸运的是我们并不需要解一般的运动,因为我们可以利用基于驱动频率 ω 和体系本征频率 ω_0(即 $\sqrt{k/m_e}$,其中 k 是弹性系数)之比的简单案例法。三个区域是 (1) $\omega \ll \omega_0$,(2) $\omega = \omega_0$,及 (3) $\omega \gg \omega_0$。

要确定哪个区域是重要的,我们来对两个频率的比较做个粗略的估算。对于空气分子,本征频率 ω_0 对应的是紫外辐射——这是打破 N_2 较强的三键所需的辐射。驱动频率 ω 对应的是可见光(阳光)中某个颜色,所以电子的运动是处在第一个,即低频区域 $\omega \ll \omega_0$。(对于其他区域的分析,尝试题 9.12 和题 9.15。)

低频区域在 $\omega = 0$ 的极端情况是最容易研究的。这表示一个常力 $F = eE_0$ 作用于电子并拉伸电子与质子之间的键。每当有变化发生,就去寻找不变量!键伸长到弹簧恢复力和拉力 eE_0 相平衡时就不再伸长。即当伸长达到 $x = F/k$ 或 eE_0/k 时力达到平衡。

因为 $\omega = 0$,力一直是不变,所以键在某一刻伸长到最大长度。如果 ω 非零,但仍比 ω_0 小得多,则键的行为近似和 $\omega = 0$ 时类似:伸长然后弹簧恢复力和缓慢振荡的力 F 相平衡。因此,伸长度,即电子的位移是

$$x(t) \approx \frac{eE_0}{k} \cos \omega t. \tag{9.111}$$

4. 电子的加速度。我们可以利用量纲分析得到加速度。在驱动弹簧运动时,重要的长度是位移 x,重要的时间是 $1/\omega$。因此,带有量纲 LT^{-2} 的加速度必须是和 $x\omega^2$ 相当的量。因为我们用的是角频率(ω,而不是 f),前面的无量纲因子就正好是 1。于是电子的加速度就是

$$a(t) = x(t)\omega^2 \approx \frac{eE_0\omega^2}{k} \cos \omega t. \tag{9.112}$$

因为弹性系数 k 通过关系式 $k = m_e\omega_0^2$ 与电子质量 m_e 和本征频率 ω_0 建立关联,故有

$$a(t) \approx \frac{eE_0}{m_e}\frac{\omega^2}{\omega_0^2} \cos \omega t. \tag{9.113}$$

5. 加速电子的辐射功率。我们在 5.4.3 节和 9.3.2 节发现的加速电荷 e 的辐射功率为

$$P_{偶极子} = \frac{e^2}{6\pi\varepsilon_0}\, \frac{a^2}{c^3}. \tag{9.114}$$

对于加速度平方 a^2，我们将使用时间的平均值来得到平均辐射功率。因为 $\cos^2\omega t$ 的时间平均为 $1/2$，故

$$\langle a^2 \rangle = \frac{1}{2}\, \frac{e^2 E_0^2}{m_e^2}\, \frac{\omega^4}{\omega_0^4}. \tag{9.115}$$

于是，

$$P_{偶极子} = \frac{1}{12\pi\varepsilon_0}\, \frac{1}{c^3}\, \frac{e^4 E_0^2}{m_e^2}\left(\frac{\omega}{\omega_0}\right)^4. \tag{9.116}$$

这一长串式子在解释落日颜色（9.4.2 节）时很有用，所以从阳光到散射光的一路上背负这么多东西还是值得的。但在解释白天的天空颜色时，我们可以利用正比分析来简化功率。因为 $\varepsilon_0, c, \omega_0, m_e$ 及 e 都和驱动频率 ω（这代表颜色）无关，

$$P_{偶极子} \propto E_0^2 \omega^4. \tag{9.117}$$

因子 E_0^2 正比于入射阳光（以频率 ω）的能量密度，也正比于入射阳光的功率（同样以频率 ω）。于是

$$P_{偶极子} \propto P_{阳光}\, \omega^4. \tag{9.118}$$

我们来回顾下 ω 的四次幂是怎么来的。对于低频——可见光与空气分子中电子的本征振荡频率相比是低频——弹簧运动的振幅与驱动频率无关。因而加速度与 ω^2 成正比。又因辐射功率与加速度平方成正比，故正比于 ω^4。

因此，空气分子的行为就像一个滤波器，吸收了（部分的）入射阳光并产生散射光，改变了颜色的分布——与一个电路如何改变每个入射频率的振幅类似。但是，与 2.4.4 节中保留低频，抑制高频的低通 RC 电路不同，空气分子是放大高频。

下面是基于 ω^4 滤波器的阳光和散射光的分布图。每个光谱图通过每个频段的面积显示了不同颜色光的相对强度。（介于红和黄之间未标记的是橙色。）

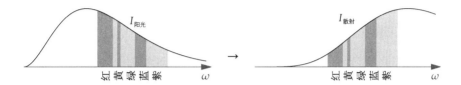

阳光看起来是白色的。在散射光中,高频光如蓝色和紫色要比在阳光中强得多。例如,因为 $\omega_{蓝}/\omega_{红} \approx 1.5$ 而 $1.5^4 \approx 5$,阳光中蓝色频段相对于红色频段被放大了 5 倍。结果,散射光——我们在天空中看到的——看起来就是蓝色的!

9.4.2 落日是红色的

当阳光穿过大气时,越来越多的阳光能量被大气分子吸收然后散射(再辐射)到各个方向。正如我们在 9.4.1 节看到的,由于辐射功率中 ω^4 的因子,这个过程在高(蓝)频段更显著。因此,当阳光穿越大气时会变得更红。如果阳光在大气中行进足够长的距离,落日就应该看起来是红色的。为了估算所需的距离,我们可以采用 9.4.1 节的分析。然后我们将用几何来估算实际的穿越距离。

> ▶ **阳光需要在大气中穿越多长距离才会看起来是红色的?**

为了估算这个长度,我们先来估算能量从阳光中散射出来的速率。阳光携带的能量通量为

$$F = \frac{1}{2}\varepsilon_0 E_0^2 c. \tag{9.119}$$

这具有通常的能量密度乘以传播速度的形式。(电场和磁场分别贡献这个通量的一半。)为了衡量一个散射电子对阳光的影响,我们来计算一个

电子的辐射功率除以入射通量：

$$\frac{P_{偶极子}}{F} = \underbrace{\frac{1}{12\pi\varepsilon_0}\frac{1}{c^3}\frac{e^4 E_0^2}{m_e^2}\left(\frac{\omega}{\omega_0}\right)^4}_{P_{偶极子}} \Big/ \underbrace{\frac{1}{2}\varepsilon_0 E_0^2 c}_{F}. \tag{9.120}$$

注意到（未知的）场强振幅 E_0 消去了，经过一些代数运算后得

$$\frac{P_{偶极子}}{F} = \underbrace{\frac{8\pi}{3}\left(\frac{e^2}{4\pi\varepsilon_0}\frac{1}{m_e c^2}\right)^2}_{面积\sigma} \times \left(\frac{\omega}{\omega_0}\right)^4. \tag{9.121}$$

左边，$P_{偶极子}/F$ 是功率除以单位面积的功率。因此 $P_{偶极子}/F$ 的量纲是面积。这表示的是被移除和散射到各个方向的光束的面积。这个面积因此被称为散射截面 σ（6.4.5 节中在估算空气分子的平均自由程时引入的概念）。

公式的右边，频率比 ω/ω_0 是无量纲的，所以前面的因子必须是一个面积。这叫作汤姆逊截面 σ_T：

$$\sigma_T \equiv \frac{8\pi}{3}\left(\frac{e^2}{4\pi\varepsilon_0}\frac{1}{m_e c^2}\right)^2 \approx 7\times 10^{-29}\ \mathrm{m}^2. \tag{9.122}$$

因为 σ_T 是面积，故括号中的因子一定是长度。的确，这是题 5.37 和题 5.44(a) 中的经典电子半径 r_0。这与质子 10^{-15} 米的半径相当：

$$r_0 = \frac{e^2}{4\pi\varepsilon_0}\frac{1}{m_e c^2} \approx 2.8\times 10^{-15}\ \mathrm{m}. \tag{9.123}$$

这大致回答了这个问题：如果电子质量来自静电能，则电子有多大？电子的这个截面大约就是汤姆逊截面。利用汤姆逊截面，我们的散射截面就是

$$\sigma = \sigma_T\left(\frac{\omega}{\omega_0}\right)^4. \tag{9.124}$$

每个电子把阳光中这么多面积的光变成散射光。粗略地估算一下，每个空气分子贡献一个散射电子（内层电子被原子核紧紧束缚，具有大的 ω_0 和很小的散射截面）。正如我们在 6.4.5 节发现的，平均自由程 λ_{mfp} 和散射

截面之间的关系为

$$n\sigma\lambda_{\mathrm{mfp}} \sim 1. \tag{9.125}$$

其中 n 是散射电子的数密度。平均自由程是一束光在其能量(以该频率)的很大一部分被散射到各个方向并不再属于这束光之前所传播的距离。

每个空气分子贡献一个电子,则 n 就是空气分子的密度。这个数密度,和质量密度一样随海拔高度的变化而变化。为了简化分析,我们采用团块化的大气。从海平面到我们在 5.4.1 节用量纲分析(你在题 6.36 用团块化)估算的大气标高 H,大气的温度、压强和密度都不变。到 H 处大气就终结了,密度突然降到零。

在这个团块化的大气中,任何高度的 1 摩尔空气分子大约占据 22 升空间。由此得到的数密度大约是 3×10^{25} 分子/米^3:

$$n = \frac{1\ \mathrm{mol}}{22\ \text{升}} \times \frac{6\times10^{23}}{1\ \mathrm{mol}} \times \frac{10^3\ \mathrm{L}}{1\ \mathrm{m}^3} \approx 3\times10^{25}\ \mathrm{m}^{-3}. \tag{9.126}$$

利用这个 n 和 $\sigma = \sigma_T(\omega/\omega_0)^4$,平均自由程变成

$$\lambda_{\mathrm{mfp}} \sim \frac{1}{n\sigma} \approx \frac{1}{\underbrace{3\times10^{25}\ \mathrm{m}^{-3}}_{n}} \times \frac{1}{\underbrace{7\times10^{-29}\ \mathrm{m}^2}_{\sigma_T}} \times \left(\frac{\omega_0}{\omega}\right)^4$$

$$\approx \frac{1}{2}\ \mathrm{km} \times \left(\frac{\omega_0}{\omega}\right)^4. \tag{9.127}$$

与随 ω 迅速增加的散射截面 σ 不同,平均自由程随 ω 迅速下降:高频部分从光束中散射得更迅速,在被显著减弱前传播的距离更短。

为了估算频率比 ω_0/ω,我们来估算等价的能量比 $\hbar\omega_0/\hbar\omega$。分子 $\hbar\omega_0$ 是结合能。因为空气的绝大部分是 N_2,氮-氮的三键结合比典型的化学键(约 4 电子伏)要强得多,本征频率 ω_0 对应的能量 $\hbar\omega_0$ 大约是 10 电子伏。

分母 $\hbar\omega$ 取决于光的颜色。作为团块化近似,我们把光分为两种颜色:红色和非红色的代表,蓝绿光。蓝绿光的光子能量 $\hbar\omega$ 大约是 2.5 电子伏,所以 $\hbar\omega_0/\hbar\omega\approx4$ 并且 $(\omega_0/\omega)^4\sim200$。因为平均自由程是

$$\lambda_{\mathrm{mfp}} \approx \frac{1}{2}\,\mathrm{km} \times \left(\frac{\omega_0}{\omega}\right)^4. \tag{9.128}$$

对于蓝绿光有 $\lambda_{\mathrm{mfp}} \sim 100$ 千米：经过相当于 100 千米的距离，非红光的很大一部分就被去掉了（散射到各个方向）。

在正午，太阳就在头顶，穿越的距离就是大气的厚度 H，约 8 千米。这个距离远小于平均自由程，所以只有很少的阳光（任何颜色）被散射掉，太阳看起来就是白色的，和从太空中看到的一样。（幸运的是我们的理论没有预言正午的太阳看起来是红色的——但不要通过直视太阳来验证这个分析！）当太阳在天空中下落时，阳光将穿过越来越厚的大气。

▶ **日落时，阳光在大气层中要穿越多远？**

这个长度就是到地平线的距离：站得和大气层一样高（$H \approx 8$ 千米），到地平线的距离 x 就是阳光在日落时穿越大气层的距离。这是大气层高度 H 和地球直径 $2R_{\text{地球}}$ 的几何平均（题 2.9），大约是 300 千米：

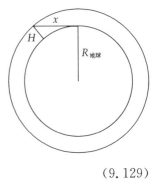

$$x = \sqrt{H \times 2R_{\text{地球}}} \approx \sqrt{8\,\mathrm{km} \times 2 \times 6\,000\,\mathrm{km}}$$
$$\approx 300\,\mathrm{km}. \tag{9.129}$$

这个距离是几个平均自由程。每个平均自由程产生一次强度的显著减弱（更精确点，减弱至原先的 $1/e$）。因此，在日落时，绝大部分的非红光都没了。

但是，对于红光来说情况就不同了。因为红光的光子能量大约是 1.8 电子伏，相对于蓝绿光的 2.5 电子伏，其平均自由程约 $(2.5/1.8)^4 \sim 4$ 倍于蓝绿光的 100 千米。大气中 300 千米的传播会散射掉相当部分的红光，但比蓝绿光要少得多。这个情况的意义是显然的：综合起来，空气分子的弹簧和偶极辐射对频率的强烈依赖产生了美丽的红色落日。

9.5　小结及进一步的问题

许多物理过程包含一个最小能量态,其中稍稍偏离这个状态的一个微小偏差需要正比于这个偏差平方的能量。这一表现是弹簧本质的特征。一个弹簧因此不仅仅是一个熟悉的物理对象,也是一种可移植的抽象概念。这个抽象概念帮助我们理解化学键,声速,及声,光和引力辐射——包括天空和落日的颜色。

题 9.10　二维声学

声线源是一个可以膨胀和收缩的无限长的管子,利用单位长度的声强,给出单位长度的辐射功率。

题 9.11　弱阻尼振荡的衰减

一个无阻尼弹簧-质点体系,其运动由 $x = x_0 \cos \omega_0 t$ 描述,其中 x_0 是振幅,ω_0 是本征频率 $\sqrt{k/m}$。在本题中,请你使用简单案例和团块化方法找出少量(线性)阻尼的影响。阻尼力为 $F = -\gamma v$,其中 γ 是阻尼系数,v 是质点的速度。

a. 利用 ω_0 和 x_0,估算典型的速度和阻尼力,然后估算在 1 个弧度的振荡(即时间 $1/\omega_0$)内由阻尼造成的典型能量损失。

b. 将能量损失用无量纲量表示

$$\frac{\Delta E}{E} = \frac{\text{振荡 1 弧度的能量损失}}{\text{振荡能量}}. \tag{9.130}$$

求

$$\frac{\Delta E}{E} \sim Q^n \tag{9.131}$$

中的标度指数 n,其中 Q 是题 5.53 中的品质因子。利用 Q 说明,"少量阻尼"是什么意思？

c. 在振荡能量的时间平均

$$E = E_0 e^{Ct} \tag{9.132}$$

中求常量 C，用 Q 和 ω_0 表示。

d. 利用振幅和能量之间的标度关系，通过找出下列公式中的常量 C' 说明质点的位置 x 随时间是如何变化的。画出 $x(t)$。

$$x \approx x_0 \cos \omega_0 t \times e^{C't}. \tag{9.133}$$

题 9.12 高频驱动的弹簧

阳光驱动氮分子中的电子对应着简单案例的区域 $\omega \ll \omega_0$。与之相反的区域是 $\omega \gg \omega_0$。这个区域包括金属，其中电子是自由的（弹性系数是零，所以 ω_0 是零）。利用团块化方法，估算由作用力

$$F = F_0 \cos \omega t \tag{9.134}$$

驱动的弹簧-质点系统的振幅 x_0，其中 $\omega \gg \omega_0$。特别地，找出转移函数 $x_0/F_0 \propto \omega^n$ 中的标度指数 n。

题 9.13 高频散射

利用题 9.12 的结果证明，在 $\omega \gg \omega_0$ 的区域（如自由电子），散射截面 $P_{偶极子}/F$ 与 ω 无关并且就是汤姆逊截面 σ_T。

题 9.14 光缆

光缆是用来传输电话呼叫及其他数字信号的可传送电磁辐射的细玻璃纤维。高的数据传输率要求高的辐射频率 ω。但是散射的损失正比于 ω^4，所以高频信号在很短的距离内就有很大的衰减。作为折中，玻璃纤维传送"近红外"辐射（大约 1 微米波长）。通过比较玻璃密度和空气密度来估算这个辐射的平均自由程。

题 9.15 共振

在题 9.12，你分析了用一个比本征频率 ω_0 高得多的频率 ω 驱动

弹簧的情况。9.4.1 节中关于蓝天的讨论需要的是与之相反的区域 $\omega \ll \omega_0$。

在本题中,你分析一下中间区域的情况,这称为共振。这是一个弱阻尼的弹簧-质点系统以其本征频率被驱动的情况。

假定有个驱动力 $F_0 \cos \omega t$,利用 F_0 和振幅 x_0 估算每个弧度的振荡的输入能量。利用题 9.11(b),估算每弧度振荡的能量损失,用振幅 x_0,本征频率 ω_0,品质因子 Q 和质量 m 表示。

令能量输入和能量损失相等,这是稳定振幅的条件,来找出商 x_0/F_0。这个商是体系在共振频率 $\omega = \omega_0$ 处的增益 G。找出 $G \propto Q^n$ 中的标度指数 n。

题 9.16　球作为弹簧系统静置于地面

一个静止在地面的球可以看成一个弹簧系统。压缩度 δ 越大,恢复力 F 就越大。(假设重物在球的顶端所以额外的重量加球重量是 F。)找出 $F \propto \delta^n$ 中的标度指数 n。这个系统是理想弹簧(即 $n=1$)吗?

题 9.17　钢琴弦的不和谐

一根理想的钢琴弦是在张力作用下有振动频率

$$f_n = \frac{n}{2L} \sqrt{\frac{T}{\rho A}}, \tag{9.135}$$

其中 A 是截面积,T 是张力,L 是弦长,$n=1, 2, 3, \cdots$(在章节 9.2.2 我们估算了 f_1。)假定弦的截面是边长为 b 的正方形,当谐波合拍时钢琴声就悦耳:例如,中音 C 弦的二次谐波(f_2)正好比 C 弦基频(f_1)高一个八度。

但是,弦的刚度系数(抵抗弯曲的阻力)会对这些频率有所改变。估算无量纲的比

$$\frac{刚度的势能}{拉伸(张力)的势能}. \tag{9.136}$$

这个比也大约是由刚度系数造成的频率的分数差分。将这个比值用模数 n，弦的边长(或直径)b，弦长 L 及张力诱导的应变 ϵ 表示。

题 9.18　屈曲

在本题中你估算弯折一个立柱，如站在地面的腿骨，所需要的力。立柱具有杨氏模量 γ，厚度 h，宽度 w，及长度 l。力 F 使立柱弯曲了 Δx，因而产生了一个力矩 $F\Delta x$。找出恢复力矩，以及使 $F\Delta x$ 超过恢复力矩——即使得立柱发生屈曲时 F 的近似条件。

题 9.19　屈曲与张力

一根立柱可以承受张力

$$F_T \sim \gamma \epsilon_y hw, \qquad (9.137)$$

其中 ϵ_y 是屈服应变。屈服应变的典型范围从如岩石等脆性材料的 10^{-3} 到钢琴钢丝的 10^{-2}。力 F_T 是屈服应力 $\gamma \epsilon_y$ 乘以截面积 hw。

利用题 9.18 的结果证明

$$\frac{\text{立柱能承受的张力}}{\text{立柱能承受的抗屈曲力}} \sim \frac{l^2}{h^2}\epsilon_y, \qquad (9.138)$$

对于自行车辐条估算这个比值。

题 9.20　腿骨的弯曲

如果屈曲力是人的体重，则典型的人的腿骨($\gamma \sim 10^{10}$ 帕)抵抗屈曲的安全余地有多大，如果有的话？

题 9.21　典型钢琴的不和谐

估算一个典型的立式钢琴中音 C 的不和谐程度。(其参数在 9.2.2 节给出。)特别地，估算四次谐波($n=4$)的频移。

题 9.22　静止在地面上的圆柱

对一个半径为 R，静止在地面上的圆柱(比如，一个火车轮子)，接触面是一个矩

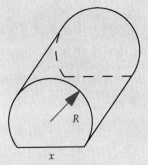

形。找出下式中的标度指数 β：

$$\frac{x}{R} = \left(\frac{\rho g R}{\gamma}\right)^{\beta},\tag{9.139}$$

其中 x 是接触面的宽度。然后找出 $F \propto \delta^{\gamma}$ 中的标度指数 γ，其中 F 是接触力，δ 是底部压缩度。（对于球，你在题 9.16 计算了相应的标度指数。）

一路顺风：长期持久的学习

世界是复杂的！但我们的九个分析工具帮助我们驾驭并享受了复杂性。这些工具不仅构建了跨领域的知识，还将不同的事实和概念关联在一起，并由此促进了长期持久的学习。

互相关联的知识的价值可用一个无限的二维点阵来类比：一个逾渗点阵[49]。每个点代表一个知识——一个事实或一个概念。现在给相邻的知识点之间加上一条连接的键，给每条键赋予一个概率 $p_{键}$。下面的图形显示了从 $p_{键}=0.4$ 开始的有限格点的例子。粗线标记的是最大的团簇——最大的联通点集。当 $p_{键}$ 增加时，这个团簇就联通了更多的知识的格点。

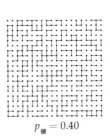

$p_{键}=0.40$

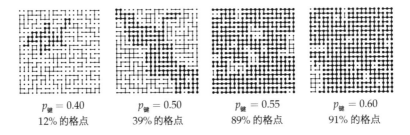

$p_{键}=0.40$　　$p_{键}=0.50$　　$p_{键}=0.55$　　$p_{键}=0.60$
12% 的格点　　39% 的格点　　89% 的格点　　91% 的格点

一个无限大点阵可能有许多无限大团簇。如何衡量无限大团簇的大小？我们可以用这个团簇中的点在整个点阵中所占的比 p_{∞}。正如无限团簇的个数，这个比 p_{∞} 一开始是零，直到 $p_{键}$ 达到临界概率 0.5，然后开始升至零以上，随着 $p_{键}$ 继续增加最终达到 1。

为了长期持久的学习，知识的碎片应该通过互相关联得到互相支撑。

当我们记住一个事实或者使用一个概念时，我们就会激活关联的知识和概念并将其固化在我们的脑海中。

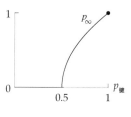

知识的最好的储存方式是将其放在无限的自我支撑的团簇中。但是当我们学习孤立的事实和概念时，我们得到的是不相连的点。于是 $p_{键}$ 下降，无限团簇中成员之间的关联也随之下降。如果 $p_{键}$ 下降太多，无限团簇就直接消失了。

所以，为了长期持久的学习和理解，要构建彼此的关联；将每个新的事实和概念关联到你已经熟知的部分。这种思维方式将会使你在一年内学会我花两年或二十年才能学会的东西。利用你的分析工具去编织一幅关联丰富的，持久耐用的知识锦绣。祝你在学习和发现新的思想以及它们之间的迷人联系的旅途上一路顺风！

只有关联！这是她所要讲的全部……不要再生活在碎片中。

——E. M. 福斯特[50]

参考文献

[1] Sanjoy Mahajan. *Order of Magnitude Physics: A Textbook with Applications to the Retinal Rod and to the Density of Prime Numbers*. PhD thesis，California Institute of Technology，1998.

[2] Williams James. *The Principles of Psychology*，volume 2. Henry Holt，New York，1890.（有中译本,《心理学原理》,唐钺译,北京大学出版社,2013 年。）

[3] Sanjoy Mahajan. *Street-Fighting Mathematics: The Art of Educated Guessing and Opportunistic Problem Solving*. MIT Press，Cambridge，MA，2010.

[4] Benjamin S. Bloom. The 2 sigma problem：The search for methods of group instruction as effective as one-to-one tutoring. *Educational Researcher*，13 (6)：4 - 16，1984.

[5] Edwin T. Jaynes. A backward look into the future. In W. T. Grandy Jr. and P. W. Milonni，editors，*Physics and Probability: Essays in Honor of Edwin T. Jaynes*. Cambridge University Press，Cambridge，UK，1993.

[6] Kenneth John Atchity. *A Writer's Time: Making the Time to Write*. W. W. Norton & Company，New York，revised and expanded edition，1995.

[7] Robert A. Caro. *The Power Broker: Robert Moses and the Fall of New York*. Vintage Books，New York，1975.

[8] Karen McComb，Craig Packer and Anne Pusey. Roaring and numerical assessment in contests between groups of female lions，*Panthera leo*. *Animal Behaviour*，47(2)：379 - 387，1994.

[9] Stanislas Dehaene. *The Number Sense: How the Mind Creates Mathematics*. Oxford University Press，New York，revised and updated edition，2011.

[10] Lawrence Weinstein. *Guesstimation 2. 0: Solving Today's Problems on the Back of a Napkin*. Princeton University Press，Princeton，NJ，2012.（有中译本,《无厘头面试题 2.0》,董晓波等译,机械工业出版社,2014 年。）

[11] Lawrence Weinstein and John A. Adam. *Guesstimation: Solving the World's Problems on the Back of a Cocktail Napkin*. Princeton University Press，

Princeton，NJ，2009.

[12] Kenneth A. Ross and Donald E. Knuth. A programming and problem solving seminar. Technical Report，Stanford University，Stanford，CA，1989. STAN‑CS‑89‑1269.

[13] Doug King. Design masterclass 2：Thermal response. *CIBSE Journal*，pages 47‑49，August 2010.

[14] Mike Gancarz. *The UNIX Philosophy*. Digital Press，Boston，1995.

[15] Mike Gancarz. *Linux and the Unix Philosophy*. Digital Press，Boston，2003. (有中译本，《Linux/Unix 设计思想》，漆犇译，人民邮电出版社，2012 年。)

[16] Arthur Engel. *Problem-Solving Strategies*. Springer，New York，1998.

[17] Simon Gindikin. *Tales of Mathematicians and Physicists*. Springer，New York，2007.

[18] Richard P. Feynman，Robert B. Leighton and Matthew L. Sands. *The Feynman Lectures on Physics*. Addison-Wesley，Reading，MA，1963. A "New Millenium" edition of these famous lectures，with corrections accumulated over the years，was published in 2011 by Basic Books.［有中译本，《费曼物理学讲义(新千年版)》，郑永令等译，上海科学技术出版社，2020 年。］

[19] Michael M. Woolfson. *Everyday Probability and Statistics: Health，Elections，Gambling and War*. Imperial College Press，London，2nd edition，2012.

[20] William Feller. *An Introduction to Probability Theory and Its Applications*，volume 1. Wiley，New York，3rd edition，1968. (有中译本，《概率论及其应用》，胡迪鹤译，人民邮电出版社，2014 年。)

[21] Persi Diaconis and Frederick Mosteller. Methods for studying coincidences. *Journal of the American Statistical Association*，84(408)：853‑861，1989.

[22] Anatoly A. Karatsuba. The complexity of computations. *Proceedings of the Steklov Institute of Mathematics*，211：169‑183，1995.

[23] Anatoly A. Karatsuba and Yuri Ofman. Multiplication of many-digital numbers by automatic computers. *Doklady Akad. Nauk SSSR*，145：293‑294，1962. English translation in *Physics-Doklady* 7：595‑596 (1963).

[24] Robert E. Gill，T. Lee Tibbitts，David C. Douglas，Colleen M. Handel，Daniel M. Mulcahy，Jon C. Gottschalck，Nils Warnock，Brian J. McCaffery，Philip F. Battley and Theunis Piersma. Extreme endurance flights by landbirds crossing the Pacific Ocean：Ecological corridor rather than barrier? *Proceedings of the Royal Society B: Biological Sciences*，276(1656)：447‑457，2009.

[25] Kurt Wiesenfeld. Resource letter：ScL‑1：Scaling laws. *American Journal of Physics*，69(9)：938‑942，2001.

[26] Rodger Kram，Antoinette Domingo and Daniel P. Ferris. Effect of reduced gravity on the preferred walk-run transition speed. *Journal of Experimental*

Biology，200（4）：821 – 826，1997.

[27] Edgar Buckingham. On physically similar systems. *Physical Review*，4（4）：345 – 376，1914.

[28] Gilbert Strang. *Linear Algebra and its Applications*. Thomson，Belmont，CA，2006.

[29] Geoffrey I. Taylor. The formation of a blast wave by a very intense explosion. II. The atomic explosion of 1945. *Proceedings of the Royal Society of London*. *Series A*，*Mathematical and Physical*，201（1065）：175 – 186，1950.

[30] Carl H. Brans and Robert H. Dicke. Mach's principle and a relativistic theory of gravitation. *Physical Review*，124：925 – 935，1961.

[31] Sighard F. Hoerner. *Fluid-Dynamic Drag: Practical Information on Aerodynamic Drag and Hydrodynamic Resistance*. Hoerner Fluid Dynamics，Bakersfield，CA，1965.

[32] John R. Taylor. *Classical Mechanics*. University Science Books，Sausalito，CA，2005.

[33] Ned Mayo. Ocean waves—their energy and power. *The Physics Teacher*，35（6）：352 – 356，1997.

[34] Thomas P. Carpenter，Mary M. Lindquist，Westina Matthews and Edward A. Silver. Results of the third NAEP assessment：Secondary school. *Mathematics Teacher*，76：652 – 659，1983.

[35] Knut Schmid-Nielsen. *Scaling: Why Animal Size is So Important*. Cambridge University Press，Cambridge，UK，1984.

[36] John Harte. *Consider a Spherical Cow: A Course in Environmental Problem Solving*. University Science Books，Mill Valley，CA，1988.

[37] Adam S. Burrows and Jeremiah P. Ostriker. Astronomical reach of fundamental physics. *Proceedings of the National Academy of Sciences of the USA*，111（7）：2409 – 16，2014.

[38] Edwin T. Jaynes. *Probability Theory: The Logic of Science*. Cambridge University Press，Cambridge，UK，2003.

[39] George Pólya. *How to Solve It: A New Aspect of Mathematical Method*. Princeton University Press，Princeton，NJ，2004.（有中译本，《怎样解题：数学思维的新方法》，涂泓等译，上海科技教育出版社，2011 年。）

[40] George Pólya. Let us teach guessing：A demonstration with George Pólya ［video-recording］. Mathematical Association of America，Washington，DC，1966.

[41] George Pólya. Über eine Aufgabe der Wahrscheinlichkeitsrechnung betreffend die Irrfahrt im Strassennetz. *Mathematische Annalen*，84（1）：149 - 160，1921.

[42] Michael A Day. The no-slip condition of fluid dynamics. *Erkenntnis*，33（3）：

285 – 296，1990.

[43] David Tabor. *Gases*，*Liquids and Solids and Other States of Matter*. Cambridge University Press，Cambridge，UK，3rd edition，1990.

[44] Peter G. Doyle and Laurie Snell. *Random Walks and Electric Networks*. Mathematical Association of America，Washington，DC，1984.

[45] Thomas B. Greenslade Jr. Atwood's machine. *The Physics Teacher*，23(1)：24 – 28，1985.

[46] Edward M. Purcell. Life at low Reynolds number. *American Journal of Physics*，45：3 – 11，1977.

[47] David J. Tritton. *Physical Fluid Dynamics*. Oxford University Press，Oxford，UK，1988.

[48] Neville H. Fletcher and Thomas D. Rossing. *The Physics of Musical Instruments*. Springer，New York，2nd edition，1988.

[49] Geoffrey Grimmett. *Percolation*. Springer，Berlin，2nd edition，1999.

[50] Edward M. Forster. *Howard's End*. A. A. Knopf，New York，1921.（有中译本，《霍华德庄园》，苏福忠译，上海译文出版社，2016 年。）

索　引